印刷绿色化发展与专业教育研究

Yinshua Lüsehua Fazhan Yu Zhuanye Jiaoyu Yanjiu

陈　虹　赵志强◎著

图书在版编目（CIP）数据

印刷绿色化发展与专业教育研究 / 陈虹，赵志强著
.—北京 ：文化发展出版社，2022.4
ISBN 978-7-5142-3612-5

Ⅰ．①印… Ⅱ．①陈… ②赵… Ⅲ．①印刷术－无污染技术－研究 Ⅳ．①TS805

中国版本图书馆CIP数据核字(2021)第250042号

印刷绿色化发展与专业教育研究

陈　虹　赵志强　著

责任编辑：魏　欣
执行编辑：杨　琪　　　　责任校对：岳智勇
责任印制：邓辉明　　　　责任设计：侯　铮
出版发行：文化发展出版社（北京市翠微路2号 邮编：100036）
网　　址：www.wenhuafazhan.com
经　　销：各地新华书店
印　　刷：中煤（北京）印务有限公司

开　　本：710mm×1000mm　1/16
字　　数：350千字
印　　张：20.5
版　　次：2022年4月第1版
印　　次：2022年4月第1次印刷
定　　价：55.00元
ISBN：978-7-5142-3612-5

◆ 如发现任何质量问题请与我社发行部联系。发行部电话：010-88275710

Preface
前 言

近40年印刷高等教育的从教经历，使我们在人才培养、专业建设、课程建设、团队建设、教材建设、师资建设等方面多有积累，对政策支持、专业咨询、行业培训、企业合作等服务社会、服务首都、服务行业方面开展的诸多工作也颇有心得。分析研究各类高等教育的教学要素，有助于总结教学业绩背后的方法和举措，有助于对高校教师，特别是对青年教师的教学发展提供一些启示和引导。汇聚凝练社会服务的点点滴滴，展示社会服务丰硕成果背后的强大内容支撑，可助力北京印刷业在面临绿色环保、清洁生产、技术改造、转型升级等严峻挑战时得以从容应对。分析研究的目的在于，无论是在高校从事教学工作，还是利用专业知识服务行业，都需要具备兢兢业业的精神、一往无前的勇气、厚积薄发的底蕴、细致入微的工作态度。

全书共分为五章。第 1 章印刷行业与企业发展研究，通过对近些年来北京印刷业的统计数据分析，以及京津冀地区印刷业的调研，分析和研究了印刷业面临的挑战和未来的发展方向；第 2 章印刷行业清洁生产分析研究，通过调研北京印刷业清洁生产情况，对印刷企业生产污染源排放、能源消耗等问题进行了分析，研究了印刷业废气排放治理技术，针对存在的问题提出了建议，并且对北京市周边部分省份印刷企业的清洁生产进行了调研分析；第 3 章印刷业绿色环保材料研究，针对印刷业污染源的印刷材料调研情况，提出了源头治理的思路，对废气排放较为严重的环保型塑料凹印油墨进行了技术研发；第 4 章印刷企业转型升级研究，通过对国内外部分印刷企业在转型升级、技术改造方面的实例回顾，分析和研究了印刷工艺环节先进技术应用、技改升级方案的典型成功案例；第 5 章印刷教育建设与研究，通过若干年来在高等教育质量工程中的实践，分析和研究了如何建立立德树人培养信念，创新人才培养模式，抓住特色开展专业建设，校企协同建设精品课程，名师引导建设教学团队，利用专业积累进行教材建设和紧密结合行业服务社会的思路、理论、特点和方法，为进一步深化教育改革提供了参考。

本书内容全面、结构合理、重点突出、阐述详尽，既有较为详尽的调研资料支撑，又有一定的理论性分析，更有较为深入的技术研究，是多年来的研究成果集成，对印刷业的持续健康发展提供了较为全面的参考，也为从事印刷高等教育事业的教师提供了可借鉴的资料。

陈虹　赵志强

2021 年 9 月于北京

Contents

目　录

第 1 章　印刷行业与企业发展研究 …… 001

一、北京印刷业服务首都核心功能调研 …… 002

（一）北京印刷业总体分析 …… 002

（二）北京印刷业服务首都创新发展 …… 011

（三）北京印刷业面临的新挑战 …… 017

（四）北京印刷业的未来发展 …… 022

二、京津冀协同发展调研 …… 029

（一）北京地区印刷产业分析 …… 030

（二）印刷业服务首都核心功能的匹配度 …… 034

（三）津冀地区印刷产业分析 …… 037

（四）京津冀印刷产业协同发展的分析 …… 042

三、北京印刷业转型发展调研 …… 049

（一）北京印刷业基本情况 …… 049

（二）北京印刷业发展现状 …… 055

（三）北京印刷业的机遇与挑战 …… 060

（四）北京印刷业发展的建议 …… 064

四、北京印刷业现状与趋势 …… 068

（一）北京印刷业的现状及分析 069
（二）北京出版物印刷保障企业的现状及分析 070
（三）京津冀地区印刷协同发展的状况及分析 072
（四）北京印刷业未来发展趋势与建议 075

第 2 章　印刷行业清洁生产分析研究 083

一、北京印刷行业清洁生产状况调研 084
（一）印刷产业基本结构与企业分布状况 084
（二）调研抽样情况 085
（三）印刷生产过程中主要污染源分析 086
（四）样本企业能耗状况调研 091
（五）调研结果 098
（六）存在的主要问题 100
（七）北京地区印刷企业清洁生产建议 100
二、北京印刷业废气排放治理技术分析与研究 101
（一）VOCs 废气治理方法对比 101
（二）VOCs 废气治理技术及应用 103
（三）VOCs 减排工艺技术 115
三、北京市印刷企业清洁生产情况及建议 116
（一）清洁生产的基本情况 116
（二）清洁生产存在的问题 117
（三）清洁生产的主要建议 120
四、河南印刷企业清洁生产调研 120
（一）调研企业的基本情况 120
（二）调研企业的环保现状 121

（三）调研企业的主要问题 124
（四）专家管控建议 125
五、其他省市印刷企业清洁生产调研 127
（一）河北省廊坊市 127
（二）河北省三河市 132
（三）安徽省淮北市 137

第 3 章　印刷业绿色环保材料研究 141

一、印刷业环保材料调研 142
（一）中国印刷市场概况 142
（二）进口印刷耗材主要品牌 145
（三）国内主要印刷耗材供应商 149
（四）印刷耗材市场 150
（五）耗材市场发展趋势 156
二、无苯型塑料凹印油墨的研究 160
（一）研究目的与意义 160
（二）凹印油墨概述 161
（三）无苯型塑料凹印表印油墨的研究 168
（四）聚酰胺树脂型凹印油墨性能研究 180
（五）聚氨酯树脂凹印油墨性能研究 202
（六）结论 211

第 4 章　印刷企业转型升级研究 215

一、古巴党报印刷厂技术改造项目研究 216
（一）项目概况 216

（二）项目建设必要性 …… 217
（三）建设内容、产品规模及配套设施条件 …… 219
（四）工艺技术方案、设备选型和原辅材料来源 …… 220
（五）环境保护 …… 223
（六）项目建设相关方的能力分析 …… 223
（七）投资风险分析 …… 225
（八）结论与建议 …… 226
二、印刷设备制造企业技术改造项目研究 …… 228
（一）单幅高端卷筒纸胶印机产业化项目研究 …… 228
（二）高速超大幅面多色胶印机建设项目研究 …… 231
三、印刷企业技改升级技术 …… 234
（一）胶印滚筒自动清洗装置 …… 234
（二）胶印集中供墨装置 …… 237
（三）胶印自动上版装置 …… 238
（四）印刷品质量在线检测装置 …… 240
四、印刷企业技改升级方案 …… 242
（一）热敏免冲洗 CTP 制版系统更新方案 …… 242
（二）CTP 制版冲版水循环利用方案 …… 244
（三）胶印润版液循环过滤方案 …… 246
（四）印刷滚筒自动清洗方案 …… 247
（五）商业卷筒纸胶印机烘干技术改造方案 …… 249
（六）印刷品质量在线检测系统方案 …… 251
（七）印刷车间 VOCs 废气收集处理系统方案 …… 252
（八）印刷生产集中供气方案 …… 256
（九）空压机组水冷改造为风冷方案 …… 258

（十）空压机余热回收方案 261
（十一）轮转机加装余热回收装置方案 263
（十二）供暖、制冷系统改造为地源热泵机组方案 265

第5章 印刷教育建设与研究 269

一、立德树人，教育大计
——育人源于职责，收获始于耕耘 270
（一）谨记“传道”是育人之本 270
（二）实践“授业”是育人之魂 271
（三）承担“解惑”是育人之责 271
（四）努力“耕耘”才有收获 272
（五）教书育人永无止境 272
二、专业建设，突出特色
——印刷机械特色实践教学平台建设 273
（一）建设意义 273
（二）建设成果 273
（三）建设创新点 274
（四）应用效果 274
三、人才培养，模式创新
——机械工程应用型人才培养模式创新 275
（一）人才培养新模式 275
（二）研究创新点 276
（三）应用效果 280
四、课程建设，重在精品
——“印刷设备概论”精品课程建设 280
（一）研究成果 280

（二）研究内容 281
（三）研究创新点 281
（四）研究应用效果 282
五、课程建设，校企协同
——校企协同突出特色的课程体系重构与实践 285
（一）机械工程专业发展历史与现状 285
（二）专业发展存在的主要问题 286
（三）特色课程体系重构是人才培养的关键 286
（四）特色课程体系重构实践 287
（五）特色课程保障体系重构实践 288
（六）特色课程教学方法创新实践 289
（七）特色课程建设成果 289
六、团队建设，重中之重
——“机械工程专业教学团队”建设 290
（一）建设成果 290
（二）建设方法 292
七、教材建设，领先发展
——《现代印刷机械原理与设计》教材建设 294
（一）建设内容 294
（二）建设创新点 295
（三）教材应用效果 300
（四）社会效益 301
（五）建设意义 302
八、师资建设，名师引导
——北京市“高创计划”教学名师 302
（一）教学成绩 302

（二）教学改革 …… 303
（三）教学获奖 …… 305
（四）教学改革设计 …… 306
（五）教学梯队建设 …… 307
九、服务社会，行业贡献
——第十二届毕昇印刷技术优秀新人奖 …… 309
（一）热爱教育事业，坚持教书育人 …… 309
（二）做好良师益友，培养优秀人才 …… 310
（三）坚持科学研究，提高教学水平 …… 311
（四）锐意教学改革，赢得教学声誉 …… 312
（五）热心行业服务，推进行业发展 …… 313
参考文献 …… **316**

第1章

印刷行业与企业发展研究

通过对北京市印刷行业基本情况以及天津、河北地区部分印刷企业的情况调研，对京津冀印刷业发展现状进行了各种类型的数据统计和特点分析。针对京津冀地区印刷业服务首都核心功能、三地协同发展的必要性，以及印刷业面临的严峻挑战和未来发展，分析了北京印刷业应该如何适应发展新常态，加快企业转型发展；站在协同发展的大格局下，确定京津冀融合发展的新路径；应用绿色环保新技术，引领北京印刷企业健康、持续发展；坚持创新驱动发展，促进北京市与京津冀印刷业的共同进步。

一、北京印刷业服务首都核心功能调研

北京市印刷行业历经几十年的发展，截至 2014 年底，已经形成了 1600 多家企业，从业人员超过 6 万人，企业资产总额近 500 亿元，主营业务收入超 300 亿元，企业利润逾 30 亿元的产业。

相比北京市的各大工业产业，印刷业是一个体量不算太大的产业，主要满足北京市各行各业印刷相关业务的需求。以下通过对北京市印刷行业统计资料的分析，解剖北京市印刷行业的主要印刷领域、印刷产品、印刷市场、印刷技术和绿色环保情况，力图对当前行业的现状给出较为客观的分析，为北京市印刷行业的调整、转型和升级提供一些有益的参考。

（一）北京印刷业总体分析

1. 北京印刷业分领域统计分析

（1）北京市印刷企业数量分析

2014 年北京市的出版印刷、包装印刷和商业印刷企业中，出版印刷、商业印刷企业数量占比达 82%。出版印刷、商业印刷是北京印刷业的主要服务领域。

（2）北京市印刷企业主营业务收入分析

2014 年北京印刷业的出版印刷主营业务收入占比超 40%，商业印刷占比超 25%，包装印刷占比为 33%，三大印刷领域的市场份额基本三分天下，出版印刷占绝对优势。

（3）北京市印刷企业资产总额分析

2014 年北京出版印刷企业资产总额占比超 50%，包装印刷企业资产总额占比不足 30%，商业印刷企业资产总额占比为 20%。北京出版印刷企业资产总额占据半壁江山。

（4）北京市印刷企业利润总额分析

2014 年北京出版印刷企业利润总额占比与包装印刷企业利润总额占比接近，只有商业印刷企业利润总额占比稍小。同比企业数量、资产总额和主营业务收入的占比，出版印刷的经济效益稍差，包装印刷与商业印刷的经济效益较好。

（5）北京市印刷企业从业人数分析

2014 年北京出版印刷企业用人占比达 57%，超过包装印刷企业和商业印刷企业的用人总和，是北京印刷业的主要用工大户。

（6）北京印刷业综合分析

2014 年北京出版印刷企业的人均主营业务收入、人均利润不仅远低于包装印刷和商业印刷，还低于印刷行业人均主营业务收入、人均利润。

（7）北京印刷业小微企业分析

2014 年北京印刷业企业中仍有众多的小微企业，北京市印刷企业主营收入 50 万元以下的小微印刷企业总计占比达 20% 以上，说明北京印刷业的小微企业还是偏多；小微企业的营业利润总额为年亏损超 1 亿元，并且在所有印刷领域都显示亏损，说明北京小微印刷企业整体经营状况不佳。

（8）统计数据背后的不可比因素分析

根据 2014 年北京印刷业的统计数据，在疏解非首都核心功能、绿色环保与清洁生产要求、经济发展新常态的要求等因素下，指标回落不明显。但应该看到，在统计数据中有众多不可比因素，扣除不可比的因素，2014 年北京的出版物印刷实际主营业务收入在 100 亿元以上，同比下降 10% 左右，利润指标和资产总额的增长幅度也同样下降 10% 左右。

综合以上统计分析，北京印刷业的市场高度集中于出版印刷、包装印刷和商业印刷三大印刷领域。其中，北京出版印刷企业作为数量、用工、资产总额和主营业务收入大户，具有企业规模大、市场份额大的特点，但是在人均资产、人均主营业务收入和人均利润指标方面都小于包装印刷和商业印刷领域，说明北京出版印刷的特点是体量大、市场大，但效益较低，发展落后于包装印刷和商业印刷。这符合出版印刷业发展历史久、国企多、受新媒体冲击大的现状。同时，北京印刷业的小微企业较多，普遍经济效益较差。

2. 北京印刷业分领域经营情况统计分析

（1）北京市出版印刷领域分析

北京出版印刷主营业务收入 2000 万元以上规模的企业数量逾百家，占比仅为 17.3%，但主营业务收入占比达 77.1%。即约 1/6 的大型出版印刷企业的市场占有率达 5/6，而约 5/6 的中小型出版印刷企业的市场占有率仅为 1/6，说明中小型出版印刷企业的发展空间狭小，面临更大的挑战。

但是，大型出版印刷企业实现盈利 1000 万元以上的仅十几家，尚有多家亏损企业；实现盈利 500 万元以上的近 30 家，亏损企业也达两位数。说明大型出版印刷企业的发展也不平衡，大型出版印刷企业同样也面临较大的发展危机。

（2）北京市包装印刷领域分析

北京包装印刷主营业务收入 2000 万元以上规模的企业数量占比超 20%，但主营业务收入占比近90%。即约1/5的大型包装印刷企业的市场占有率达9/10，而约4/5的小型包装印刷企业市场占有率仅为1/10，说明包装印刷市场更加明显集中于大型包装印刷企业，小型包装印刷企业没有多大的发展空间。

同时，大型包装印刷企业实现盈利1000万元以上的企业占比逾60%。亏损企业占比近30%。所以，包装印刷总体的经济效益较好，包装印刷的发展重点在大型企业。

（3）北京市商业印刷领域分析

北京商业印刷主营业务收入2000万元以上规模的企业数量占比近5%，但其主营业务收入占比逾80%。即不到1/20的大型商业印刷企业的市场占有率超过4/5，而超过9/10的中小型商业印刷企业的市场占有率仅为1/5，说明商业印刷的市场集中度更高。而且，商业印刷企业总体3/5的企业实现盈利，盈利企业的数量比例较大，经济效益较好，发展前途较为光明。

综合以上统计分析，北京三大印刷领域的大型企业数量占比小，占据的市场份额大，经济效益也优于中小印刷企业，是北京印刷业发展的主力军。三大印刷领域在各自市场占比相近的情况下，出版印刷与包装印刷大型企业占比高，企业整合度较高。商业印刷领域中小企业偏多，有待加大整合力度。

3. 北京印刷业区域分布统计分析

（1）北京市印刷企业区域分布分析

北京市的16个区县，印刷企业主要集中于四个区，数量占比超过50%。其中，近1/3的印刷企业集中在大兴区、通州区，只有1/5稍多的印刷企业聚集在城六区的朝阳区和海淀区。城六区的印刷企业总和占比不足40%。

（2）北京市出版印刷区域分布分析

北京市的16个区县，出版印刷企业主要集中于四个区，占比近60%。区县分布与北京印刷企业的分布是一致的。

（3）北京市包装印刷区域分布分析

北京市的16个区县，包装印刷企业主要集中于三个区，占比近50%。北京市近92%的包装印刷企业都聚集在城六区外的郊区县。

（4）北京市商业印刷区域分布分析

北京市的16个区县，商业印刷企业主要集中于四个区，占比近50%。其中，近55%的商业印刷企业聚集在城六区，较多集中在朝阳区、西城区和海淀区，这与北京商业印刷市场具有很高的关联度。

综合以上统计分析，北京市60%以上的印刷企业分布在郊区县，以大兴区、通州区为主。出版印刷、包装印刷分布也以郊区县为多，只有商业印刷较多聚集在城六区，与北京CBD、金融和科技发展较为集中的城区相对应。

4. 北京印刷业市场特点分析

（1）北京市印刷产品特点分析

北京市是全国政治文化中心、科研教育中心，聚集了200多家出版社，十几家报社。出版印刷产品主要为报纸、期刊、杂志、图书、书籍等，北京市的报纸印刷产品多集中在大型报社发行的日报，如《人民日报》《经济日报》《北京日报》《解放军报》等，以及晚报、都市报、社区报等，由各大报社印刷中心承印，如新华社印刷厂、北京报业集团印务中心等。期刊、杂志印刷多集中于周刊、月刊、双月刊、季刊等期刊印刷和政治、科技、生活、娱乐、教育、体育等杂志印刷，由各专业印刷企业承印，如北京华联印刷有限公司、北京利丰雅高长城印刷有限公司、北京盛通印刷股份有限公司等。图书印刷多集中于政治、科技、文化、艺术、生活、法律、语言等，教材印刷多集中于儿童读物、中小学教材、大学教材、教辅类教材、培训教材等，主要由各大出版社印刷厂或专业印刷企业承印，如北京新华印刷有限公司、北京雅昌彩色印刷有限公司、北京中科印刷厂等。近年来，由于新媒体的冲击，北京出版印刷产品数量增长趋缓，报纸印刷数量逐年下滑。但由于北京各大报社、出版社、期刊杂志社的集中度较高，出版印刷的绝对体量仍然较大。

包装印刷主要为食品、生活用品、服装、粮食、水产品等软包装印刷，日常生活品、烟酒、化妆品、礼品、电子产品等折叠纸盒印刷，电器、水果、菜蔬、家具等瓦楞纸箱 / 盒印刷，奶粉、饼干、茶叶、油漆、饮品等金属容器印刷。主要由一些外资、合资企业，如利乐包装、北京黎马敦、太平洋制罐、安姆科软包装有限公司、北京德宝商三包装印刷有限公司、北京双燕商标彩印有限公司等承印。随着我国经济水平的提高，超市商品销售形式的普及，北京包装印刷中的纸盒、纸袋印刷，软包装印刷，瓦楞纸箱印刷，金属容器印刷等印刷产品的类别、数量都在逐年快速增长，市场规模逐年扩大。但由于北京大型包装企业有限，包装印刷的体量并不大。

商业印刷主要包括钞票、彩票、邮票等有价证券印刷，门票、戏票、请柬等票证印刷，学生证、工作证、军官证等证件印刷，发票、收据、机票等票据印刷，烟标、酒标、瓶贴等标签印刷，地铁、车站、商场的广告招贴，机关通报、通知、报表等文件印刷，笔记本、大字本、作业本等本册印刷，信封、信纸等信笺印刷，也包括了新崛起的数字印刷。商业印刷产品主要为证券、票证、证件 / 卡、票据、标签、广告、招贴、文件、本册、信笺等。这些印刷品主要由北京印钞有限公司、北京邮票厂、北京中融安全印务有限公司、北京东港安全印刷股份有限公司、北京中科彩技术有限公司、中国教育图书进出口总公司、北京时代时美印刷有限公司等专业公司印制。在北京超大城市加速扩张的趋势下，服务于首都政治、经济、文化发展的商业印刷市场发展迅速，印刷服务品种增多，服务领域不断扩大，商业印刷的体量和规模都在快速增长。但是，由于商业印刷服务产品具有较高的安全性、保密性和防伪性等特殊要求，对印刷产品的高科技要求越来越高。

（2）北京市印刷服务对象特点分析

北京出版印刷产品主要为视觉阅读类产品，分别由各大报社、期刊杂志社、出版社负责采稿、编辑、印刷和发行。因此，出版印刷的服务对象主要是国家及北京各大报社、期刊杂志社和出版社，其对印刷产品的基本要求是较高的印刷质量、一定的印刷数量要求和较高的服务时效。印刷质量不仅要求印刷清晰可读，而且彩色印刷数量大、装帧装潢水平要求高，如彩报印刷、儿童图书、立体图书、精品画册等。数量上大多是多批次较少量的印刷，印刷工期要求紧，如报纸类的计时批量印刷，或是教材类的短时大批量印刷，图书类的多批小量印刷，印刷企业不得不适应出版印刷的短版快印、优质彩印的新要求。

北京市的出版印刷业务大都具有政治性强、保密性强、实效性强的特点，如日报、晚报类印刷，教材类印刷和政论类印刷等，大都服务于国家级报社、杂志社及委办局。所以，北京市出版印刷作为首都服务产业领域之一，必须适应印刷服务对象的特点和要求，具备印刷质量优质、数量批量灵活、生产服务快捷的优势，才能服务好北京的新闻出版业。

北京市包装印刷产品主要为食品、饮品、生活用品、服装、礼品、电子产品等包装印刷，类别并非很宽，印刷企业大都附着或服务于大型商品生产企业或包装企业。例如服务饮品包装的利乐包装有限公司、太平洋制罐有限公司，服务食品等软包装印刷的联宾塑胶印刷有限公司、安姆科软包装有限公司，服务燕京啤酒的双燕商标彩印有限公司等。

首都北京作为超大规模的城市，所需商业产品的数量惊人，包装印刷市场的体量较为庞大，但包装印刷产品的类别较为有限，较多集中于商品的销售包装印刷。包装企业对印刷的要求具有印刷质量高、计划性较强和多批小量的特点，一些大型包装印刷企业直接归属在商业或包装集团之下，定向服务于特定的商品包装企业。

北京市商业印刷产品主要为证券、票证、证件、票据、标签、广告、招贴、文件、信笺等，直接服务于首都政治、经济、文化发展需求的政府机关、事业单位、学校、商业中心、金融企业等。例如服务于政府文印的机关文印社和区县印刷企业，服务于金融行业的北京印钞有限公司、北京中融安全印务有限公司、北京大唐智能卡技术有限公司，服务于证券市场的中体彩科技发展有限公司、中科彩技术有限公司、北京伊诺尔印务有限公司等。

北京市的商业印刷市场规模和产品要求与首都城市发展紧密相关，不仅直接服务于北京市各级政府的印刷需求，而且服务于中央各级委办局的印刷需求，甚至服务于全国的特殊商务印刷需求。例如服务于中央银行和各大商业银行的证券印刷；服务于各级政府机关、大中小学校的证照印刷；服务于众多饭店、写字楼的信笺印刷；服务于商业流通领域的税票、发票印刷；服务于会展经济的广告、招贴印刷等。商业印刷的要求具有印刷品种多、范围广、技术要求高、数量多变、计时性高等特点，而且普遍涉及高科技安全防伪、高保密性等方面。所以，大型商业印刷企业要么专属于某些大型企业集团，如北京印钞有限公司、中钞信用卡产业发展有限公司等印刷企业；要么是高科技领先的防伪、证照、票据印刷企业，如北京东港安全印刷股份有限公司、北京中标方圆防伪技术有限公司、北京英格条码技术发展有限公司等；以及具有技术领先、经营灵活的快速印刷及连锁印刷企业，如京城众多快印中心、彩色数码印刷公司、部委文印中心、快印连锁店、印刷服务中心等中小型商业印刷企业。

5. 北京印刷业技术特点分析

（1）出版印刷技术特点

在经历四十多年的改革开放后，北京市的出版印刷技术已完全从铅字排版、凸版印刷、手工装订低技术水平提升至计算机排版、胶版印刷和自动装订生产线的高技术水平。报纸、期刊和图书印刷已基本实现桌面排版、CTP 制版、彩色印刷、全自动装订和智能邮发，胶印技术占据绝对主导地位，生产技术水平已达到国际先进水平。数字印刷技术具有按需印刷和可变数据印刷生产的优势，已经得到出版印刷企业的重视，正在逐步得到推广。

（2）包装印刷技术特点

随着商品经济的快速发展和商品营销方式的改变，北京市的包装印刷技术已基本从手工拼版、腐蚀凹版制版、简单多色凹印、单机手工装潢加工发展为计算机拼版、电子雕刻凹印、柔印制版、多色快速凹印、柔印生产线和连线印后全自动装潢加工的较高技术水平。以胶印技术为主的纸盒 / 纸板、金属印刷生产已基本实现计算机拼版、CTP 制版、彩色多色印刷、全自动装潢加工。纸箱、纸袋的柔性版印刷也已基本实现计算机拼版、CTP 制版、多色高速印刷、连线装潢加工的技术水平。北京包装印刷业的产品类别、印刷要求，决定了胶印技术占据过半印刷市场，处于主要地位，凹版印刷和柔性版印刷技术处于辅助地位，市场份额有限，其生产技术水平基本上达到国内先进水平。

（3）商业印刷技术特点

与北京市政治、经济、文化、科技、金融中心地位同步发展的商业印刷，伴随机关企事业单位增多、经济实力增强、文化大发展、科技研发领先和金融业的扩张，商业印刷早已从名片、文件、信笺等简单商业印刷进入相对集中的文印、票据、证券、广告等高附加值的商业印刷领域，形成以胶印技术为主、数字印刷为辅，凹印、柔印、丝印技术少量应用的格局。由于商业印刷发展起步晚于出版印刷，印刷技术应用反而具有起点高、生产技术较为先进的特点。表现在印刷生产中的防伪印刷技术普及应用，数字制版、组合印刷、合版印刷、联线加工、按需印刷技术接近国际先进水平。北京商业印刷的防伪印刷科技研发处于领先水平，数码喷绘广告印刷、高保真彩色印刷、高端仿真艺术品复制、个性化印刷、印刷电子、3D 打印等新技术、新方法、新产品在北京商业印刷领域正在得到越来越广泛的应用。

6. 北京印刷业绿色环保特点分析

（1）出版印刷绿色节能环保特点

无论是以胶印技术为主的胶印生产，还是以数字印刷技术为主的按需印刷生产，主要的绿色环保问题都集中于印刷原材料、印刷生产工艺和印刷品回收再利用方面。

报纸印刷特点是设备庞大、安装集中、耗能较高，废纸、废墨、废版等固废，废气、噪声等问题较为严重，有一定的 VOCs 排放，环保问题主要集中于印刷生产环节。然而，由于北京的报纸印刷企业主要隶属中央各大部委，政治服务意识强，且经济实力较为雄厚，早已广泛采用环保性强的 CTP 技术、集中供墨技术等，特别是随着近年来清洁生产审核工作的开展，广泛进行集中供气、集中空调、免酒精润版液、环保清洁剂等技术改造，节能生产、减排成效突出，绿色环保水平处于行业领先地位。

期刊杂志印刷是最为普及的胶印生产，商业轮转印刷、多色胶印印刷是其主要的印刷方式，具有质量要求高、原材料用量大、主要应用胶订工艺的生产特点。由于商业轮转印刷与其他胶印生产工艺相比耗能较高，生产中的废热、废气较为严重。小批量多品种产品的不断增多，造成生产废版、废墨、废液增多，VOCs

排放量较大。北京市加大了对环境问题的重视和对污染物排放的严格限制，促进了大型印刷企业自觉开展环保治理和清洁生产认证，北京市的绿色环保政策也驱动了众多胶印企业加快了技术改造，清洁生产成效十分显著。

图书印刷正在从单色胶印印刷转向双色、彩色胶印印刷和按需数码印刷，其中数码印刷的清洁生产特点决定了其符合绿色环保发展的方向。但是与报纸印刷和期刊印刷一样，生产污染除了胶印过程中产生的废热、废气、废弃物等挥发性溶剂、固废等，还包括图书生产中的印后覆膜、装订工艺使用的非环保胶料等。由于仍有一些印刷企业未能淘汰传统制版工艺，因此，还增加了废冲版液、废显影液等污染物。尽管部分企业通过了认证和审核，进行了相关的改造，但由于图书印刷企业数量多，并且存在大量的中小型企业，生存压力大，因此面临更为严峻的环保压力。

由于国家强制绿色环保政策的压力，以及北京市新闻出版管理部门的政策导向和资金支持，面向出版印刷的胶印生产不断进行技术改造和升级，生产和环境污染问题有了较大的改进，已不再构成影响北京印刷业绿色环保发展的最主要因素。进一步提高环境治理水平的目标应集中在普及产品绿色设计理念，持续研发环保原材料，以及加大对中小企业清洁生产的技术改造。

（2）包装印刷绿色节能环保特点

包装印刷生产的耗能、排放和环保问题一直被人们所诟病，主要是包装印刷的市场面较宽，印刷产品的种类繁多，印刷质量要求高，造成印刷生产所用材料复杂，如纸张以外的纸板、瓦楞纸、塑料薄膜、铝箔、马口铁等；印刷工艺复杂，既有胶印工艺，也有凹印、柔印甚至组合印刷工艺；印后装潢加工复杂，有大量上光、覆膜、烫印、模切等装潢加工工艺，以及分切、复合、开槽、复检等印后工艺。总体上使得包装印刷生产相比其他印刷领域的生产耗能偏高、耗材环保性不高、生产过程污染偏大、产品绿色程度偏低、回收再利用率偏低等，成为印刷行业绿色环保和清洁生产的关注重点。

包装印刷中的纸张、纸板、马口铁印刷生产主要应用胶印技术，与期刊印刷工艺相同，印前 CTP 技术、减酒精润版液、集中控制等技术已得到普及，绿色环保水平逐年提高。但是，印铁生产中的溶剂挥发大，干燥烘干环节耗能偏高，产生的废气、废热、废料较高，是清洁生产的整改关键之一。

包装印刷中的塑料薄膜、铝箔、软包装、瓦楞纸、标签印刷等主要应用凹印、柔印技术。在印前制版、印刷生产、印后加工过程中存在较多影响清洁生产的工艺环节，如凹印制版产生的电镀废液、废弃物，印刷生产使用含大量有机溶剂的油墨，干燥环节的较高耗能，印后加工产生的较多废热、废气等，以及印刷产品的残留 VOCs 等，使得以凹印、普通柔印技术为主的包装印刷生产成为清洁生产整改的重点领域。

整体上看，包装印刷生产应用的工艺技术在一些环节上存在较大污染风险，生产用料与耗材的绿色环保风险也比较高，生产的产品存在残留 VOCs 或回收再利用的问题，应该是印刷行业绿色环保和清洁生产整改中的重中之重。

（3）商业印刷绿色节能环保特点

北京市商业印刷生产的集中度较高，原有的小胶印、丝网印刷技术逐步被淘汰，商业印刷更多集中于应用胶印技术的生产工艺，如证券、票据、广告印刷，大都应用胶印技术，具有较好的清洁生产特点。钞票、邮票等有价证券印刷生产应用的凹印、柔印生产环节规模有限，先进的雕刻制版、环保印刷材料推广、节能减排技术的应用，使得商业印刷的柔凹印生产被控制在一个相对较小的范围，对商业印刷的绿色环保贡献十分有限。更兼近年来数字印刷技术的成熟和数码印刷工艺的应用范围逐渐扩大，北京商业印刷生产正在越来越广泛地推广清洁绿色的数码印刷生产工艺，如证件印刷、票证印刷、文件印刷、广告印刷、名片印刷等，具有耗能低、工艺清洁、产品绿色环保等诸多特点的数码印刷生产正在逐步占据越来越大的商业印刷市场份额。

综上所述，北京印刷业的印刷产品较多集中于出版印刷和商业印刷领域，印刷服务的对象主要集中于国家和北京市的部委办、出版社、大型集团公司和特定独占产业的商业印刷市场，印刷生产工艺主要集中于胶印、数码印刷等清洁生产技术，具有较好的节能减排和清洁生产特点。但在出版印刷领域的商业轮转胶印生产、印后装订加工生产环节，包装印刷领域的胶印印铁生产、柔凹印生产环节，商业印刷领域的柔凹印生产环节、部分印后加工生产环节，确实存在印刷原辅材料达不到绿色环保要求，部分印刷生产工艺和加工环节产生较高的耗能、排放和污染，一些印刷生产产品尚达不到绿色产品的要求，直接影响北京印刷业的清洁生产和绿色环保水平。因此，北京印刷业亟待开发和推广能够有效改善印刷企业绿色环保与清洁印刷生产的先进技术，强化清洁生产审核与产品绿色认证工作，尽快提高一批印刷企业的清洁生产水准，限制一些对绿色环保影响较大的印刷工艺、材料，疏解一些对绿色环保影响较大的生产加工环节，确保北京印刷业的持续稳定健康发展，更好地支持首都北京的长远发展。

（二）北京印刷业服务首都创新发展

1. 服务首都核心功能的不可或缺性

2014 年习近平总书记在北京考察时明确指出："要明确城市战略定位，坚持和强化首都全国政治中心、文化中心、国际交往中心、科技创新中心的核心功能。"习近平总书记为北京的城市规划和未来发展指明了方向。

（1）服务政治中心，印刷行业不可或缺

作为中国的政治中心，北京成为全国最大的以行政管理为主要职能的城市，其政治直接管辖范围覆盖全中国，人大、政协、国务院等行政机关，公、检、法等司法机关，各大部委、税收、金融等行政管理机构，面向全国行使其管理职能。

印刷行业是服务首都政治中心的重要力量。人民日报印刷厂、解放军报印刷厂、北京日报报业集团印务中心、新华社印务有限责任公司等北京印刷业的重要成员，承担着及时传递党中央决策和政令的重要职责，是北京乃至全国各大媒体最准确的新闻通道；各大机关印刷厂和机关文印中心担负着各大部委党政公文快速、安全、准确印制的任务，是国家政令畅通的基本保证；中国印钞造币总公司及其下属的印钞企业，用安全、高质的印制服务维护着国家的形象，确保国家的金融稳定和安全；大量的书刊、文件、证券证件和信笺信函印刷企业，共同肩负着传递政令、维护稳定和安全的重任。

（2）服务文化中心，印刷行业关联紧密

北京具有 3000 余年的悠久历史和 850 多年的建都史，悠久的历史和文化奠定了北京文化中心的牢固地位。具有主导全国文化发展方向，引领国家文化发展进程，汇聚和辐射国际文化，彰显国家文化精神、文化形象和文化价值的功能。

印刷行业是服务文化中心的重要力量。弘扬中华文化、继承文化遗产、展示文化艺术既是首都的文化发展战略，也是北京印刷业的优势所在。精品图书、精美期刊、彩色报纸、高仿真复制等，不仅支撑着首都的文化市场，也彰显着北京印刷的高技术水平。北京是全国出版图书最多的城市，北京地区图书出版约占全国图书出版总数近 30%；北京是全国期刊出版量最多的城市，北京地区出版期刊量是全国期刊出版总量的 40%；北京是全国中央级报纸出版数量最多的城市，北京地区中央级报纸出版总量占北京地区报纸出版总量的 85% 以上，北京地区报纸印刷总量是全国报纸印刷总量的 13%；北京在高仿真艺术品印刷复制领域占据绝对优势，涌现出一大批拥有自主知识产权技术、引领高仿印刷复制企业发展的佼佼者；北京拥有众多的博物馆、展览馆、影剧院、展览中心和旅游景点，北京印刷业在广告宣传、旅游画册、票证印刷和艺术品复制等领域提供了高度的配合，成为北京印刷业配合首都文化中心功能建设的重要一环。

（3）服务国际交往中心，印刷行业意义重大

北京具备国际交往中心所需的所有元素：数量众多的外交机构、国际组织和国际商业机构，外交访问、友好往来和大型国际会议活动频繁，大型交流设施、国际交流中心、现代航空口岸等发达设施，使其在国际交往中占有不可替代的国家地位。

北京作为国际交往中心，是举办大型国际会议、国际赛事的最佳场所，是国际交流、国际贸易活动频繁举办的胜地，是民主交流、观光旅游的必经之地。高品质的宣传画册、绿色印刷的期刊和书籍、人员往来的证件和证照、国际会议的海量文件印刷、经贸往来的合同协议等，都离不开印刷产业的强劲支持。2014年北京彩色印刷量达到近 1 万亿对开色令，拥有众多技术、设备精良，服务理念超前的全国知名的彩色印刷绩优企业；北京大力支持绿色印刷，率先在全国推行绿色印刷认证，制定了《北京市推进绿色印刷战略实施方案》，累计投入上千万元的政府资金，有力推动了“北京市绿色印刷工程”，绿色认证印刷企业已占全国通过绿色认证企业总数量的 10% 以上，中小学教课书、少儿读物实现了绿色印刷全覆盖，为北京乃至全国提供了绿色印刷产品。北京已有 41 家印刷企业通过或正在进行清洁生产审核，自觉地为北京的蓝天和地球的环保贡献着力量。北京印刷业的强大必将有利地支持首都国际交往中心功能的发挥。

（4）服务科技创新中心，印刷行业鼎力相助

北京特殊的城市地位、宽松的政策和广阔的发展空间，聚集了众多的高校、科研机构、高科技公司和企业，使北京成为科技创新的引领者、高端经济的增长极、创新创业的首选地、文化创新的先行区和生态建设的示范城，成为中国名副其实的科技创新中心。

在印刷科技创新领域中，无论是科技研发、人才培养、职业培训、媒体宣传还是技术标准制定、印刷质量检验及鉴定等印刷产业链的各个领域，北京印刷业都具有得天独厚的优势。北京印刷学院是中国唯一一所面向印刷出版领域培养高级专业人才的高等院校；中国印刷科学技术研究院是中国最具权威的印刷技术科研院所；印刷行业最具影响力的专业门户网站科印网和必胜网均植根北京；全国印刷标准化技术委员会和中宣部出版产品质量监督检测中心坐镇北京统领全国；王选院士创立的方正集团不仅发明了汉字激光照排技术，更成为数字印刷技术的

研发标杆；中国科学院化学研究所是纳米材料绿色印刷制版技术研究的先行者；北京印刷学院、北京绿色印刷包装产业技术研究院成为高保真印刷技术、电子油墨技术、功能印刷技术等的研发与创新基地。这些科研院所、研发中心和专业媒体以及在印刷相关领域的科技引领和技术创新，成为首都科技创新力量的重要组成部分和有力支持。

2. 服务京津冀协同发展的引领作用

2013年8月，习近平总书记在北戴河主持研究河北发展问题时提出，要推动京津冀协同发展。习近平总书记强调实现京津冀协同发展，是面向未来打造新首都经济圈、推进区域发展体制机制创新的需要，是探索完善城市群布局和形态、为优化开发区域发展提供示范和样板的需要，是探索生态文明建设的有效路径，是促进人口、经济、资源、环境相协调的需要，是实现京津冀优势互补、促进环渤海经济区发展、带动北方腹地发展的需要，是一个重大国家战略。

（1）印刷业京津冀协同发展符合国家发展战略

京津冀位于环渤海地区的中心位置，北方经济版图的核心区域，是国家经济发展的重要引擎和国际竞争的前沿，在国家区域规划中占有无可替代的重要地位。京津冀协同发展无论是经济促进、空间布局还是生态建设，都是国家发展战略的重要一环。

从国家的发展战略来看，紧随以广州、深圳为中心的“珠三角”和以上海、江浙为核心的“长三角”城市群快速发展之后，以首都北京为中心的“京津冀”成为经济发展的“第三极”，形成了首都经济群。由于京津冀城市群的特殊区位、经济实力和科研潜力，首都城市群的协同发展至关重要。但由于经济发展的不平衡，城市间出现了人口、资源、发展的失衡，必然造成环境、资源、交通等一系列制约产业良性发展的问题。明确京津冀各城市的功能定位，创造优化的产业格局，确定明确的分工协作机制，促进京津冀协同合力，才能打造首都城市群的共荣发展。

作为服务业的印刷行业发展必然与城市定位密切相关。北京的印刷业发展要以服务政治中心、经济中心、文化中心和国际交流中心为核心，而津冀印刷业的发展需要与北京的印刷业发展形成相互支撑，还要从印刷技术、工艺、材料和设备的优势上加以考虑，共同打造印刷业良性发展的区域环境。在首都核心功能定位的前提下，印刷业京津冀协同发展势在必行。

（2）印刷业京津冀协同发展具备良好基础

随着北京作为首都的政治、文化、国际交往和科技创新中心核心功能的确定，北京印刷业的明确定位和转型发展也势在必行。支持首都核心功能的新闻报纸、文印快件、彩色期刊、精品书籍、防伪票证、高仿复制、数码快印、绿色印刷等印刷业务不但需要保留，而且还会继续发展；在技术、研发、管理、教育等方面处于领先地位的科研机构、教育培训、质量监管和专业媒体等还会继续发挥作用。但对产品类型、技术含金量、人员结构等方面与首都核心功能契合度差的企业，对不符合生态发展、自身成长空间狭小的企业，寻找适合发展的土壤已成为大势所趋态势。

天津是北方地区重要的工业发展城市，紧邻北京的地理环境、便捷的交通网络、丰富的人力资源、较强的技术研发力量以及与北京相比较低的土地成本等优势，为天津的发展提供了动力。水陆交通的便捷推动了对外贸易的发展，对包装产品的需求拉动了包装机械、材料生产以及包装装潢印刷的发展。天津包装装潢印刷发展的产品优势、技术优势和资源优势所产生的集群效应，为疏解非首都核心功能的印刷企业提供了发展空间，为北京与天津协同发展提供了契机。

河北位于环渤海地区中心，环绕北京、天津两大直辖市。多年来，北京、天津的大城市聚集效应给河北带来人力资源和优势企业流失的同时，也形成了土地资源丰厚、人力成本较低，企业类型和规模与北京、天津互补的现状。多年来，河北众多的印刷包装企业，早已吸纳了北京大量的普通印刷品印刷和装订、包装等制作加工工作。随着北京在核心功能定位下的印刷产业调整，拥有较高管理、技术水平，高端设备和人力资源企业的到来，不仅有助于北京印刷企业的生存和发展，也将有助于调整河北印刷产业结构，提高企业技术和管理水平。河北玉田地区集群化的印后机械制造企业，也将与天津印后设备制造企业形成规模和产品类型的互相补充。

3. 促进首都文化创意产业的全面发展

文化创意产业是在经济全球化背景下产生的以创造力为核心的新兴产业，作为一种文化、科技和经济深度融合的产物，凭借着独特的产业价值取向、广泛的覆盖领域和快速的成长方式已经在全球蓬勃发展。北京市文化创意产业提升规划（2014—2020 年）明确指出：“文化创意产业在首都经济中的支柱地位日益明确，已经成为拉动北京经济发展的新引擎，成为首都经济增长的新亮点和城市形象的新符号。”

印刷行业与文化创意产业密切相关，出版印刷、文化宣传、艺术复制、会展经济构成了文化创意产业的主体，印刷行业无一不在助力护航。北京印刷业的高端技术发展，与文化创意产业的需求一拍即合。

（1）精品印刷成为出版印刷的主旋律

精品图书、优质期刊是传播艺术思想、宣传文化理念和展示艺术成果的重要途径。北京拥有600余家出版物印刷企业，年承印图书近10万种，多色彩色印刷总量上万对开色令，是单色印刷量的近4倍。以北京盛通印刷股份有限公司、北京利丰雅高长城印刷有限公司、北京华联印刷有限公司、北京新华印刷有限公司为代表的高端精品印刷企业，代表了北京出版物印刷已步入高端彩色精品印刷时代，工艺领先、质量上乘的精装图书，高档的彩色期刊，不仅为首都文化创意产业成果的展示提供了重要舞台，而且其自身的精美设计和制作就是文化创意产业的重要内容。

（2）高仿印刷成为艺术复制的重要手段

文化创意产业是满足人们精神文化娱乐需求的新兴产业，是精神消费与娱乐经济融合发展的新载体，艺术品复制正是其中之一。多年来北京印刷业根据其自身文化积淀和科技支持，早已将高仿真印刷复制作为重点发展的印刷领域。北京雅昌彩色印刷有限公司、北京荣宝斋、北京圣彩虹制版印刷技术有限公司、北京图文天地制版印刷有限公司、北京东方宝笈文化传播有限公司等一批印刷企业，无论是技术水平还是业务规模都已国内领先和国际知名，为首都文化创意产业的发展增添了炫目的光彩。

（3）个性化按需印刷成为文化宣传的新亮点

北京是国家的文化中心，主导着全国文化发展的方向，引领国家文化发展的进程，对全国其他地区的文化发展具有强大影响力和示范作用，也是国际文化汇聚和辐射的中心，反映国家的文化精神、文化形象和文化价值，宣传和弘扬中华文化既是首都的文化发展战略，也是北京印刷业的优势所在。随着印刷技术的发展，个性化按需印刷已成为印刷业服务文化宣传领域的新亮点。大到奥运宣传、申遗文件、阅兵请柬，小到广告宣传、展会门票、公园介绍，北京雅昌彩色印刷有限公司、北京利丰雅高长城印刷有限公司、北京中标方圆防伪技术有限公司等印刷企业用个性化的印刷服务为文化宣传提供了丰富多彩的印刷产品。

4. 支持首都绿色发展大局

（1）节能、环保，绿色发展已成大势

生态环境是人类生存和发展必不可少的物质条件，出现生态环境问题更多的是由于人类长期的生产和生活引起的生态环境破坏，导致人与自然关系的失调。环境作为经济发展所必需的一种资源，具有稀缺性和公共性的属性，但随着全球经济的迅猛发展，环境资源的无序使用和过度开发，就势必导致环境的恶化。

中国是一个发展中国家，人口众多，资源有限，近年来经济发展与环境保护的失衡，已呈现持续的生态环境问题。酸雨、灰霾、光化学烟雾等区域性大气污染，正严重威胁着人民的健康，影响了环境的安全。治理污染、节约能源、绿色生产、环境保护成为一项国策，关系国计民生和人类未来的生存状态，意义十分重大。为此，2010 年 5 月，国务院办公厅转发了生态环境部等部门颁发的《关于推进大气污染联防联控工作　改善区域空气质量指导意见的通知》，表明了政府治理环境问题的决心。

针对北京日益严重的环保问题，2011 年 4 月，北京市人民政府发布了《关于印发北京市清洁空气行动计划（2011—2015 年大气污染控制措施）的通知》，并发布了《北京市清洁空气行动计划（2011—2015 年大气污染控制措施）》。2012 年 3 月北京市人民政府发布《关于印发 2012—2020 年大气污染治理措施的通知》，制定了《“十二五”重点区域大气污染联防联控规划编制指南》。2014 年 1 月 22 日，《北京市大气污染防治条例》由北京市第十四届人民代表大会第二次会议通过，于 2014 年 3 月 1 日起施行。2010 年 12 月，颁布了《北京市人民政府关于加强淘汰落后产能工作的实施意见》，提出深入贯彻落实科学发展观，以转变发展方式、提升产业结构、优化产业布局、推进节能减排为目标，按照“高端、高效、高辐射”的产业定位，全面推进本市淘汰落后产能工作，加快“人文北京、科技北京、绿色北京”和中国特色世界城市的建设进程。

（2）印刷行业积极响应绿色印刷号召

印刷行业在国家绿色环保大形势下，积极响应政府号召，积极开展绿色印刷和清洁生产。2010 年 9 月，生态环境部和原新闻出版总署签署了《关于实施绿色印刷战略合作协议》的安排，并于 2011 年 10 月 10 日联合发表了《关于实施绿色印刷的公告》，提出到“十二五”期末，基本建立绿色印刷环保体系，力争使绿色印刷企业数量占到我国印刷企业总数的 30%，印刷产品的环保指标达到国际先进水平。北京大力支持绿色印刷，率先在全国推行绿色印刷认证，制定了《北京市推进绿色印刷战略实施方案》，累计投入上千万元的政府资金，有力地推动了“北京市绿色印刷工程”。截至 2015 年 10 月，北京地区有 75 家印刷企业通过绿色印刷认证，绿色认证印刷企业占到全国通过绿色认证企业总数量的 10%，为北京乃至全国提供了绿色印刷产品。

（3）印刷行业踊跃开展清洁生产审核

随着国家环保战略的提升，循环经济、低碳发展理念已经深入人心，2012 年，新修订的《中华人民共和国清洁生产促进法》出台。清洁生产包含了生产全过程和产品周期全过程，从设计、原材料、生产加工、物流、产品使用到循环利用，是对生产过程与产品采取整体预防的环境策略。2013 年北京印刷协会组织相关专家组成调研小组，对北京市印刷行业的“清洁生产”现状开展调研。北京市地方标准《清洁生产评价指标体系　印刷业》由北京市质监局正式发布，于 2015 年 4 月 1 日开始实施。2015 年，北京有 36 家印刷企业通过或正在进行清洁生产审核，自觉地为北京的蓝天和地球的环保贡献着力量。

（三）北京印刷业面临的新挑战

1. 疏解非首都核心功能与京津冀地区协同发展

（1）首都发展新定位要求疏解非服务性产业

首都发展战略定位是要强化首都全国政治中心、文化中心、国际交往中心、科技创新中心的核心功能，努力把北京建设成为国际一流的和谐宜居之都，调整和疏解非首都核心功能，优化产业结构，优选产业项目，突出高端化、服务化、集聚化、融合化和低碳化。总体来说，印刷业具有工业和服务双重属性，北京印刷业的产业发展正在经历从生产加工业向加工服务业的转型，但在目前尚未完成向服务业的转型，非服务产业的主体身份势必需要经历调整、疏解的阵痛，才能羽化为蝶，成为服务化新产业，契合首都产业发展战略。

（2）首都发展新布局要求疏解非高端产业

首都发展新布局要求北京坚持城市战略定位、完善城市功能、构建“高精尖”经济结构，发展高端化产业。北京印刷业一直被视为生产制造业，无论是生产产品、技术水平，还是经营管理水平、企业效益都不完全具备高端化产业的要素，特别是高科技产品开发不足，部分印刷生产仍然属劳动密集型，印刷生产高科技含量不高，离“高精尖”的产业高端化要求尚有差距，亟待加大产业的转型升级力度，保留和发展具备高端产业优势的部分，主动调整、疏解相对低端、低效益、低附加值、低辐射，不具备比较优势的非高端产业部分，主动适应首都发展新产业布局的大格局。

（3）首都发展新形势要求疏解非绿色产业

北京的发展目标是成为国际大都市，建设成为国际一流的和谐宜居之都、生态文明之都，这就要求首都产业加快转变经济增长方式，重点解决现有产业的非绿色问题，通过“禁、关、控、转、调”五种方式来完成疏解非首都核心功能的产业目标。其中，要严格按照新增产业的禁止和限制目录，禁止新建、扩建首都不宜发展的工业项目；就地关停高污染、高耗能、高耗水企业，加快清理小散乱企业；对不符合首都城市战略定位的劳动密集型、资源依赖型的一般制造业实施整体转移。北京印刷业的绿色环保问题一直被诟病，甚至被夸大和丑化，但从印刷业自身也确实存在部分生产环节的污染排放问题，部分小微企业存在使用落后或淘汰的印刷工艺技术生产问题，对北京首都的生态文明和环境友好城市建设带来一定的影响，即将面临关停、迁移、疏解、改造的形势。北京印刷产业只有厘清产业存在的绿色环保问题，以壮士断腕的勇气关停污染排放严重企业、强力整合中小企业、疏解不符合绿色生态发展的印刷企业和生产环节，才能实现北京印刷产业的绿色低碳环保，契合首都生态文明建设的大环境、大形势。

（4）京津冀地区协同发展要求构建产业新业态

京津冀协同发展就是把北京首都的发展融入京津冀地区更广阔的空间，使得京津冀能像珠三角、长三角那样合理布局、共同发展，在确保首都核心功能的前提下，剥离非核心功能，并逐步以资源内在配置规律来发挥资源配置的强势作用，探索出一种人口经济密集地区优化开发的模式，促进区域协同发展，让区域内所有民众共享现代化建设成果。由于京津冀地区的印刷业发展有着较大的不平衡，北京印刷业具有企业规模大、投资能力强、设备水平高、生产能力强、研发能力强的优势，但也存在产业结构不尽合理、产业链不完善、清洁生产严苛、生产成本偏高、发展空间受限等不利因素。而津冀地区印刷业的优势恰好弥补和匹配了北京印刷业发展的不足，京津冀地区印刷业协同发展必将突出首都印刷业的“高精尖”，发挥出京津冀地区印刷业的各自优势，在印刷产业的区域布局、产业结构、资源配置、特色优势方面构成产业新业态，提速首都印刷业发展的高端化、服务化、低碳化，促进京津冀印刷业的集聚化、融合化。

2. 绿色环保与清洁生产要求

（1）印刷业已部分被列入限制性发展产业目录

为深入贯彻落实首都城市战略定位，加快构建“高精尖”的经济结构，切实推动京津冀协同发展，北京市发展改革委、市教委、市经济信息化委、市国土局、市环保局、市住房城乡建设委、市交通委、市农委、市商务委、市卫生计生委2014年联合制定了《北京市新增产业的禁止和限制目录（2014年版）》，提出禁止新建或扩建印刷和记录媒介复制业，禁止新建或扩建包装装潢及其他印刷中使用溶剂型油墨或溶剂型涂料的印刷生产环节。尽管对印刷业的书报刊、本册印制涉及安全、金融、运行保障的包装装潢及其他印刷生产环节、装订及印刷相关服务排除在禁限目录中，但仍对北京印刷业产生较大的影响，一些印刷生产环节面临严格禁限，印刷企业的调整迫在眉睫。

（2）绿色印刷认证工作已全面开展

2011 年生态环境部和新闻出版总署组织制定发布了我国首个绿色印刷标准《环境标志产品技术要求 印刷 第一部分：平版印刷》，在印刷行业开展绿色印刷环境标志产品认证，并对青少年儿童紧密接触的中小学教科书率先进行绿色印刷试点工作，迄今全国已有 150 多家大型出版印刷企业取得相关认证。力图通过绿色印刷认证，淘汰一批落后的印刷工艺、技术和产能，促进印刷业实现节能减排，引导印刷业加快转型和升级。随后，又出台了配套的四项行业绿色标准，以及凹版印刷、商业票据印刷的环境标志产品技术要求，正在构建全面覆盖印刷领域的绿色印刷认证体系，这必定对所有印刷企业造成较大的政策压力。

（3）清洁生产审核工作紧锣密鼓

2002 年我国制定了《中华人民共和国清洁生产促进法》，2003 年国务院转发了国家发改委等部门《关于加快推行清洁生产的意见》，2004 年，国家发改委会同国家环保总局制定发布了《清洁生产审核暂行办法》，对清洁生产审核做出明确规定，并出台了针对重点企业实施强制性清洁生产审核的若干政策措施。全国 30 个省区市制定了《清洁生产审核实施细则》，建立了企业清洁生产的政策法规标准体系。2012 年，新版《中华人民共和国清洁生产促进法》的出台，进一步加快了各行业实施清洁生产步伐，《印刷行业清洁生产评价指标体系》标准制定工作全面开展。2012 年，北京日报报业集团印务中心成为北京首家通过清洁生产审核的印刷企业。2013 年，北京华联印刷有限公司、北京利丰雅高长城有限公司、北京盛通印刷股份有限公司等印刷企业也相继启动了清洁生产项目。2015 年 4 月，北京市地方标准 DB11/T 1137—2014《清洁生产评价指标体系　印刷业》正式发布，“清洁生产”审核正在印刷行业全面、有序地推广开来，以北京印刷企业为代表的印刷企业已经进入强制实施清洁生产工作阶段。

（4）VOCs 排放收费与低碳排放控制措施开始实施

为了促使企业减少挥发性有机物（以下简称 VOCs）排放，提高 VOCs 污染控制技术，改善生活和生态环境质量，根据《中华人民共和国大气污染防治法》《排污费征收使用管理条例》《国务院关于印发大气污染防治行动计划的通知》等规定，国家制定了《挥发性有机物排污收费办法》，明确包装印刷行业应根据生产工艺过程中投用原辅料及回收的有机溶剂，按物料衡算法进行排污量计算。2015 年 9 月，北京市发改委、市财政局和市环保局联合发布《关于挥发性有机物排污收费标准的通知》，确定各项收费标准及相关说明。标准明确包装印刷行业挥发性有机物排放收费范围为书报刊印刷、包装装潢及其他印刷，收费标准一般为每公斤

20元，最高每公斤40元，在具体收费标准上，将实施差别化的排污收费政策。以包装印刷行业为例，对使用水性油墨、辐射固化油墨和醇溶性油墨等低VOCs含量油墨从源头控制排放的，可以采用一个比较低的费率征收；通过装置优化和操作规范控制排放的，可以采用中等费率征收；而对于收集在末端治理后排放的，则采用一个比较高的费率征收。对包装印刷业VOCs排放按量征收排放费的启动，必将提高企业生产成本，对北京市的包装印刷业形成较大生存压力。

3. 经济发展新常态的要求

（1）从快速增长转向重优质增长，服务好首都创新发展

印刷业以往在统计企业经营状况时，主要看企业生产GDP，关注GDP的增长速度，追求企业发展做大做强。但是，经济发展新常态要求不能单纯看重企业生产GDP和增长速度，更要看到北京印刷市场低端产品产能已经过剩、劳动力红利基本结束、资金拉动型发展已经走向尽头。企业需要在生产的合理增长速度下，更加注重企业长远的稳定增长，通过开发高端印刷品、创新印刷新市场、实施精益生产、推行清洁生产，达到企业的优质增长，建立起契合首都建设发展的印刷新常态。

（2）从效益优先转向重转型升级，增强长期发展后劲

效益优先一直是印刷企业发展的主旋律，但产值大利润低已经成为不争的现实，这就迫使印刷企业不得不寻找能够继续发展的驱动力。实际上，印刷企业如仍然采用过度竞争、过度压低成本、不考虑污染排放等粗放发展方式，提高生产效益必定是一个幻想。企业只有下决心实施转型升级，明确企业定位、看准发展市场、改变企业结构，重组生产能力，建立企业的新体制、新结构、新机制，发展新产品、新市场、新流程，才能创造新生机，迈上新台阶、跃上新层次，增强长期发展的后劲，获得可持续的经济效益，实现企业良性发展的新常态。

（3）从封闭发展转向重区域协调，实现共享发展

北京印刷业的封闭发展表现在大而全的发展理念，这与北京印刷业国营企业多、分属各大部委、市场相对集中息息相关。随着北京经济建设达到较高层次，市场化竞争加剧，劳动力成本高，发展空间受限和环保压力的增大，企业发展显现出步履维艰、难以接续的态势。企业必须借助国家发展的政策东风，将发展前景放眼于京津冀地区，汲取珠三角、长三角发展的经验，在大地区、大格局、大环境的天地间，适当保留适合首都发展定位的文化市场、创意设计、市场营销、技术研发、物流物联等部分，转移更适合津冀地区发展的生产基地、仓储物流、劳动力密集生产等部分，形成企业经营高低端合理配置、生产链上下游合理布局、

区域发展优势互补，这样不仅能够满足企业长远发展的新常态，也必然带动区域印刷的共同发展，在京津冀更大空间内实现印刷业协同发展的新常态。

（4）从单纯竞争转向重创新支撑，形成发展新动力

由于印刷企业的开设技术门槛低，在经济高速发展时期，大量印刷企业应运而生。但随着经济发展新常态的到来，印刷产能过剩造成市场竞争严酷，大量印刷企业在技术含量不高的低端印刷市场杀得遍体鳞伤，企业痛尝狭隘竞争的苦果。印刷企业要想改变这种局面，必须注重创新发展，依靠创新为企业提供新动力，支撑企业做强做精。企业创新需要开阔思路，既可以在文化创意、艺术仿真、多媒体领域开展市场创新，也可以在网络印刷、按需印刷领域开展模式创新，还可以在高端印刷、精品印刷、防伪印刷领域开展技术创新，更可以在企业经营上进行体制、机制和文化创新。只有勇于创新才能摆脱激烈竞争，借助差异化才能使企业脱颖而出，才能为未来发展提供源源不断的新动力，建立企业创新发展的新常态。

（5）从持盈守成转向重改革开放，构建印刷新产业链

在印刷发展从高速进入中速发展的新常态下，一些企业利润出现较大下滑，主营业务难以为继，只能依靠出租地产被动维持。一些企业减产收缩，期望熬过寒冬。印刷企业无论是故步自封还是持盈守成，都不符合新一轮的产业变革大势，只有积极投身产业改革，仔细分析企业所处产业链地位，发掘企业自身优势，找出企业发展的障碍，借助资产重组、企业联合、业务互助、市场细化、主辅业剥离、技术研发、生产转型、产品升级、多元扩张等改革措施，以主动应对的信心，突破企业陷入的发展瓶颈，以开放发展的心态，改变企业原有的格局，注重印刷产业链正在发生的变革，积极融入新的产业链，才能顺应京津冀协同发展的新常态。

4. 新技术、新模式、新格局的要求

（1）印刷新技术、新工艺、新材料、新设备形成技改压力

印刷产业正在经历新一轮的技术革命，不断开发的新技术、新工艺、新材料和新设备带来了印刷生产的新流程、新方法、新产品、新市场、新标准，使得传统印刷生产面临巨大的技改压力，工艺联机化、设备集成化、材料绿色化、技术高端化要求企业必须加大、加快企业技改力度，从而实现企业的生产技术转型升级，建立起企业经营新业态。尽管北京印刷企业的技改进步走在全国前列，但与首都发展的新要求还有距离，距国际水平仍然存在差距，与珠三角等印刷发达地区相比较也存在不足，亟待通过进一步的生产技改，提高印刷企业的生产技术水平，普及 CTP 制版技术、完善 CIP3/CIP4、提高生产自动化水平、实施 ERP 现

代管理技术、推行绿色印刷生产等，使北京印刷业契合首都产业发展的“高精尖”要求。

（2）互联网 +、多媒体出版、大数据、云印刷创新印刷模式

互联网革命已经越来越深入影响印刷新业态。互联网 +、多媒体出版、按需印刷、网络连锁印刷、云印刷等传统印刷外的环境新变化，创建出印刷新市场、新产品、新流程、新工艺，正在逐步形成印刷新模式。这些模式突破了原有的印刷产品类型、印刷市场范围、印刷技术应用、印刷生产方式和印刷质量要求，也突破了传统印刷服务的地域限制、市场垄断、生产局限、服务单一的传统模式，诞生了基于网络平台的客户询价、上传资料、自主进度控制、物流配送的网络印刷；出现了网络接单、数码印刷、个性化配送的按需印刷；数据库挖掘、数字内容开发、网络发行的多媒体出版服务等，并且在万众创新的大环境下继续涌现出线上线下结合的、以往不可想象的新印刷模式，必将成为北京印刷业转型升级的新增长点。

（3）信息技术、集成技术、节能技术、环保技术推动印刷新格局

印刷产业应用技术多源自其他高新技术，如信息技术、激光技术、自动化技术、集成技术、节能技术和环保技术等，印刷业本质上是多种技术交叉应用的技术综合领域，正因如此，其他产业开发应用的新技术必将深刻影响印刷产业的技术改造，如信息技术使得印前生产全面数字化；激光技术使得制版生产迅速 CTP 化而跨代；自动化技术使印刷生产实现高速、高精度和高效；集成技术使印前、印刷、印后一体化；节能环保技术使印刷生产清洁化、绿色化。正是各种现代新技术的发明、应用和推广，印刷业才发生了令人震惊的新变化，从而促成印刷新格局的逐步建立。这种新格局的形成和完善，必将与北京市发展的大格局形成呼应，与京津冀协同发展的大格局交相辉映，必将对所有的北京印刷企业形成压力和挑战。印刷企业只有努力学习新技术、应用新技术、开发新技术，才能将企业发展融入印刷业发展的新格局。

（四）北京印刷业的未来发展

1. 整合转型发展，聚焦服务首都核心功能

从前面的统计分析中可以得知，北京市印刷业小微企业占印刷企业总数量逾 1/5，这一数量不能忽视的群体却显示出绝大部分处于亏损状态，从一个侧面说明北京市小微印刷企业整体经营状况并不乐观。北京市印刷业主营业务收入上亿元的大型印刷企业占比仅为 3.1%，而合计业务收入却占行业总收入的 60% 以上，

说明市场份额主要由大型印刷企业所占有。这一大一小和一盈一亏，反映出北京印刷企业亟待整合，需要通过资产整合、企业联合、企业合并或企业收购等途径，解决企业软、小、散的问题，形成企业规模扩大、市场份额提高、营业利润增大的发展局面。

但是，企业整合转型仅仅单纯依靠行政化措施显然是不合适的，仅仅采用市场化的手段也是不足够的。北京市印刷企业亟须紧扣服务首都核心功能发展的根本目标，遵循印刷产业发展趋势，立足印刷生产的绿色环保发展，制定北京市印刷业发展规划，利用政策和市场双重驱动，通过企业整合、转型、改造、疏解、转移（或部分转移）、歇业等多种路径，达到对不同印刷企业的支持、鼓励、激励以及限制、约束、强制的政策实施，促进北京市印刷业业态的转变。

（1）企业更名标志着向整合转型方向迈进

近年来，随着印刷概念的外延和竞争的加剧，为获得更广阔的发展空间，一些印刷企业通过更名工程迈入转型发展的轨道。中国印刷集团更名为中国文化发展集团，雅昌艺术印刷集团更名为雅昌文化集团等，这些大型印刷企业明确企业服务首都核心功能的未来发展，重新定位发展目标，不断扩展服务领域，自觉启动了企业整合转型发展的征程。

（2）延伸产业链使企业实力更加强大

产品设计、工艺开发、印刷加工、物流配送、销售经营、技术研发、材料供应、设备制造等构成了印刷生产的产业链，而印刷加工仅是印刷生产产业链上的一个环节。印刷企业延伸产业链，加强整合上下游企业，扩展高端服务成为提高服务水平、降低生产成本、获取经营利润的重要方法。例如雅昌文化集团、北京新华彩印公司等，不仅保留传统印刷生产，而且将企业发展拓展到创意设计、产品开发、高新技术研发等领域，抢占印刷服务产业链中的轻资产、高技术领域，创造更高的企业活力和经济效益。

（3）京津冀协同发展提升企业活力

疏解人口、严控污染等措施使印刷企业面临前所未有的生存危机，响应京津冀协同发展号召，将生产基地转移到郊区和津冀地区，不仅解除了企业的生存危机，而且扩大了企业未来的发展空间。北京盛通印刷有限公司、北京铭诚印刷有限公司等，主动将占地广、用人多、有污染的生产基地转移到远郊区或河北等地，不仅符合国家的发展策略，能够得到政策支持，而且在降低生产成本，提高经营效益，为未来持续发展奠定基础的同时，还会带动落地区域的生产发展和技术水平提升。

这些印刷企业的发展探索与尝试，不仅符合首都核心功能建设的大方向，而且为企业整合转型提供了参考和借鉴，已经引起众多印刷企业的关注。北京市印刷业亟须在京津冀协同发展规划的指导下，制定“十四五”发展规划，对北京印刷企业进行合理的分类、分级，明确政府、行业的政策支持，力促北京印刷企业加快整合发展步伐；通过政策解读和引导，推动印刷企业自觉进行整合、转型、转移和疏解，促进北京印刷业态的根本转变；通过对印刷企业进行生产审核和认证，驱动印刷企业主动开展升级、改造、再造，促进企业通过转型升级提高印刷业的高端发展能力。

2. 加快转型升级，科技促进企业特色发展

北京市印刷业的现状是产能偏大，竞争激烈，研发能力不足，市场开拓动力不足，其结果必然造成企业集中于中低端印刷市场拼杀，无力突进高端印刷市场。这一结果进一步导致竞争市场狭窄、生产成本推高、恶性竞争加剧、经营效益低下等一系列恶果。因此，转变印刷企业原有的同质化竞争、开拓能力差、产品技术含量低、生产自动化水平不高、经营成本居高不下、企业效益滑坡的情况，是促进印刷企业转型升级的根本动力。

（1）科技投入加快企业转型升级

现代印刷企业的转型升级必须明确发展目标，北京市印刷企业的转型升级决不能再重蹈扩企业规模、上生产能力、抢市场份额的数量化增长老路，必须坚定科技进步、差异化竞争、特色发展的新道路。必须针对首都发展的四大核心功能，详细分析北京印刷市场的发展趋势，确定企业转型升级的方向，明确企业中长期发展的目标，确立企业的发展定位，有的放矢地开展企业转型升级。近年来，一些印刷企业加大印刷科技研发投入，注重科技成果转化，特色发展取得显著成就，成功步入北京印刷业前列。例如注重高学历人才储备的北京中融印刷股份有限公司、主动开发按需印刷市场的北京京华虎彩印刷有限公司、紧盯小众试卷印刷市场的北京宝旺印务公司、加强印后业务能力的北京中科印刷厂等印刷企业。

（2）精品生产、精益管理提高市场竞争能力

高端精品提升了产品的质量，不仅成为市场的宠儿，也是提高企业经营效益的支柱，如北京荣宝斋。受益于企业优质管理的精细生产，不仅为社会节约了资源，同时也为企业创造了价值，如北京易丰。无论是产品还是管理，只要做到极致，就可使企业从竞争激烈的红海转向曲高和寡的蓝海，借你无我有、你有我专的企业特色立足于产业尖端。

（3）市场导向促进特色发展

针对北京市各大国家机关、部委局、事业单位的巨大印刷市场，企业应抓住印刷客户和产品的时效性、政治性、保密性需求，积极开展先进数字印刷技术改造，完善印刷生产的网络化、数字化、安全性、全程服务的技术，将批量印刷与按需印刷、普通印刷与安全防伪、企业生产与网络服务紧密结合，实现印刷企业的数字化生产、网络化服务和电商服务，达到企业的真正转型升级。

针对北京市众多报社、出版社、期刊杂志社的巨大出版印刷市场，企业要分析电子媒体造成的市场冲击和印刷市场新变化，抓住出版印刷时效性、小批量化、招标业务的特点，提升企业投标竞争能力、生产自动化水平、按需印刷能力、物流服务水平等，延伸生产服务链，加强印刷企业之间的生产互补，加强企业与物联网的联合，积极改造生产工艺，推广成熟生产技术，引进新型高端技术，用科技进步促进企业上水平、上特色、上服务。

针对北京市特点鲜明的包装印刷市场，印刷企业必须正视包装印刷工艺存在的绿色环保问题和北京印刷业的发展方向问题，必须要有清醒的认识并采取果断的作为。如果不能从根本上解决环保问题，企业将会面临越来越严苛的政策限制和难以承受的环保压力，更难以改变包装印刷在北京的发展前途。企业需要站在长远发展的立场上，开始考虑将全部或部分生产环节疏解或转移到更加有利于自身发展的地区，既顺应首都核心功能的定位和京津冀协同发展的大方向，也符合企业降低生产成本和继续规模发展的战略。同时，保留产业链中的创意设计、市场营销、技术开发和经营服务等高端、轻资产环节，推动企业更好地服务京津冀包装印刷市场。

针对北京市发达的金融业、展会业、科技业、文化业，特别是文化创意产业，企业必须看清形势。由于北京的商业印刷一直处于市场扩张、需求旺盛、竞争加剧的状态，企业正在经历着不愁业务到业务面狭窄、单一产品到新产品不足、不愁盈利到效益降低、独占垄断地位到帝国动摇飘摇的转变。作为超大城市发展不可或缺的商业印刷企业，亟待改变经营理念，在巩固原有印刷市场的同时，主动开拓市场范围，创新印刷产品研发，提高安全防伪技术水平，加大灵活生产能力，升级企业的按需印刷、网络服务，通过网络印刷、连锁服务等新型经营手段，提供更多更好的商业印刷产品和服务，配合好首都核心功能的建设与发展。

3. 推进清洁生产，绿色印刷引领企业绿色发展

北京市印刷业在改革开放、迅速扩张市场和产能的发展进程中，也产生了一定的绿色环保问题，如耗能偏高、排放较高、清洁生产水平低、绿色环保产品少，直接影响北京首都的蓝天，成为北京市重点整治的产业之一。

（1）政策引导企业绿色发展

无论是国家经济发展政策，还是北京市的核心功能发展规划，都对生产清洁化、产品绿色化、发展可持续化提出了很高的要求，绿色发展已成为新发展理念，首都印刷业更是必须走在全国绿色环保和清洁生产的前头。但是如何驱动企业自觉参与印刷清洁生产、鼓励企业投身绿色环保、激励企业投资清洁生产工艺技术研发、支持企业将不符合核心功能的生产基地转移、责罚企业不负责任的污染排放、限制企业盲目的扩张与竞争，需要国家出台法规、政府制定政策、行业强化自律、企业自觉实施等多个层面的工作，需要通过对印刷生产环节的限制、引导、支持、鼓励、奖励等多种途径，正确指导企业向绿色环保和清洁生产方向发展。

在新闻出版广电总局与生态环境部的大力推动下，2011 年公布了《关于实施绿色印刷的公告》，2012 年发出了“中小学教科书实施绿色印刷的通知”，启动企业的绿色印刷认证，促进印刷企业生产方式的转变。

在生态环境部和北京市环保局的主持下，2013 年启动了印刷企业清洁生产审核工作，制定了清洁生产评价指标体系，并于 2015 年在北京市印刷业率先启动 VOCs 排放收费制度。

在北京印刷协会的努力下，2012 年起开展了北京市印刷业节能降耗情况调研，2013 年开展了“印刷业服务首都核心功能，推动京津冀一体化发展进程”的京津冀地区印刷业调研。

北京市工商局对印刷企业的设立建立了限制目录，北京市环保局对印刷企业的环境污染进行了严格的监控，北京印刷协会对印刷企业开展了多轮绿色印刷和清洁生产宣讲会，形成了印刷产业绿色发展的强烈氛围。

（2）清洁生产助力企业减污增效

清洁生产能够为企业节能、降耗、减污、增效，使企业不仅为社会承担责任，而且为自身发展提供支持与指导。在国家大力支持绿色环保，企业面临生存危机之时，印刷企业紧跟政策导向，加大清洁生产技改力度，主动申请清洁生产审核，抢占绿色印刷发展机遇。例如北京利丰雅高长城公司、北京华联印刷有限公司、北京宝岛印刷有限公司、北京天宇星印刷厂等 30 多家印刷企业，认识到绿色环保印刷将是印刷企业发展的重要机遇，通过清洁生产为企业减污增效助力。

（3）清洁生产指路企业绿色发展

通过对北京印刷企业三大印刷领域的绿色环保和清洁生产状况的分析，出版印刷企业应该在节能降耗、减少污染物排放、加强回收利用、应用新工艺新技术、加强原材料标准化、提高生产自动化规模化、疏解生产基地等方面开展有效工作，在为首都提供不可或缺的印刷服务同时，率先争取获得绿色印刷认证和清洁生产审核，成为北京印刷业发展的主力。

包装印刷企业应该明确自身服务上下游企业的定位，清晰企业在印前、印刷、印后装潢加工生产环节存在的非清洁生产问题，在生产基地疏解转移、环保工艺技术改造、原材料标准化、节能降耗、产品回收利用、新工艺新技术研发等方面加强整改力度，从根本上考虑和规划企业的长期发展战略，借力京津冀协同发展的东风和政策支持，真正贯彻绿色发展理念，实施战略转移和绿色技改，抢占企业绿色发展高地。

商业印刷企业作为首都核心功能发展不可或缺的服务力量，必须改变原有的企业发展路径，要在数字化、网络化基础上的云印刷、网络印刷、数码印刷方面加大技改投入，在文化创意产业、高档精品印刷、安全防伪技术、3D 打印领域创新产品设计、企业经营、印刷生产、产品配送等服务，在新工艺技术引用、环保工艺技术改造、生产污染环节整改、自动化生产水平提高、产品绿色化标准等方面多做努力，提高清洁生产水平，加快企业绿色产品清洁生产的步伐。

4. 高端印刷引领，占据产业链发展新高地

北京市印刷业的现状是产能偏大，竞争激烈，研发能力不足，高端市场开拓不足，造成众多企业集中在中低端印刷市场拼杀，无力突进高端印刷市场，进而导致企业无序恶性竞争、竞争市场狭窄、生产成本高、经营效益低等一系列困难。改变印刷企业的市场同质化竞争、市场开拓能力差、产品技术含量低、生产自动化水平不高、经营成本居高不下、企业效益滑坡的情况，是促进北京印刷企业转型升级发展的根本动力。

（1）高低端定位完善企业产业链

首都核心功能发展规划和京津冀协同发展规划对北京印刷业的核心要求就是发展高端精品印刷，服务首都四大核心功能建设；保留不可或缺印刷服务，支撑首都发展定位；整合改造印刷企业，与首都长期健康发展融为一体；疏解过多印刷能力，支援京津冀地区印刷发展；迁移部分印刷基地，配合京津冀印刷业协同发展。

首都核心功能的定位决定了北京印刷业既要保留服务首都发展不可或缺的部分印刷服务，也要主动疏解、迁移部分低端印刷服务。前者应该注重开发新产品、开拓新市场、应用新技术、开发新工艺、引进新材料、研发高科技、聘用新人才、建立新文化，占据高科技产品、艺术精品、仿真复制、数码印刷、连锁经营、网络印刷、智能配送等新型印刷服务产业链的高端，才能成为引领北京印刷业的新业态。后者应该站在京津冀地区协同发展的大格局，看清企业长期发展的大方向，清楚企业自身特点，了解国家鼓励政策，熟悉当地人文环境，分析产业链发展趋势，厘清企业竞争市场，对原有的低端印刷和过饱和的生产能力及早启动产业转移，主动将生产基地迁移，避开限制、管制趋严的地区，寻找能降低生产成本的新址，保留适合首都发展定位的高端环节，继续抓住原有高端客户，积极发掘京津冀地区新市场，使企业发展布局更加合理，产业链优势更加突出，扩大市场和占据新高地。

（2）品牌优势占领产业链新高地

利用品牌优势，积极开展企业多元化的产业链发展，是企业良性发展、高端发展的标志。将企业擅长的优势发挥到极致，将优势形成品牌，将品牌延伸到产业链，才是占领产业链高端的必胜之道。雅昌集团建立了雅昌艺术网，集艺术品展示、网络销售、精品复制于一身。北京顶佳世纪印刷有限公司打造的印刷城，涵盖广告设计、印前制作、印刷复制、印后加工等上下游企业。北京印刷集团集结了出版印刷、包装印刷和商业印刷的全印刷形式，为客户提高全方位服务，抓住了大客户。这些凝聚多领域、多形式发展的企业，不仅自身独具发展潜力，而且善于发挥企业优势，在产品开发、市场开拓、技术研发、生产能力提升、印刷质量保证、贴心服务等方面创出了品牌，形成了良好向上的发展势头。

5. 坚持创新驱动，推动印刷业开放发展

北京印刷业在从生产领域向服务领域转型的过程中，不断涌现出资产重组、产业链延伸、业态多元化和科研开发等多种创新发展实例，一些印刷企业经历了印刷厂、印务公司、印刷集团、文化集团的发展演变，并且成功跨入印刷产业的前列。例如北京雅昌彩色印刷有限公司、北京盛通印刷股份有限公司就是诸多优秀印刷企业中的代表。

但是，由于印刷企业的入门门槛较低，印刷市场竞争不规范，早期印刷服务成本较低，印刷业技术含量不高，印刷服务领域急剧扩大等原因，在经历了数量、规模、效益的快速增长之后，开始进入发展滞胀期。印刷企业普遍感到存在市场竞争加剧，招投标制度带来竞争加剧，新印刷服务模式不清，企业之间恶性竞争趋烈，人力资源成本快速提高，印刷产品质量要求更高，产品技术含量增加，绿色环保压力加大，印刷服务效益降低等困难。一些大型企业依靠出租场地维持生存，众多中小企业连年亏损，北京印刷业进入焦躁、抱怨、强撑、等待和困惑的转型期。

（1）主动创新面对开放发展新业态

北京印刷业外部服务市场发生的变化和企业内部发生的变革，既是企业面临的挑战，也是企业发展的机遇，机遇和挑战并存。首都核心功能发展规划与京津冀地区协同发展规划的出台，正在打破北京印刷业原有的行业状况，为印刷业突破发展瓶颈，建立产业新业态提供了大好时机。印刷企业需要尽快转变观念，不必抱怨新媒体的冲击、绿色环保的压力、津冀地区的业务争夺，更不必对动荡的格局、转型阵痛忧心忡忡。需要的是直面首都核心功能和京津冀协同发展的大环境、大趋势和大格局，扩大企业发展的视野，善于利用政府引导政策，克服暂时出现的困难，抢在业态调整的前端，主动开展企业变革，创新企业发展的新模式，才是企业得以浴火重生的正途。

（2）善用互联网 + 融入发展新潮流

新技术的发展为整个市场带来了活力，互联网 +、网络云、物联网、数字技术等，不仅给传统印刷市场造成了冲击，同时也为勇于进取、敢于尝试、引领潮流的弄潮儿开辟了舞台。北京炫彩印刷有限公司利用互联网技术，组建设计师联盟，搭建网络平台，整合印刷活件，为印刷市场提供创新经营模式。北京时美印刷有限公司，采用数字印刷技术，通过连锁经营、定向服务等方式，为印刷市场提供便捷服务。创新理念为印刷经营提供了创新模式，创新技术为印刷生产带来了更为广阔的天地。

（3）善于创新打造产业新局面

创新已经成为产业新常态的必然之路，北京印刷企业的创新已不可能再拘泥于成立新部门、购置新设备、利用老资源等的传统改造模式，而是需要抓住创新精髓，在企业纵横联合、资产资源整合、产业链延伸、经营模式改革、新市场开拓、高新技术投入、新产品研发、人力资源发掘、按需印刷应用、绿色环保探索、网络技术融合等方面勇于创新，以开放发展的心态，走前人没有走过的道路，开创一片企业发展的蓝海，才能创新北京印刷业的新业态，更好地服务首都发展，引领京津冀印刷业的发展，开创北京印刷业的崭新局面。

二、京津冀协同发展调研

借助首都核心功能的确定和中央京津冀协同战略发展规划的实施，北京印刷业迎来了转型升级的大好时机。机遇与挑战并存，印刷业必须抓住时机，勇于挑战，才可能使北京印刷业融入京津冀协同发展战略，满足首都核心功能定位的需求，实现可持续健康发展。

（一）北京地区印刷产业分析

1. 北京印刷产业是首都建设发展的重要组成

2013年北京印刷企业共有1600多家，资产总额400多亿元，职工接近7万人，产值为300亿元，占北京市GDP的1.5%，为北京市各行各业的建设与发展提供了有力的支持。

北京市现有出版社200多家，占全国出版企业总数量的近一半。2013年出版物印刷企业有600多家，出版物印刷完成主营业务收入100多亿元，占北京印刷业产值的41%，高于全国任何一个城市，是北京印刷市场的主要业务。

以广告、标签、证券和票证印刷等商业印刷为代表的北京“其他印刷”主营业务收入为50多亿元，占北京印刷业产值的22%，凸显商业类印刷在北京印刷产业中的潜力。

相比全国包装印刷主营收入高达七成的占比，北京的包装印刷主营收入仅占北京印刷主营业务收入的35%。

截至2013年底，北京印刷产业拥有先进的计算机直接制版CTP设备200余台套，卷筒纸商业印刷机近50台，卷筒纸新闻印刷机近70台，单张纸多色胶印机超过600台，以胶印技术为主的印刷技术领先全国，达到国际先进水平。生产型数字印刷机已超过160台，在按需出版印刷、标签印刷、票证印刷和工业印刷领域显现锋芒。拥有先进的无线胶订联动线近180台套，精装联动线超过30台套，在书籍、期刊装订加工领域实力超群。

北京印刷产业经过多年的整合与发展，企业数量逐年减少，企业规模逐步扩大，年主营业务收入5000万元以上企业95家，亿元以上企业52家，年主营业务收入和利润总额分别占行业的64%和92%。以大型优势企业以及经营特色突出、创意和现代服务色彩浓厚的中小型企业为主导的行业格局正在形成。

北京印刷业的宣传媒介已占领全行业的制高点，从传统的大型印刷出版社、多家期刊杂志社，到现代的印刷集团、传播媒体和门户网站，从原有单一的平面宣传媒介机构，到以期刊印刷、网络出版、大型活动、会展服务、咨询调研、培训和相关行业服务职能为支撑的全方位、多层次、立体化产品和服务的传媒集团，在全国印刷业中处于领导地位。

北京印刷业已基本形成了产业园区化，大批上规模印刷企业集聚在大兴、通州、昌平、顺义和丰台科技产业园区内，直接服务首都文化创意产业、出版业、航空制造业、生物医药、食品和电子产品等产业，并正在向创意文化、高科技、信息化、绿色化和多元化转型。

2. 北京印刷产业带动完整产业链发展

北京印刷产业具有雄厚的发展基础和完整的产业链结构。从早期单纯印刷加工业向现代高端都市服务业转型的过程中，处于上游的印刷创意设计、印刷材料和印刷设备与位于下游的物流网络、市场营销和资源管理，携手印刷文化、印刷研发、印刷教育、印刷国际交流、印刷设备制造、印刷贸易等共同快速发展，构成了北京印刷业的完整产业链。

北京印刷业拥有亚洲唯一的印刷高等教育学府——北京印刷学院，有全球最大规模的中国印刷博物馆，有国家最高印刷研究机构——中国印刷科学技术研究院，有中国著名的印刷机械制造企业——北人印刷机械集团公司，还是中国印刷技术协会、中国印刷及设备器材工业协会所在地，国内最大规模的印刷媒介北京科印传媒文化股份有限公司驻扎北京，一直承担着全国规模最大的印刷博览会CHINA PRINT 和中国国际全印展（All in Print China）。北京印刷产业链已涵盖创意设计、数字印刷、网络印刷、清洁生产、仪器设备、软件技术、物流发行、展会经济、进出口贸易、科技研发等多个可持续发展的领域，正带动着北京印刷业的不断发展、延伸和完善，有力地推动着北京首都的建设与发展。

3. 北京印刷产业特色突出优势明显

经过多年的发展，北京印刷业在精品出版物印刷、高仿真印刷复制、安全防伪印刷、数字印刷和绿色印刷等领域已走在了全国前列。

北京精品出版物印刷领先全国。北京现有的 600 余家出版物印刷企业，年承印图书近 10 万种，报纸期刊 3000 余种。其中，单色印刷总量近 2500 万令，多色彩色印刷总量接近 10000 对开色令，彩色印刷数量已达到单色印刷量的近 4 倍，表明北京出版物印刷已步入高端彩色精品印刷时代。北京盛通印刷股份有限公司、北京利丰雅高长城印刷有限公司、北京华联印刷有限公司、北京新华印刷有限公司等一批出版物印刷企业的精装图书、高档彩色期刊印刷工艺均居国内先进水平，先后多次获得国家政府奖。

艺术品高仿真印刷复制独具特色。高仿真复制领域是北京根据自身在文化积淀和科技支持背景下重点发展的印刷领域，市政府先后多次对艺术品高仿真复制技术研发项目给予资金支持，北京雅昌彩色印刷有限公司、北京荣宝斋、北京圣彩虹制版印刷技术有限公司、北京图文天地制版印刷有限公司、北京东方宝笈文化传播有限公司等一批印刷企业已形成了各具特色的高仿真印刷复制工艺。北京雅昌公司作为全球最大的艺术品印刷复制企业，先后 6 次问鼎被誉为印刷界“奥斯卡”的美国印制大奖；北京荣宝斋的木版水印技术进入世界非物质文化遗产名录。北京艺术品高仿真印刷复制无论是技术水平还是业务规模都已初步实现国内领先和国际知名。

安全防伪印刷领域形成规模发展。随着首都金融证券保险等高端服务业的发展，安全印务在首都印刷业中异军突起，呈现快速发展的势头。北京金辰西维科安全印务有限公司、北京中融安全印务公司、北京东港安全印刷股份有限公司、北京伊诺尔印务有限公司、北京中标方圆防伪技术有限公司、大唐微电子技术有限公司等证件、票据、智能卡印刷企业掌握了一批具有自主知识产权的安全防伪印刷技术，印制的证书、证卡、金融票据、彩票等各种安全防伪印刷产品遍及国内外市场，规模化发展领先全行业发展水平。

数字印刷和印刷数字化领域发展迅速。北京印刷业充分利用北京的科技和资金优势，大力推动数字印刷和印刷数字化工程。中国教育图书进出口公司、大恒数码印刷（北京）有限公司、北京京师印务有限公司等走在按需出版/按需印刷（POD）前列，建立的数字按需出版印刷平台，成为推动整个出版行业变革创新的原动力。并通过采用CTP制版、ERP管理、高精调色等先进技术，应用高分辨率生产型数字印刷机、数字化全自动彩色胶印机、无轴驱动高速轮转印刷机等数字化印刷设备，实现印刷的全数字化。北京印刷业正在向高度光机电一体化、数字化、网络化、集成化的高新技术产业方向转变，已经逐渐成为多媒体信息世界中不可分割的一部分。

绿色印刷正在得到大力普及和推广。绿色印刷是世界印刷业的发展趋势，也是加快实施“人文北京、科技北京、绿色北京”战略的必然要求。尽管绿色印刷在中国尚处在起步阶段，但是北京市在推动绿色印刷方面坚持高标准的原则，提出要率先在全国实现绿色印刷。政府在绿色印刷认证培训服务、中小学教材及婴幼儿读物绿色印刷、绿色印刷产品质量检测、绿色清洁生产标准制定等方面推出了一系列扶持措施，并投入大量专项资金促进绿色印刷的普及和推广。为此，北京也成为全国通过绿色印刷认证企业最多的地区。

4. 北京印刷产业正在加快转型升级

北京印刷业自改革开放以来，不断进行产业技术的提升。印刷产品从原来的单色普通书刊为主转向多色胶装精品印刷，印刷市场从单一出版印刷扩展到商业印刷、包装印刷和功能印刷领域，印刷生产从纯粹生产加工延伸到印刷设计、图文处理和物流服务，艺术品高仿真印刷复制、防伪安全印刷、新型印刷电子等高科技含量的印刷复制异军突起，数字印刷、网络印刷快速发展，绿色印刷、清洁生产深入人心，这些都反映出北京印刷产业转型升级发展的进程。印刷数字化工程更新着印刷设备、印刷材料、印刷技术和生产工艺，全自动印刷设备和联动生产线使印刷生产的效率与质量更高，数字化的 CTP 制版、数字印刷机、数字工作流程和数字资源管理，使得现代印刷生产和服务达到国际先进水平。印刷延伸服务、创意设计、清洁生产、绿色产品和合作共赢的服务理念已经深入印刷产业的转型行动之中，并指导着北京印刷产业的全面提升。

在北京出版印刷企业的转型发展中，具有历史积淀的国有大型印刷企业中国印刷集团公司正式更名为中国文化产业发展集团有限公司（简称“中国文发集团”），在国有大型企业的华丽转型中，中国印刷集团公司深挖文化产业内涵，拓展文化产业外延，成功创立了“新华 1949”首都文化金融产业集聚区、“人民美术”文化园和“百花”设计园等文化创意产业园，建设了“以印刷业为支撑的文化产业集团”。那一时期（2015 年前后），一家名为北京易丰印捷的科技股份有限公司，打造了一种将互联网和印刷实体相结合的创新经营模式，并成功地叩开了资本市场的大门。

在高仿真印刷复制企业的转型发展中，北京雅昌彩色印刷有限公司以其独特的发展视角成为印刷企业纵向延伸的代表。北京雅昌文化发展有限公司、雅昌艺术网、艺术家个人数字资产管理系统、拍卖行业增值服务系统、艺术品摄影、艺术图书策划、艺术图书装帧设计等，已使雅昌形成了从印刷到互联网，从艺术数据资源到艺术消费品，从线下到线上的多元共赢发展态势。雅昌已从普通印刷品复制企业转向以高仿真印刷复制为主的高端印刷产品生产企业，从定位“印刷服务企业”发展成为文化创意产业的代表。“让艺术走进每个人的生活”是雅昌在创意文化产业探索的新发展模式。

在安全防伪印刷的转型升级中，北京金辰西维科安全印务有限公司、北京中融安全印务公司、北京东港安全印刷股份有限公司、北京伊诺尔印务有限公司等安全防伪印刷企业，通过强力投入与自主开发，掌握了一批具有自主知识产权的安全防伪印刷技术，开发出诸多高科技含量的防伪印刷产品，开拓出与网络安全技术密切关联的电子发票、电子标签、智能证卡、RFID 等新兴印刷市场，为传统安全防伪印刷企业的升级发展做出了表率。

北京印刷业正在由传统的简单加工业向以科技和文化为引领的现代高端都市产业发展，改革发展中形成的特色优势与北京首都的发展定位可谓不谋而合。

5. 北京印刷产业发展前景广阔

北京自新中国成立以来确定为祖国首都，是全中国的核心，中国印刷的崛起与北京的政治、经济、文化发展同步。经过几十年不懈的改革与发展，北京的印刷产业在报纸印刷、书刊印刷、广告印刷、安全印刷等方面已奠定了扎实的基础。

改革开放之后，北京印刷业经历了市场扩张、技术变革、产品升级、企业重组和人员换代等巨大变化，逐步形成了高端精品出版物印刷、艺术品高仿真印刷复制、安全防伪印刷、按需数字印刷和绿色印刷的市场格局，首都印刷业的发展特色鲜明。高端的数字化印前处理技术、高自动化的多色印刷设备、先进的装潢整饰生产线、完整的印刷数字工作流程与科学的印刷资源管理系统，推动了北京印刷技术变革与国际的接轨，首都印刷业的发展优势突出。重组后的北京印刷业2013年主营业务收入5000万元以上的企业97家，仅占企业总数的5.8%，但主营业务收入却高达208.6亿元，占全部主营业务收入的近70%，规模型、效益化成为北京印刷企业的发展方向，引领首都印刷业的竞争强势。

在优势发展的同时，北京印刷业仍然存在企业数量偏多，产业产能严重过剩，企业盈利空间越来越小，企业高素质人员不足等问题。例如北京地区600余家出版物印刷企业中，年销售额仅有100万元的企业就有105家，其中绝大多数企业的投资回报资产利润率低于银行1年期存款利率。因此，北京印刷业还需要开展更大范围的产业调整、重组和撤并，完成真正意义上的产业转型升级，为进一步的持续发展奠定坚实基础。

北京印刷业的发展史既不是沿海对外开放投资驱动型的超高速发展，也不是内陆大开发政策驱动型的快速发展，而是在已有印刷市场基础上依靠发展理念、技术、资金和人力资源协调的市场驱动型发展。北京印刷业既有产业发展的稳健基础，又有产业飞跃的特色优势，形成了首都建设发展必不可少的服务产业支撑，构成了服务首都核心功能的重要组成部分。

北京印刷业无论在企业规模、经济指标和技术水平方面都是京津冀地区印刷产业的领头羊，随着京津冀协同发展的进程加快，必将在更大范围和更高层面上做出统一的发展规划和转型战略，引领和推动京津冀协同发展中的北方印刷业。

（二）印刷业服务首都核心功能的匹配度

1. 服务首都政治中心功能需要北京印刷业的保障

北京作为中国的首都，人大、政协、国务院及政府机关云集于此，指导国家的政令、政策均出于此，无论从地域上还是功能上都是全中国当之无愧的政治中心。

作为全国的政治中心，各种政策、法规、文件、信函等需要及时传达，各种涉及国家安全稳定、经济运行的证券、证件等需要准确传递。北京印刷业服务首都政治中心功能体现在拥有全国最重要的新闻印刷基地人民日报印刷厂、解放军报印刷厂、北京日报报业集团印务中心、新华社印务有限责任公司等，这些新闻印刷企业承担着及时传递党中央决策和政令的重要职责，是北京乃至全国各大媒体最准确的新闻通道；北京拥有全国最多的文件印刷中心，这些机关印刷厂和机关文印中心担负着各大部委党政公文快速、安全、准确印制的任务，是国家政令畅通的基本保证；北京拥有全国最大的人民币印制企业中国印钞造币总公司及其下属的北京印钞厂，其特有的防伪技术和高品质的印刷质量，已成为国家形象的体现和国家安全的象征；北京还拥有大量为首都政治中心运转服务的书刊、文件印刷、证券证件印刷、信笺信函印刷企业，共同构筑了服务首都政治中心所必需的印刷保障体系。

2. 服务首都文化中心功能需要北京印刷业的配合

北京是国家的文化中心，主导着全国文化发展的方向，引领国家文化发展的进程，对全国其他地区的文化发展具有强大影响力和示范作用，也是国际文化汇聚和辐射的中心，反映出国家的文化精神、文化形象和文化价值。

发展首都文化创意产业、弘扬中华文化、继承文化遗产、展示文化艺术既是首都的文化发展战略，也是北京印刷业的优势所在。精品图书、优质期刊、彩色报纸、高仿真复制等，不仅支撑着首都的文化市场，也彰显着北京印刷的高技术水平。北京是全国出版图书最多的城市，北京地区图书出版约占全国图书出版总数的近 30%；北京是全国期刊出版量最多的城市，北京地区出版期刊量超过全国期刊出版总量的 30%；北京是全国中央级报纸出版数量最多的城市，北京地区中央级报纸出版总量占北京地区报纸出版总量的 85% 以上，北京地区报纸印刷总量超过全国报纸印刷总量的 13%；北京在高仿真艺术品印刷复制领域占据绝对优势，涌现出一大批拥有自主知识产权技术、引领高仿印刷复制企业的佼佼者；北京拥有众多的博物馆、展览馆、影剧院、展览中心和旅游景点，北京印刷业在广告宣传、旅游画册、票证印刷和艺术品复制等领域提供了高度的配合，成为北京印刷业配合首都文化中心功能建设的重要一环。

3. 服务首都国际交往中心功能需要北京印刷业的支持

北京不仅是中国的中心也是东方的中心，在国际交往中具有广泛影响。北京有着上百座建交国的大使馆，驻扎着大量的国际组织机构、有影响力的民间机构和国际商业机构，国际政治交往、文化交流和经贸往来注定了北京是一个繁忙的国际交往中心。

北京作为国际交往中心，是举办大型国际会议、国际赛事的最佳场所，是国际交流、国际贸易活动频繁举办的胜地，是民主交流、观光旅游的必经之地。高品质的宣传画册、绿色印刷的期刊和书籍、人员往来的证件和证照、国际会议的海量文件印刷、经贸往来的合同协议等，都离不开印刷产业的强劲支持。2013年北京彩色印刷量接近10000亿对开色令，拥有众多技术、设备精良，服务理念超前的全国知名的彩色印刷绩优企业；北京大力支持绿色印刷，率先在全国推行绿色印刷认证，制定了《北京市推进绿色印刷战略实施方案》，累计投入4000多万元的政府资金，有力地推动了"北京市绿色印刷工程"，北京绿色认证印刷企业占到全国通过绿色认证企业总数量的10%，为北京乃至全国提供了绿色印刷产品。北京已有32家印刷企业进行了清洁生产审核，自觉地为北京的蓝天和地球的环保贡献着力量。北京印刷业的强大必将有利支持首都国际交往中心功能的发挥。

4. 服务首都科技创新中心功能需要北京印刷业的协同

北京是中国的科技创新中心，众多高水平的高校和科研院所奠定了科技创新引领和高端产业增长的基础，不断建设的创新创业科技园区和百川归海的科技研发人才资源，代表着首都科技创新中心的地位。

在印刷科技创新领域中，无论是科技研发、人才培养、职业培训、媒体宣传，还是技术标准制定、印刷质量检验及鉴定等印刷的各个领域，北京印刷业都具有得天独厚的优势。北京印刷学院是中国唯一一所面向印刷出版领域培养高级专业人才的高等院校；中国印刷科学技术研究院是中国最具权威的印刷技术科研院所；印刷行业最具影响力的专业门户网站科印网和必胜网均植根北京；全国印刷标准化委员会和中宣部出版产品质量监督检测中心坐镇北京统领全国；王选院士创立的方正集团不仅发明了汉字激光照排技术，更成为数字印刷技术的研发标杆；中国科学院化学研究所是纳米材料绿色印刷制版技术研究的先行者；北京印刷学院北京绿色印刷包装产业研究院成为高保真印刷技术、电子油墨技术、功能印刷技术等的研发与创新基地。这些科研院所、研发中心和专业媒体，是首都科技创新力量的重要组成部分，与首都科技创新中心功能形成紧密协同。

5. 北京地区印刷产业发展契合首都核心功能的定位

北京的印刷企业主要由中央各部委在京企业、部队在京企业、市属企业、大专院校企业、区县企业、乡镇企业、三资企业以及一些其他企业组成。按印刷产品分类主要涉及出版印刷、商业印刷、包装印刷和其他印刷的企业。

经过几十年的发展历程，北京印刷业从小到大不断发展壮大。从20世纪80

年代初期不足百家的印刷企业，设备陈旧、技术落后，发展到今天的技术装备精良、生产工艺先进、生产能力突出、产品质量高端的较高发展水平。尽管北京印刷业并非首都 GDP 的贡献主体，但却是政府部门的工作助手、国家政策的传播工具、服务首都政治需求的重要一环；北京印刷业虽没有高额的经营利润，但在紧密支持首都文化创意产业、拓展首都文化功能、确立首都文化中心地位、服务首都文化中心功能等方面功不可没；北京印刷业虽不是首都国际交往的主流，但其产品却代表着中国形象、东方文化和国家安全，是国际交往的有效金钥匙；北京印刷业虽没有航天、汽车、电脑高科技那么辉煌，但在精品印刷、防伪印刷、绿色印刷、高仿印刷、数字印刷领域却高调引领行业，研发的防伪技术、图文处理技术、网络应用技术、新型印刷材料和组合集成技术，在首都的科技创新中也占有一席之地。

北京特殊的首都地位，造就了北京印刷业以直接服务中央政府、服务首都政治中心功能的所有印刷需求为目标；国家《文化产业振兴规划》将印刷复制业明确为文化产业，为北京印刷业服务首都文化中心功能奠定了基础；首都国际交往中心地位的确立，契合北京印刷业高端、绿色印刷服务的发展宗旨；北京印刷业人才云集、教育领先和技术引领，有力地协同首都科技创新中心功能。因此，北京地区印刷产业的发展基础、方向、战略和特色优势都是契合首都核心功能定位的，是首都发展不可或缺的支撑。

（三）津冀地区印刷产业分析

1. 天津地区印刷产业分析

近年来，天津市印刷业获得了较快的发展，印刷业递增速度达到年均 19%，印刷产业规模和生产能力不断扩大，外商印刷企业、国内大型印刷集团的投资步伐日益加快，产业聚集效应不断显现，印刷市场成熟度不断提高，市场机制在印刷产业资源配置中的作用逐步显现，印刷对外加工贸易呈稳步上升势头，印刷产业发展的基础日渐雄厚。

截至 2013 年底，天津市共有印刷企业 1700 多家，从业人员 5 万多人，其中出版物印刷企业占比为 7.5%；包装装潢印刷企业占比为 55.2%；其他印刷品印刷企业占比为 36.5%。印刷工业总产值接近 200 亿元，其中出版物印刷产值占比接近 10%，其他印刷品印刷产值占比仅为 4%，包装装潢印刷产值占比超过 85%。显然，在企业数量和总产值上都反映出天津的印刷产业以包装装潢印刷为主体。2014 年，天津年产值超亿元企业共 31 家，规模以上重点印刷企业的工业总产值约占全市印刷工业总产值的50%，是天津印刷产业的骨干力量。全市共有7个行政区的印刷工业总产值超过10亿元，区域聚集特征和发展势头凸显。

从地理优势上，天津拥有出海口，天津港是中国北方最大的综合性港口，是华北、西北和京津地区的重要水路交通枢纽。天津紧邻北京的地理环境和天津土地的成本优势，以及城际高铁、高速公路等便捷的交通网络，形成与北京联系最紧密的超大城市，区位优势为天津印刷工业的持续发展提供了需求动力。

天津拥有多家规模较大、质量优良、技术先进的印刷设备制造企业和油墨制造企业，如上市企业天津长荣印刷设备股份有限公司是目前国内最好的印后设备制造企业之一，被称为中国包装龙头企业，专业生产包装印刷不可缺少的装潢印后加工设备。天津油墨股份有限公司是全国最大的油墨制造企业之一，为印刷企业提供必不可少的主要原材料。天津拥有多所开设印刷相关专业的高校及职业技术学校，环渤海经济圈和滨海新区经济发展吸引了大批国内外优秀专业人才，为天津印刷业发展提供了深厚的技术人才基础和较强的优势人力资源。

天津市印刷业在“十二五”期间的发展目标是打造多个具有竞争力的国家级印刷示范产业园区，大力培育一批具有竞争优势和规模效益的印刷企业，初步建成完整的现代化印刷工业体系，成为中国北方最大的印刷基地。目前，天津已建成六个印刷发展项目：北辰新闻出版装备产业园、东丽印刷工业园、滨海新区、武清纸制品功能区、西清津南聚集区、南开数字印刷区，印刷产业发展显现出快速发展的良好态势。

2. 河北地区印刷产业分析

河北地区不仅位于环渤海地区中心，而且环绕包括首都在内的两大直辖市，独特的区位优势在全国首屈一指。正是这种区位优势使得河北印刷业在围绕北京的廊坊市、保定市和唐山市得到迅速发展，形成了保定、廊坊、涿州、雄县、三河、香河、乐亭和玉田等印刷聚集地。

河北省保定市环绕京津，紧邻省会，地理位置得天独厚。现有印刷经营企业1200多家，其中出版物印刷企业接近百家。包装装潢印刷企业300多家，其他印刷品印刷企业400多家，排版制版装订企业20多家，打字复印印刷企业400多家。现有从业人员不到2万人，年生产能力书报刊接近400万令，彩色印刷超过200万对开色令。保定印刷业主要服务于京津两大城市和环渤海经济圈，集中于涿州、高碑店、雄县、定兴等几个县市，多年来依靠市场驱动，已经与北京印刷产业形成了相互支撑与适度的匹配。以保定市中画美凯印刷有限公司为例，该企业拥有书刊印刷厂和包装印刷厂，其书刊印刷厂职工人数近千人，单双色胶印机超过 40 台，印刷业务全部为在京出版社的黑白普通书刊印制，2013 年印刷业务量超过 100 万令，销售收入 2 亿多元，是河北省印刷企业承担北京普通出版印刷业务、与首都印刷业共同发展的典型例证。河北雄县聚集了大量的包装装潢印刷企业，形成了原料、吹膜、制版、复合、制袋（箱）、销售一条龙的连锁经营特色。目前，已形成拥有纸、塑、革三类产品，平、凸、凹、孔四大印刷技术的格局，建立了雄县塑料包装基地，是保定市较为突出的特色印刷产业，除河北本省业务外，还消化和吸纳了部分北京外溢的相关印刷业务。雄县现有的企业规模和数量还较低，印刷企业 200 多家，资产总额 500 万元以上的企业仅 4 家，100 万元以上的企业仅 100 多家。

地处京津之间，素有“印刷之乡”美誉的河北廊坊，其印刷业已经成为当地的支柱产业、财政收入的重要来源和农民增收的重要途径。廊坊印刷企业门类齐全，既有小而精的专项企业，也有兼具出版物排版、印刷、装订和包装装潢印刷于一体的综合型企业。截至 2012 年，廊坊市共有印刷企业 1300 多家，其中，出版印刷企业超过百家，包装装潢印刷企业 300 多家，排制版、装订企业 200 多家，打字复印企业 200 多家，其他种类印刷企业 400 多家，从业人员超过 4 万人，印刷工业总产值为 50 多亿元，约占河北印刷业总产值的 10%。廊坊印刷业的崛起得益于北京丰富的业务资源，其行业地位的确立也与服务北京形成的独特品牌优势密不可分。在廊坊印刷业的四大聚集区中，三河市的印刷装订业知名度最高，北京的出版社就有大量的印刷及装订业务是在河北三河完成的。

河北唐山玉田县的印刷包装机械生产独具特色，是北方地区重要的印后加工机械生产基地，为北京及全国提供多品种的印刷设备。玉田县现有印刷包装机械企业 100 多家（包括为印刷包装机械企业专业生产零部件的配套厂近 40 家），从业人员 5000 多人。产品主要有三大类 60 余个品种，以印后设备为主，主要产品有模切机、烫金机、覆膜机、裱纸机、糊箱（盒）机、打包机等十余种产品。2013 年，全县印刷包装机械行业生产各类印刷机械 3600 多台（套），实现销售收入超过 15 亿元，出口创汇 900 多万美元。唐山乐亭县交通便利，拥有铁路、高速公路和天然深水不冻港口，海产和农产品资源丰富，规划中的城区和港区两个工业区配套设施齐全，政策优惠，已经有不少工业品、农产品和海产品深加工企业入驻，为配套经贸发展的印刷包装业带来了良好的发展机遇。

3. 津冀地区印刷产业与北京印刷产业的互补性

分析北京印刷业与天津、河北印刷业的发展现状，可以看出，京津冀三地在印刷产业链的发展中具有各自的优势和不足，正是这种差异使得京津冀印刷业具有良好的互补性和匹配度，佐证了国家京津冀协同发展战略的可行性和正确性。

从三地印刷业发展历史来看，北京具有较长的出版印刷和商业印刷发展期，印刷历史积淀更加深厚；天津具有较长的包装印刷发展期，与其工业经济和商品经济发展历史深远密切相关；相对而言，河北印刷业借力北京、天津印刷业的发展，发展历史积累较短，发展的基础较为薄弱。印刷历史积淀的不同构成了三地印刷业发展互补的基础。

从三地印刷业发展政策来看，北京印刷业提出重点发展精品出版物印刷、艺术品高仿复制印刷、安全防伪印刷、数字印刷、印刷数字化和绿色印刷；天津印刷业重点在已有六大印刷产业园的基础上，打造多个具有竞争力的国家级印刷示范产业园区，培育一批具有竞争优势和规模效益的印刷企业，初步建成完整的现代化印刷工业体系，成为中国北方最大的印刷基地；河北提出打造一批依托京津、辐射华北、面向全国、走向世界的印刷包装行业集群和产业基地，加快河北印刷数字产业园基地建设，发展印刷总部经济。将包装装潢印刷业作为保定印刷业发展的重中之重，将雄县建设为河北省包装装潢印刷基地，重点扶持三河、廊坊的出版印刷企业，推动唐山玉田印刷装备制造成为北方重要的印刷机械产业聚集区。三地印刷业发展政策的差异性有利于京津冀印刷的互补。

从三地印刷业务市场来看，北京地区印刷市场主要为报纸印刷、期刊印刷、广告印刷、证券印刷、安全防伪印刷、艺术品高仿复制印刷和数字印刷支撑的按需印刷等，比较集中在出版印刷和商业印刷领域，两者年营业收入占比达62%以上；天津地区印刷市场主要为包装装潢印刷、印后装潢加工机械制造和油墨生产领域，其中包装装潢印刷年营业收入占比达85.4%，可谓“一枝独秀”；河北地区印刷市场主要为书籍印刷、印后装订、信笺印刷、包装纸箱印制和塑料包装印刷等中低端印刷领域。三地印刷业务市场的层次差异反映出较好的互补性。

从三地印刷产品来看，北京地区印刷产品主要为彩色报纸、精品图书、高档期刊、精制广告、防伪票证、高仿复制艺术品、智能证照等高端印刷品，具有印制水平高、技术含量高和绿色环保要求高的特点；天津地区印刷产品主要为彩色纸盒、包装纸袋、产品目录、金属容器、商业标签、智能证卡等中高端印刷品；河北地区印刷产品主要为单色普通书刊、书刊印后装潢装订、办公用品、台历挂历、瓦楞纸箱、塑料容器、纸塑复合包装袋、塑料软管、包装标签、纺织品等中低端印刷品。三地印刷产品在产品类别和质量档次上也构成互补。

从三地印刷设备技术水平来看，北京地区地处首都具有较强的资金优势，拥有印前图文处理系统、CTP、多色胶印机、商业轮转机、装潢加工联动线、专用印制设备等，印刷设备已达到国际先进水平；天津地区借助人均 GDP 全国第一的优势，印铁生产线、智能卡生产线、多色包装印刷机、印后装潢整饰设备等已达到全国领先水平；目前，河北人均 GDP 仅为北京、天津 1/3 的经济水平，缺乏经济实力支撑高端印刷设备技术的较大投入，河北地区的印刷设备技术总体上还处于单色、中低速和半自动化的水平。三地印刷设备技术在类别、性能和先进程度上都具有较强的互补性。

从三地印刷经营水平来看，无论在印刷创意、印刷设计、印前制作、印刷生产、印刷质检、印刷品物流和印刷营销模式来看，北京地区都是遥遥领先，更加善于利用数字技术和绿色印刷开拓市场和企业转型；天津地区印刷业借助地理区位优势和原有基础，紧紧抓住包装印刷主线做大做强；河北印刷紧随两大城市发展，发挥民营印刷灵活多样、中小企业拾遗补缺、新建企业后发追赶的优势，与北京、天津印刷业形成差异化的竞争。三地印刷经营水平也具有较强互补性。

从三地印刷专业人才来看，北京高端人才济济，有专业印刷院校，新技术研发水平高，但缺乏熟练高级工人；天津与北京情况相似，但在高中低印刷专业人才分布上更为均衡；河北地区由于大城市的虹吸效应，缺乏高端人力资源，拥有足够的中低端印刷专业人才。因此，三地印刷人才在配置上具有极佳的互补性。

从三地印刷成本来看，北京印刷业由于超大城市人力资源成本高，首都绿色环保要求高，以及主营印刷业务的高质量和高科技含量，造成印刷成本的居高不下；天津地区印刷业虽然与北京面临同样的困难，但由于主营包装装潢印刷，长版印刷的特性使得印刷成本有所下降；而河北印刷业的人力资源优势、土地资源优势和主营印刷业务类型现状，使得其印刷成本较低。印刷成本的差异确定了三地具有市场竞争中的互补性。

分析天津市、河北省在出版和包装印刷领域突出的市区县，无论是区域、土地、交通、人员、政策和资金等方面的优势与不足，还是在市场、业务、产品、设备、技术、人才、成本和经营等方面的差异，都与北京印刷业形成了良好的互补性和匹配度。京津冀印刷协同发展将会有利地促进环渤海地区印刷业的整体腾飞与发展。

（四）京津冀印刷产业协同发展的分析

1. 服务首都核心功能需要京津冀印刷业协同发展

新闻出版、包装印刷和商业、票据等其他印刷基本构成了印刷业务的主体。这些印刷业务从市场需求出发，满足社会生活方方面面的需求，既有时效性、准确性要求极高的报纸印刷，批量小、种类多、要求快捷印制的文件印刷等，也有设计精美、印刷质量要求极高的彩色期刊印刷，还有数量大、色彩简单但要求绿色环保的读物和教材印刷，以及要求安全防伪、可变数据的票证印刷，更有要求色彩鲜艳、印后加工复杂的包装印刷等。不同印刷业务构成不同的印刷市场，各个印刷市场之间需要统一规划、合理布局和协同发展，才能避免重复建设和过度竞争。

印刷产业链中的印刷技术研究、印刷高等教育、印刷质量检验、印刷媒体宣传等奠定了印刷技术创新和发展的基础。印刷业的健康发展离不开印刷技术领域的基础研发和产业链的完善，如印刷材料、印刷设备、印刷工艺、印刷技术、印刷质量等基础研究的水平，印刷创意、印刷设计、印刷环保、印刷物流、印刷营销等产业链完善的程度，更涉及印刷行业的质量监管、标准制定、产品认证、信息传播和人才培养等印刷体系的建设，仅仅依靠一个城市的印刷业是难以承担起如此艰巨的重任的。印刷业的全面健康发展需要城市或地区之间打破行政壁垒，改变自我完善的狭隘观念，从大局上建立起地区协同、共同发展的理念。

经过多年的发展，北京印刷业已经形成了占印刷产值43%的新闻出版印刷、35%的包装印刷和22%的其他印刷市场架构。在满足北京印刷、包装需求的同时，也在服务中心功能、人员密集、环境污染、资源消耗等方面对首都的社会、经济、环境产生不同程度的影响，在某些方面已不能适应北京首都新定位和新功能的要求。

随着北京作为首都的政治、文化、对外交往和科技创新中心功能的确定，北京的印刷业也面临在调整中寻求继续发展的挑战。一方面，新闻报纸、文印快件、彩色期刊、精品书籍、防伪票证、高仿复制、数码快印、绿色印刷等印刷业务的特色优势显著，在产业链的完善和技术研发、专业教育、质量监管和专业媒体等基础条件方面处于领先，有力地支撑着首都核心功能的建设，成为服务首都核心功能不可或缺的行业力量。另一方面，一批规模小、效益差、能耗高、污染大的中小印刷企业，对行业的贡献度小，与首都核心功能建设的目标偏差大，有必要加快进行产业调整。

津、冀地区作为首都的门户和友好邻邦城市，一直是首都印刷行业发展的伙伴和支持。多年来，在政策和市场的驱动下，京津冀已经形成了一定的印刷优势互补环境和协同发展基础。北京的服务首都需求和出版印刷中心地位，形成了北京印刷业以彩色精品图书和期刊印刷、高端防伪票证印刷、艺术品高仿印刷、新闻印刷和文印印刷的突出特点；天津拥有港口交通优势和在国家经济发展中的重要地位，使其在包装印刷和印刷设备制造领域表现卓越；河北作为首都的经济发展辐射带，依托地理位置、土地资源和人力资源等方面的优势，在以教材印刷为主的普通出版物印刷、印后装潢加工和农副产品包装印刷等领域业绩斐然。京津冀三地作为环渤海经济带最主要的成员，无论在地理位置、资源配置，还是现有经济发展现状、人力资源优势等方面都具有业已形成的产业特点和一定的互补性。国家制定的产业布局和首都核心功能的发展战略，无疑为京津冀的协同发展指明了道路，三地印刷产业的发展现状和特色优势也为京津冀印刷协同发展奠定了基础。

2. 印刷业协同发展的成功案例

印刷的文化属性使其在任何国家和地区都具有无可替代的地位和优势，但印刷产业的生存和发展离不开资金、技术和人力等多方面的投入，任何城市和地区的发展都与国家的发展战略和区域特有的优势密不可分。正因如此，优势互补、协同合作、共赢发展就成为产业发展的便捷之路。在印刷产业的发展历程中，曾经的香港印刷业内迁，造就珠三角印刷业腾飞已是印刷历史上的经典；今天的北京印企外联，带动环渤海印刷业共赢发展，已成为京津冀印刷业协同发展的范例。

（1）香港与珠三角印刷业优势互补联袂发展

印刷业曾是香港的第三大支柱产业，印刷工业年总产值逾 300 亿港元，是从业人数最多、香港最大的都市产业。但 20 世纪 90 年代的香港，已面临土地资源紧缺、租金昂贵、劳工短缺、生产成本大幅提高、发展受阻的状况。1997 年香港回归以后，在中央政府政策的指引下，香港印刷企业为降低成本和保持竞争力，借助珠三角地区在人力资源和制造成本上的优势，纷纷将印刷生产线迁移至珠三角地区。在随后的十几年时间内，香港印刷企业持续北迁，依凭香港在市场营销、印刷设计、信息传递和物资供应等方面的优势，在将印刷产业扩展到珠三角的同时，也将世界四大印刷中心之一由香港转移到了珠三角地区，形成了香港保留与经济、文化、本土需求密切相关的新闻印刷、期刊印刷、广告目录印刷、文印、快印等商业印刷，保留印刷设计、营销和物流等产业链高端环节，将用人多的包装印刷企业大量外迁珠三角，形成“前店后厂”的营运模式。一大批具有国际视野和管理经验，拥有雄厚资金和技术实力的优秀印刷企业入驻珠三角，如劲嘉彩印集团股份有限公司、鸿兴印刷集团有限公司、鹤山雅图仕印刷有限公司、中华商务联合印刷有限公司等。

在珠三角印刷业的迅猛发展中，香港印刷业扮演了重要的角色。多年来，广东地区印刷产值占到全国印刷产值的1/3，在承接国外和境外委托印刷业务方面占有绝对的优势。2012年，广东省印刷业资产总值为2100亿元，是全国印刷业资产总值的20%；印刷工业总产值为1700亿元，占全国印刷工业总产值的17.88%；对外出口贸易额约为500亿元，占全国印刷加工出口贸易额的64.77%。在当年港资印刷企业北迁过程中，外迁风潮不仅解决了香港印刷企业的自身发展瓶颈问题，带来了落地区域人员的安置和地方经济发展，完成了香港印刷业的漂亮转型，更重要的是通过雄厚的资金、先进的技术、丰富的资讯和科学的管理理念，持续提升了内地印刷业改革开放的程度和整体印刷技术的水平，推动了内地印刷产业的不断发展，真正实现了内迁后的双赢。

（2）北京与环渤海印刷业互容互济共赢发展

北京特殊的地理位置和政策支持，使首都印刷业得到蓬勃发展并带来良好的聚集效应，无论是印刷企业的规模、设备等硬件水平，还是员工素质、技术水平等软实力，都具有得天独厚的优势。但随着北京核心功能的确定和北京在土地资源紧俏、劳动力短缺、生产成本剧增等不利因素不断增加的情况下，印刷企业谋求更大发展之路越发艰难。

抓住国家京津冀协同发展的大好时机，依托北京在资金、政策、技术、人才和市场等方面的资源优势，借助津冀地区在地理位置、土地资源、劳动力和生产成本等方面的优势，互容互济才能实现京津冀的协同发展。近年来，北京印刷业已开始主动联手河北印刷业发展。北京盛通印刷股份有限公司在河北省廊坊市开工建设了新的印刷基地，采用收购老印刷企业，进而大规模改造的建设方式，在廊坊龙河开发区建设了15000m^{2}的厂房，已经实现开工生产，规划年产能达到50万令纸。北京铭成印刷有限公司是最早一批主动将生产厂迁往河北的印刷企业，企业采取总部留在北京、生产基地迁至河北涿州的协同合作方式，2014年的产值已达2700万元。前身为北京印刷职工中等专业学校的北京毕昇培训学校，多年来为北京地区印刷企业培养了大批专业技术人才，近年来开展了对河北省廊坊地区印刷企业职工的技术培训工作，将河北印刷专业人才技术水平的提高纳入工作计划。

京津冀共谋发展寻求的是共赢，京津冀印刷业协同发展既为北京印刷业提供了极佳的发展机遇，又推动了京津冀印刷业的跨越式快速发展；既为北京印刷企业提供了更大的发展空间，又带动了津冀地区印刷企业的做大做强；既为北京印刷人才开辟出更广阔的天地，又为津冀地区的人才聚集和技术培训提供了契机；既为首都人口的疏解做出了贡献，又提升了津冀地区印刷业整体的劳动素质和技术水平。京津冀印刷业的共同发展，不仅是政策和市场共同推动的结果，也是差异互补、互容互济和共谋发展的典范，为京津冀印刷业的协同发展提供了示范效应和良好佐证。

3. 京津冀印刷业协同发展建议

习近平主席指出，我国发展仍处于重要战略机遇期，我们要增强信心，从当前中国经济发展的阶段性特征出发，适应新常态，保持战略上的平常心态。中央对当前中国经济增长阶段变化规律的认识，对宏观政策的选择、行业企业的转型升级将产生方向性、决定性的重大影响。

经济发展新常态是从高速增长转向中高速增长，经济发展方式从规模速度型粗放增长转向质量效益型集约增长，经济结构从增量扩能为主转向调整存量、做优增量并存的深度调整，经济发展动力从传统增长点转向新的增长点。认识新常态，适应新常态，引领新常态，是当前和今后一个时期我国经济发展的大逻辑。京津冀印刷协同发展必须在这样的新常态下做好科学规划和战略谋划。

（1）科学布局、战略谋划

①顶层设计：三地印刷产业要实现优势互补、互利共赢，需要科学的顶层设计。实现京津冀协同发展是一个重大国家战略，京津冀印刷产业协同发展符合国家发展战略，有利于环渤海印刷经济圈的协同发展。三地行业主管部门需要站在国家高度，考虑与印刷产业发展密切的文化业、娱乐业、商业服务业、教育业和金融业等，以及产业链关联度较大的化工、造纸、机械、电力、热力、供应和交通等上下游产业的协同规划设计，将印刷业发展规划融入国家和环渤海经济圈的总体发展规划之中，努力做到三地发展规划的政策一致、信息共享、进度同步、标准统一和资金扶持，才能实现京津冀印刷产业的可持续长远协同发展。

②科学布局：三地印刷产业的科学布局对今后印刷业持续健康发展至关重要。虽然三地印刷产业都有发展基础和特色，但是发展进程与其地域、人文、经济、社会环境息息相关、密切相连。京津冀印刷协同发展需要在原有状况下，依据三地统一发展规划重新布局，必然面临打破原有格局的困难和重新布局的设计。科学布局应坚持科学发展观的立足点，既要基于各地地域、市场、资源、人才等原有基础条件，也要考虑区域经济、城镇化、自贸区、市场竞争、资源配置和人

才流动等诸多因素，需坚持前期调研论证充分，中期灵活调整，后期绩效考核的思路，坚持三地印刷产业协同发展的原则，减少重复投入、无序竞争，避免资源浪费、污染加重，实现绿色引导、合理分工的科学协同发展。

③战略谋划：三地印刷产业协同发展的成功取决于科学和智慧的战略谋划。实现印刷协同发展需要明确：京津冀印刷产业转型发展的核心目标是服务首都核心功能，协同发展宗旨是“绿色环保、资源优化、协同发展”，协同发展方针是“合理分工、加强协作、突出特色、发挥优势”，协同发展战略是“统一规划、差异发展、协同创新”，协同发展策略是“充分调研论证、统一规划设计、政策引导在前、市场驱动为主、分期分步实施、适时灵活调整、注重实际效果”。

④组织保障：实现三地印刷产业协同发展需要强有力的组织体系保障。京津冀印刷业协同发展涉及两个直辖市和一个大省，为确保协同发展方案的合理、有效和可操作性，从组织形式上保证京津冀印刷协同发展的顺利实施，需要设立以三地政府部门牵头，行业协会、三地代表性印刷企业参加的京津冀印刷行业协同发展专门委员会。达成政府、行业、企业共同合作，政府部门的行政行为与行业协会的民间行为共同发挥作用，印刷管理部门的计划和印刷实施企业的行动密切配合的愿景。

（2）政策市场、双轮驱动

①政策推动：实现三地印刷产业协同发展离不开国家和地区产业发展政策的大力支持和推动。京津冀三地印刷协同发展需要统一制定约束政策和激励机制，依靠约束政策制约在绿色环保、节能减排、重复建设、无序竞争等方面问题突出的产业发展，依靠激励机制鼓励不同区域的印刷企业选择利己的政策，自我抉择企业的关停并转，营造三地印刷协同发展的良好政策环境与氛围。

②市场引导：实现三地印刷产业协同发展必须在市场化运行机制下推进。企业的关停并转可能意味着生死存亡，也可能获得转机发展，单纯依靠行政命令既不符合客观规律也可能给印刷行业带来灭顶之灾。只有在统一科学设计的规划下，发挥市场自我配置、引导和平衡的作用，才能使京津冀地区印刷业出现新的腾飞。市场引导的关键在于要建立起高效、公开的基础信息体系，为企业及时提供最新的数据化资信，如调研报告、产业评估、行业评价和关联产业信息等；颁布各地引导性优惠政策，如区域免税政策、政府补贴政策、印刷业务招投标异地补贴政策等。用市场无形之手达到有形协同发展目的。

③优胜劣汰：实现三地印刷产业协同发展必然经历优胜劣汰的大浪淘沙。经过几十年的持续高速发展，三地印刷产业都面临产能过剩、企业规模小和经营效

益下降的企业转型升级问题，三地印刷协同发展进程也必将加快和加剧产业的优胜劣汰。三地必须借助市场发展动力，加大对市场竞争力弱、经济效益差、发展前景黯淡的印刷企业坚决淘汰的决心和勇气。鼓励和支持市场竞争力强、经济效益好、发展前景辉煌的印刷企业兼并、重组和联合，利用优胜劣汰自然法则，向行业传递总量控制、扶优扶强的信号。

④消化吸收：实现三地印刷产业协同发展需要勇于解决产业转型升级中产生的新问题、新情况。随着北京地区部分印刷企业转移到津冀地区和部分印刷业务转向津冀地区，三地将会呈现印刷布局的再平衡。随着印刷企业的破产、倒闭、兼并和转型，随之出现的人员下岗、欠薪欠债、设备处理等一系列问题难以回避。三地政府部门必须提前预判可能出现的规模、面积、难度和影响，在规划设计、政策制定和行动实施中提前警示，制定对策，力争在产业内部消化吸收，予以解决。

（3）服务核心、大胆调整

①目标明确：实现三地印刷产业协同发展首先必须明确各地区的发展目标。为确保这一系统化工程的顺利完成，还应制定相应的长期、中期和短期工作目标，并分地区、分阶段地推进。根据京政办发 [2014]56 号文件中关于《北京市工业污染行业、生产工艺调整退出及设备淘汰目录（2014 年版）》，对京津冀三地的印刷企业应制定关停、并转、疏解、调整和发展五大类目标。对于污染严重或资不抵债的企业坚决关停；对列入限制目录且存在污染的企业要加强治理并鼓励并转；对经营良好但不符合本地区发展定位的企业要予以疏解；对符合协同发展方向却面临暂时经营困难的企业加强调整；对经营效益好并有力支撑本地区经济发展的优质企业应力促其升级发展、做大做强。

②胆大心细：实现三地印刷产业协同发展重在实施过程和精心运作。实现跨区域协同发展必然面临经济发展、政治地位、环境状况等诸多问题和挑战。三地印刷同人只有运用智慧和发挥勇气，以创新思维迎接挑战，以大局观念应对问题，以缜密设计完善方案，以科学态度明确进程，以坚定决心克服困难，才能获得三地协同发展的空间布局合理、时间进程有序、动态调整及时、企业地区满意的结果。

③循章依法：实现三地印刷产业协同发展必须在法制基础上循章依法进行。企业无论涉及关停、并转、迁移，还是转型、调整、发展，都会面临场地、厂房、资金、设备、人员等诸多变化，只有在法制框架的规章制度下实施，企业才能获得基本利益的保证。因此，三地需制定统一的法规章程，各地区需在此前提下制定对应的限制约束和优惠鼓励政策，才能避免领导专断、朝令夕改、政出多门等问题的出现，从而以法制精神、法制规章和法制措施推动协同发展的实现。

(4)资源优化、特色发展

①绿色引导：实现三地印刷产业协同发展必须以绿色发展为引导。绿色企业、绿色生产、绿色产业是21世纪全球倡导的发展主题，我国已将绿色印刷提高到印刷产业生死存亡的发展战略高度。三地印刷产业协同发展的目标之一就是促进产业绿色转型发展，因此，协同发展绝不是以从北京迁出污染企业为目的，而是要依据各地区的地域、环境、市场、技术、资金和人员特点，将印刷产业的绿色发展重新整合，将环境污染整治的力量集中，将绿色清洁生产的技术推广，将绿色印刷发展的资金投入加大，从而实现三地印刷产业绿色发展的协同。

②资源优化：实现三地印刷产业协同发展要以资源优化为前提。印刷产业无论在服务业还是制造业，因其自身拥有的优质资产、资金、人员和技术等资源有限，均难以进入大型产业的范畴。三地印刷产业协同发展的目标之一就是有限资源的优化利用，因此，各地区需要充分认识自有资源的优势与不足，才能在合作中与其他地区优质资源形成强强联合；必须在统一规划下才能避免重复建设，避免急于做大做全；只有善于抓住协同发展机遇，利用政策和专项投入，才能进行特色发展。三地只有站在北方地区印刷产业发展高度，有意识地进行资源重新配置，才能实现对外吸纳资源、对内资源最大化的资源优化目标。

③特色发展：实现三地印刷产业协同发展应鼓励发展各地区适宜发展的特色印刷。京津冀三地在地域、人文、科技和经济上各有特色，正是这种特色基础决定了三地印刷业可以分别在新闻出版印刷、商业印刷、包装印刷和其他印刷领域独树一帜。聚拢自身资源优势，吸引他人优势资源，将特色发展发挥到极致，形成不同地区在印刷市场、产品类型、服务质量、生产效率和经济效益方面的差异化发展。引导三地印刷业在提高产业集约化水平，加快技术创新和管理创新，完善市场监管机制，引导印刷业融合转型发展，鼓励中小微特色企业发展方面各出奇招、各显身手，共同创建京津冀印刷协同发展的美好前景。

④协同共赢：实现三地印刷产业协同发展应该追求产业、企业的协同共赢。京津冀三地同属环渤海经济圈，三地协同发展战略不仅仅是服务首都核心功能，还意味着促进环渤海地区的协同发展。多年来三地改革开放和经济建设的不平衡，已经造成了三地印刷产业的较大差距，阻碍了印刷产业链的完善和积极向上的发展态势。因此，印刷产业协同发展战略的实施，需要各地印刷行业互通信息、科学论证、统一行动、求同存异，以合作互赢、协同共赢的理念相互理解、相互支持，才能开创三地印刷业协同共赢的新局面。

京津冀协同发展符合国家的宏观战略，更是大区域印刷产业合理布局、促进优势互补、带动集群发展的趋势和良策。但京津冀协同发展绝不可能仅仅依靠行政命令，也不可能是简单的迁移和撤并。有效利用国家政策、借助市场之手、重新规划和布局印刷产业未来的发展，推动绿色印刷和清洁生产，在调整和升级中谋求三地共同发展实现共赢。京津冀协同发展不仅能够促进各区域发挥特色、把握优势，更重要的是通过协同发展战略、优化产业结构、提升产业技术水平、优化资源配置，实现北方地区印刷业的腾飞。

三、北京印刷业转型发展调研

（一）北京印刷业基本情况

经过几十年的发展，北京的印刷业经历了数量、质量、内涵、外延等方方面面的发展和变化。特别是经过国家四十年的改革开放，北京印刷业经历了快速扩张、稳中有进、转型升级等不同阶段，逐渐形成了自己的突出特色，成为首都核心功能不可或缺的重要保障。

1. 北京印刷业“量”的变化

随着国家改革开放政策的实施，北京的印刷产业经历了从小到大，从弱到强的巨变。1978年，北京仅有约100家印刷企业；而到2008年，北京已形成拥有2000多家各类印刷企业的产业规模，企业数量是改革开放初期的20多倍。经济发展促进了印刷业的大繁荣，北京印刷业发展规模达到顶峰。

从2012年起，随着中国经济发展进入转型期，北京印刷业也进入了持续的结构调整期。根据北京印刷协会2014—2017年北京地区印刷企业的统计数据可以看出，北京印刷业在产业大环境持续低迷、疏解非首都功能、京津冀协同发展、去产能、去杠杆、去库存、加大环保治理、适应新常态等诸多新挑战下，正经历着“量”的变化。

2014—2017年，北京印刷企业总量和各类印刷企业数量均呈逐年下降趋势，2015—2017年下降幅度加大，数量减少的速率加快，特别是2016—2017年连续两年下降更为显著，反映出北京地区印刷企业数量变化的趋势，这些变化与疏解非首都核心功能力度的加大，环保治理压力提升等都有着直接关系，也间接反映出印刷行业转型升级加快的现实。

2014—2017年，北京印刷业的主营业务收入先抑后扬，但数量变化不大，在企业数量持续下降的情况下，反映出北京印刷市场规模基本稳定，说明印刷行业经过调整，经营开始好转。2017 年，仅占全市印刷企业 6.1% 的销售收入 5000 万元以上的企业，其主营业务收入占全市印刷企业主营业务收入的 71.9%。反映出印刷业企业数量减少促成产业集中度的显著提升。

2014—2017 年，北京印刷业的销售利润主要呈下降趋势，反映出北京印刷业的转型升级仍然处于艰难攻关阶段。企业用工成本、原材料价格的上涨，特别是推进绿色印刷，加大环保治理、加大企业投入等原因造成利润率偏低。这也说明印刷业在提升管理水平、推进智能化、加大供给侧结构性改革等方面尚存空间。2017 年的利润率开始有所提高，也预示着印刷业疏解整治促提升、转型升级上台阶的良好开端。

2014—2017 年，北京印刷业的资产总额先扬后抑，近三年的资产总额增值率始终徘徊在 0 以下，既反映出北京印刷企业数量减少带来的资产总额降低，也反映出面对技术改造升级及环保投入的压力，企业投资信心不足，支出大于收入的窘况。

2014—2017 年，北京印刷业的从业人数持续减少，降幅达到 22%，反映出北京印刷业正在从人员密集型产业向技术密集型产业转型。从业人数减少大于企业数量的减少，反映出印刷企业的人均产值、人均利润的增长，折射出印刷业近年加大疏解整合、转型升级的成效。

2. 北京印刷业“质”的改变

经过多年来的发展，北京印刷业在市场竞争中不断更新，在吐故纳新中得到成长，印刷市场培育基本成熟，社会服务功能有效强化。经过一次次的大浪淘沙，结构调整更加显著，企业布局得到优化，企业集中度逐步提升，去产能效果更加明显，经济效率有所提高。

（1）主力市场格局改变

多年来，北京地区印刷市场基本形成了出版物印刷、包装印刷和商业印刷三分天下的格局，根据 2014—2017 年北京印刷企业主营业务收入情况，北京地区印刷业务量基本稳定并逐年略有上升，出版物印刷市场主营业务收入比重基本维持在 30% 左右，较为稳定；包装印刷市场主营业务收入跌破 20%，下降幅度较大；商务印刷市场主营业务收入比重有所提升，接近 50%，市场有所增大。由此可见，以书、报印刷为主的出版物印刷市场和以黑白、彩色零件印刷，数字印刷，安全印刷为主的商业印刷市场成为首都印刷业发展的主力支撑。

（2）凸显印刷服务业功能

按照制造业（Manufacturing Industry）的定义，经物理变化或化学变化后成为新的产品就具备了制造的属性。因此，传统印刷的来料加工特点将印刷定性为单纯的制造业。但是，随着经济的全球化，新产品、新技术、新服务领域及新商业模式的不断涌现，技术交叉融合与集成发展已改变了传统印刷的业态，如北京新华印刷厂与产业链上游企业的出版集团合资。印刷业在为客户提供全方位服务的过程中，不仅仅完成复制，还能够做设计、做数字资产管理，能够从线下延伸到线上，如雅昌文化集团将艺术品印刷、互联网服务、艺术数据融为一体。印刷行业已将产业链外延到文化创意、艺术设计、信息传播、教育科研等产业，如北京尚唐印刷包装有限公司不仅与出版社合作进行少儿读物编辑开发，而且成立文化创意设计公司，联合高校研发自主版权的文化产品。印刷业已将产业由传统加工业向现代服务业转变，印刷业是服务业（Service Industry）的定位已成为越来越多专业人士的共识。

（3）企业布局正在优化

北京的印刷企业分布在 16 个区县，为中央部委及各区县提供出版、包装、商业和其他印刷服务。随着北京新城市定位规划的出台，北京市各区县被划分为首都功能核心区、城市功能拓展区、城市发展新区和生态涵养发展区四个不同的功能区，按照“一核一主一副、两轴多点一区”的定位，北京印刷业自觉配合北京市的发展战略做出调整。根据 2017 年的统计数据，从东城区、西城区、朝阳区、海淀区、丰台区、石景山区六个中心城区及通州副中心区外迁或退出的印刷企业数量占北京所有外迁和退出企业总数的 60%，印刷企业布局得到进一步优化，为提升北京印刷业服务首都核心功能提供了有利的基础条件。

（4）企业集中度逐步提升

在技术发展和市场竞争的双重鞭策下，印刷企业两极分化发展态势促使企业集中度提高。大型企业的规模越来越大，小型企业的数量急剧减少，印刷企业的平均规模逐年提升，行业集中度得到快速提高。以北京市重点发展的出版物印刷企业为例，根据 2015—2017 年连续三年的统计数据，印刷规模较大的营业收入在亿元以上企业数量占比在逐年上升，仅占不到 5% 的大型印刷企业的营业收入却占到出版物印刷总营业收入的 50% 以上，且逐年递增。而印刷规模较小的营业收入在 2000 万元以下的企业绝对数量却在减少，约占企业总数量 80% 的小型印刷企业的营业收入仅占出版物印刷总营业收入的 20% 左右，且逐年递减。北京印刷企业集中度的逐步提升反映出印刷产业正在向着健康趋势发展。

（5）去产能效果更加显著

随着中国经济的快速发展，北京印刷业也经历了急速扩张的发展阶段，多年累积的过剩产能，不仅带来了行业恶性竞争加剧、企业发展受阻问题，同时也带来了社会资源浪费、市场秩序失衡问题。配合国家加大供给侧结构性改革力度的加大，印刷业减量、增效、促提升成为发展的主旋律。与北京疏解非首都核心功能、强化环保治理、加强产业转型升级一致行动，北京印刷业加大了去产能的力度。截至 2017 年底，无论是将生产基地迁出北京地区还是选择退出印刷生产的企业近 600 家，消解了北京地区 1000 万令黑白印刷产能和近 3000 万对开色令的彩色印刷产能，其中黑白印刷产能占北京地区黑白印刷总产能的 30% 多，彩色印刷产能占北京地区彩色印刷总产能的近 20%，同时还转移了超过 1 万人的印刷从业人员，去印刷产能的效果十分显著。去产能结果不仅有利于印刷市场的良性、健康发展，而且保留和优化了服务首都核心功能和民生的高端印刷品市场。

（6）经济效益指标稳步上升

印刷业“十三五”发展规划提出，“十三五”时期是我国印刷业由规模速度型转向质量效益型的关键时期。北京印刷企业经过多年来的快速发展，也逐渐暴露出一些深层次问题。比如印刷企业数量激增带来的小、散、乱问题；印刷工价下滑导致的印刷质量难以保证；印刷设备的更新却没有带来利润率的提高等。在北京印刷企业近三年的主营业务收入、利润总额、从业人数和总资产等数据统计的基础上，分析出反映企业主营业务获利能力的主营利润率、反映行业投入产出经济效益的每百元资产实现主营业务收入、反映从业人员劳动效率的人均主营业务收入情况。统计数据表明，近三年北京印刷企业主营业务利润率呈“U”形变化，每百元资产主营业务收入和人均主营业务收入均呈上升趋势。总体来说，在经历结构调整、转型升级和去产能之后，北京印刷业的经济效益指标总体向好，经济状况正在向着良性发展方向稳步发展。

3. 北京印刷业的特色优势

（1）出版物印刷规模成型

北京拥有所有的国家级报社，如人民日报社、光明日报社、解放军日报社、工人日报社等；拥有数量最集中的央级大型出版集团，如高教出版集团、人教出版集团、外研社等；拥有 800 多家期刊杂志社，如求是杂志社、前线杂志社、时尚杂志社等；拥有大量的高校、研究院所、大型企事业单位的附属印刷企业，以及集聚在首都各大国家机关、政府部门中的文印单位。北京特有的政治、文化聚集特点和长期累积，使得北京印刷业比任何一个城市或地区更加聚焦于出版物印刷市场，出版物印刷成为北京印刷业的标杆。

（2）生产技术愈加先进

经过改革开放四十年的高速发展，北京印刷业在设备更新、技术升级等方面得到了快速发展。印前技术基本实现数字化，印刷技术基本实现高速自动化，印后技术基本实现连线高效化，印刷生产流程实现管理数据化，全产业链服务呈现一体化，印刷加工的技术水平位列全国前列。北京大中型印刷企业基本实现了印前数字化全覆盖，计算机直接制版 CTP 技术得到普及，印刷设备多色、高效成为主流，印后装订装潢联动加工，机关文印走向全面数码化，防伪印刷技术不断升级，ERP 管理系统推广使用。根据 2017 年北京出版物印刷企业主要设备统计情况，北京印刷业的整体生产技术水平居于全国前列，基本接近或达到世界印刷技术的先进水平。

（3）产品质量稳定可靠

北京印刷品市场主要以出版物印刷和商业印刷为主体，在技术、设备、管理和设计、营销等方面水平不断提高的支撑下，彩色报纸、期刊杂志、文化书籍、宣传广告、有价证券、防伪证书等的印刷质量得到稳步提升。根据 2017 年统计，在全国 34 个省、自治区和直辖市中，在全国近百家国家印刷复制示范企业中，北京占全国示范企业总数接近 10%。全国共有绿色印刷认证企业 1000 多家，北京取得绿色印刷认证的企业占全国绿色印刷认证企业总量逾 12%。优质企业生产出稳定可靠的高质量印刷品，满足了北京首都政治、文化和民生的高端需求。

（4）产业链发展愈加完善

北京印刷业从原有的印前、印刷、印后的低端生产链起步，逐步发展为集合印刷品生产前后端的印刷设计、文化创意、市场营销、新闻传媒、教育科研、物流发行的完整产业链，步入印刷高端领域。北京印刷学院、中国印刷科学技术研究院、中国文化产业发展集团有限公司、科印传媒、文化发展出版社等与印刷设备制造商、材料生产商、众多印刷企业构成的产业链，不断深化着与出版产业链、文化创意产业链、信息服务链、传播产业链和发行物流链的融合，从线性产业链逐步进入了立体产业链的发展。

（5）全面服务首都政治与民生

北京作为国家首都和全球超大型城市，国家运转、行政指挥、政情传达、数据统计都与印刷业密切相关，几千万城市居民的民生也与印刷业有着千丝万缕的联系。上传下达的政策文件，政治舆论的宣传书报，金融安全的钞票证卡，文化交流的广告宣传等，都涉及国家形象和国家安全。从学校教育使用的教材到居民的休闲读物，从办公学习的书本到商业使用的合同，从超市购物的宣传单到影院剧院的门票，从乘车出行的车票到餐饮娱乐的水单，从老百姓的衣食住行需要到精神文化的追求，人们生活的方方面面都与印刷行业难舍难分。北京印刷业已经成为首都政治与民生发展不可或缺的重要产业之一。

4. 对首都四个中心建设形成支撑

（1）为政治中心建设提供了保障

北京作为新中国的首都，其人大、政协、国务院及政府机关云集于此，直接管辖范围涵盖全中国，指导国家的政令、政策均出于此，政治中心的地位毋庸置疑。北京特殊的政治地位决定了北京印刷业必须以服务首都政治中心为根本。为此，北京拥有人民日报印务中心等全国最重要的新闻印刷基地，传递党中央决策和政令，是北京乃至全国各大媒体最准确的新闻通道。北京拥有全国最多的文印企业，各大部委党政公文快速、安全、准确地印制，是国家政令畅通的基本保证；北京拥有中国印钞造币总公司及其下属的印钞企业，其特有的防伪技术和高品质印刷质量，是国家形象的体现和国家安全的象征；北京还拥有大量的为首都政治中心服务的报纸印刷、书刊印刷、证券 / 证件印刷、信笺印刷企业，共同构筑了服务首都政治中心所必需的印刷保障体系。

（2）为文化中心建设提供了支持

北京悠久的历史积淀和文化传承奠定了国家文化中心的牢固地位。主导全国文化的发展方向，引领国家文化的发展进程，汇聚和辐射国际文化，彰显国家文化精神、文化形象和文化价值的功能是无可替代的。为此，借助高端图书、高品质期刊、彩色报纸、高仿真复制等，发展首都文化创意产业，弘扬中华文化，继承文化遗产，展示文化艺术，支撑首都的文化市场，既符合首都的发展战略定位，也彰显了北京印刷业的优势。北京是全国中央级出版社最集中的地区，是全国出版图书、期刊、报纸最多的城市；北京在高仿真艺术品印刷复制领域占据绝对优势，涌现出一大批拥有自主知识产权技术、引领高仿复制印刷企业发展的佼佼者；北京拥有众多的博物馆、展览馆、影剧院、展览中心和旅游景点，在广告宣传、旅游画册、票证印刷和艺术品复制等领域拥有海量需求。北京印刷业为首都文化中心功能的建设提供了重要的支持。

（3）为对外交往中心建设提供了服务

北京拥有数量众多的外交机构、国际组织和商业团体，频繁的外交访问、民间往来和大型国际会议，国际水准的大型场馆、交流中心、航空口岸等现代化设施，定位了北京市对外交往中心的优越地位。北京印刷业所提供的高品质宣传画册、绿色印刷期刊和书籍、人员往来证件和证照、国际会议海量文件、经贸往来合同协议等，形成了对北京对外交往中心建设的强劲支持。北京新华印刷有限公司、北京华联印刷有限公司、北京盛通印刷股份有限公司、北京利丰雅高长城印刷有限公司等一大批拥有先进技术、精良装备、先进理念的全国知名的彩色印刷企业，2017 年为北京的彩色印刷市场提供了 9009 万对开色令的印刷产品，有利服务了首都国际交往中心功能的建设。

（4）为科技开发中心建设提供了支助

北京中心城市的地位、海纳百川的包容精神和宽松的发展政策，为高校、科研机构、高科技公司、总部基地和众多企业提供了广阔的发展空间，构成了名副其实的科技创新中心。北京的聚集效应汇聚起印刷领域最强的科技研发、人才培养、职业培训、媒体宣传、标准制定、质量检验及产品鉴定等印刷产业链的多个环节。北京印刷学院是中国唯一一所面向印刷出版领域培养高级专业人才的高等院校；中国印刷科学技术研究院是中国最具权威的印刷技术科研院所；科印网和必胜网是印刷行业最具影响力的专业门户网站；全国印刷标准化委员会和国家级印刷质量检验中心坐镇北京；王选院士创立的北大方正集团不仅发明了汉字激光照排技术，更成为数字印刷技术的研发领军技术；中国科学院化学研究所是纳米材料绿色印刷制版技术研究的先行者；北京印刷学院北京绿色印刷包装产业研究院成为高保真印刷、电子油墨、功能印刷等技术领域的研发与创新基地。这些科研院所、研发中心和专业媒体以及在印刷相关领域的科技引领和技术创新，构成了首都科技创新力量的重要组成部分，为北京科技开发中心的建设提供了有力支助。

（二）北京印刷业发展现状

1. 正在经历产业转型

（1）从产业规模扩张型转型为质量提升型

随着市场竞争加剧，企业优胜劣汰，国家加大环保整治和企业疏解政策驱动，北京印刷产业正在经历从规模扩张逐步转变为质量提升的产业转型。从 2014 年到 2017 年，北京地区无论是印刷企业数量、从业人员数量还是资产总额都有一定数量的减少。相比 2014 年，2017 年北京印刷企业减少了 28%；从业人员减少了 22%；资产总额减少了 2%，印刷业总体规模缩减。但在 2015—2017 年的三年中，亿元产值及以上企业所创造的主营业务收入上升了 44%，不到 5% 的印刷企业创造了北京印刷业一半以上的印刷产值，企业集中度在提升，北京印刷业正在向着健康可持续发展的质量提升型转变。

（2）从产业快速增长转型为完善提高

北京印刷业在不到三十年的时间内，企业数量从百余家迅速增长到两千多家，真正实现了产业的急速扩张。但随着国家经济发展进入新常态、供给侧结构性改革新战略和《北京市大气污染防治条例》的实施，特别是近几年产业已经显现出的盈利能力下降、产能大于市场需求、行业列入“开展挥发性有机物污染防治”范围等问题，通过扩张促进产业发展已成为隔年黄历。为了促进产业自我完善和可持续发展，北京印刷业通过主动促进环保升级，自觉选用优质环保的原辅材料，淘汰落后工艺设备与产能，应用各种VOCs处理新技术，积极参与清洁生产审核，已有90家印刷企业申请和参加了清洁生产审核，在节能、降耗、减排、增效等方面取得了较好的成绩。产业还加快小、散、乱企业的关停并转，近两年已有101家企业被取消了印刷经营资格，自觉向产业做强做大、不断完善迈进。主动联合京津冀产业协同发展，已有104家北京印刷企业落户天津、河北，发挥北京印刷企业的信息、市场、营销和技术、设备、质量优势，与当地印刷企业协同发展。一系列的政策、方法、举措，促使北京印刷业逐步摆脱依赖规模扩张的发展模式，正在转为可持续发展的产业完善提高模式。

（3）从北京地域发展扩展到京津冀区域全局发展

从京津冀区域协同发展规划出台后，北京印刷业对如何加大供给侧结构性改革开展了大量的调研与积极政策制定。北京印刷协会在市新闻出版广电局的指导和参与下，聘请多位专家远赴广东、深圳，了解当年港台企业如何平稳落地内地并得到发展的；带队前往天津及河北多地进行调研和走访，了解津冀发展政策和需求。在立足服务首都核心功能，与津冀地区形成互补、协同发展的基础上，撰写了“印刷业服务首都核心功能，推动京津冀协同发展进程”的调研报告，为政府决策提供了依据，为企业转移提供了信息。截至2017年底，北京外迁天津、河北、山东等地的企业超过100家，疏解到津、冀地区的印刷企业占北京外迁印刷企业总数的94.6%，并开始逐步形成京津冀区域印刷业发展的新格局。

（4）从产业齐全建设转型为特色发展建设

在北京首都四个中心发展定位的规划下，北京印刷业也在经历从门类齐全、产业链完整的建设思路转型为特色发展、大产业链发展的新型建设思路上。与首都未来发展定位匹配度不高、环保压力较大的包装印刷企业正在经历转移和停产退出的阵痛。近三年，包装印刷主营业务收入占整个行业主营业务收入的比重有较大降幅，由原来的24%下降到19%；企业数量也出现较大幅度的减少，仅2016年到2017年一年中降幅就达到9.3%。

出版物印刷业积极做强自身特色，提升竞争发展优势。北京雅昌彩色印刷有限公司将印刷复制与信息技术、艺术设计融为一体，走出特色鲜明的发展路径。

北京盛通印刷股份有限公司、北京华联印刷有限公司、北京新华印刷有限公司等集中精力发展书刊印刷，成为彩色图书、期刊印刷的行业佼佼者。北京利丰雅高长城印刷有限公司、北京顶佳世纪印刷有限公司等建设专业设计公司，为客户提供最优质的印刷设计。一些原来追求跨市场竞争的印刷企业在政策导向、环境治理压力等的影响下，也在主动将规模扩张的愿望转向特色发展的新定位，将原来盲目抢占市场份额转向紧随大客户业务走，重新寻求企业在服务产业链中的精准定位，并已取得较好的效益和更为清晰的发展前景。

（5）从经济建设为中心转型服务功能保障中心建设

北京印刷业长期以来追求营业收入的快速增长，将发展目标集中于经济建设，注重产业的产值、资产和利润，造成印刷业发展增速过快和过度的市场竞争，与服务首都发展的根本定位是不相匹配的。在首都四个功能中心建设发展规划下，分布在北京各区县的印刷企业重新定位，去多余产能，保服务功能，强化保障功能。根据2014—2017年北京各区县印刷企业分布情况统计，从北京中心区和副中心退出的印刷企业数量占这些区域印刷企业总量的27.7%，略高于其他区县的退出企业数量。从北京中心区和副中心区外迁的印刷企业仅占到该区域企业总量的3.7%，低于其他区县外迁企业与这些区域企业总量的占比9.3%。说明北京印刷业从大局出发，不惜降低产值和实施市场转移，集中产业能力保障服务首都的核心功能，正在从经济建设为中心向服务保障功能为中心的转型发展。

2. 正在加大供给侧结构性改革力度

（1）严格印刷企业资质审查

北京印刷业原有1600多家印刷企业，其满负荷生产能力已超出印刷市场的服务需求，处于供大于求的状况。为了加大产业供给侧结构性改革的力度，按照北京市经信委、市环保局联合编制的《北京市工业污染行业生产工艺调整退出及设备淘汰目录（2017年版）》，对使用有机溶剂型油墨的塑料印刷工艺、丝网印刷工艺进行禁限，严格限制与此相关的印刷企业新建。2017年，北京市工商局停止了上百家印刷新建企业的注册成立。对仍在北京区域之内的印刷企业迁移也加大了环评审核。同时，严格印刷经营许可证的审核，对未参加和未通过年检的企业进行注销。在严格的企业新建政策和年度审核下，全市印刷企业总数有较大幅度减少，仅2017年就注销了超过80家印刷企业的印刷经营许可证，加大了印刷产业供给侧结构性改革的力度。

（2）加大企业环保督察力度

随着国家环保政策和首都蓝天计划的实施，印刷行业正在经历严格的环保督察和清洁生产审核。一方面，生态环境部门加大企业监管和执法力度，对于违反环保法规的印刷企业给予重罚，特别是对一些屡屡违规的中小企业，毫不手软，严格处置。2017年共有17家企业受到市级环保处罚，取得了较好警示效果。另一方面，印刷企业主动履行社会责任，自觉遵守法律法规，积极投资环保技术改造，从源头减少污染排放，自愿参加清洁生产审核，环保型的印刷企业数量逐年增多。近三年，取得《中国环境标志产品认证证书》的印刷企业超过150家，已经申请和进行清洁生产审核的印刷企业近百家，其中自愿参加清洁生产审核的企业占比达到84%。

（3）帮助印刷企业疏解转移

针对北京区域印刷企业偏多、印刷产能出现过剩、环保压力较大的现状，配合国家京津冀区域印刷产业协同发展的大局要求，政府与协会为愿意主动疏解的印刷企业提供了有力帮助。面对北京市产业结构调整的大局，印刷业积极开展调研，主动向政府寻求企业疏解转移的政策支持，尽可能减少搬迁企业的负担和后顾之忧。行业协会积极联络印刷行业主管部门，认真向企业宣讲政策，多次举办京津冀协同发展和绿色印刷产业促进商务交流会，主动与津、冀印刷协会对接，互访互动频繁，加强与天津、河北共谋印刷发展之路的探索，寻求有利于企业发展的外迁模式。多次组织企业赴雄安新区、曹妃甸协同发展示范区、河北玉田等地考察，将北京印刷业年会安排在河北的曹妃甸，联络河北政府主管部门和行业协会，进行投资环境推介和曹妃甸印刷生态园区考察，为印刷企业抓住国家政策引导和扶持的机会，抓住二次创新创业机遇，平稳落地津冀地区发展创造条件。

（4）促进企业转型整合

北京印刷业的过度发展带来了制约行业可持续发展的诸多问题，如同质化竞争带来的低端产能过剩，产能过剩带来无序竞争，无序竞争造成资源浪费等。北京印刷业要依靠创新驱动和高端引领，推动技术进步和绿色发展，推动产业结构向高端化、差异化发展转型。要依靠市场在资源配置上的决定性作用和政府产业政策，推动资源重组，淘汰落后产能，培育新的经济发展支撑点。深耕北京印刷业，无论是历史形成还是政策使然，在精品出版物印刷、艺术品高仿真复制印刷、安全防伪印刷、数字印刷和印刷数字化、绿色印刷等领域具有较大优势。围绕着这五大优势，鼓励企业通过合并、重组、换股等方式，适当整合印刷企业的规模，有利于产业更加健康发展。例如中国印刷集团公司向文化产业转型，更名为中国文化产业发展集团有限公司，对下属企业进行整合，使老新华印刷焕发了青春。

北京中科印刷有限公司与北京国彩印刷有限公司重组，扩大了市场占有率。北京盛通印刷股份有限公司并购河北省印企，调整了生产布局，提高了生产效率。依托印刷技术与信息技术的深度融合，北京易丰印捷科技股份公司和北京炫彩数码科技有限公司创造了高效流畅的生产业务流程。北京东港安全印刷有限公司跨界融合发展，开发推广应用电子发票技术和档案数字管理技术平台。这些高端印刷示范企业虽然还不多，但在服务首都核心功能和企业转型整合中起到了主导引领作用。

3. 正在完善服务产业链的建设

（1）提高专业服务能力

随着北京首都四个中心的明确定位，在北京的各类重大事件、重大活动和重大会议日益增多。会议文件、活动报道、政策图书、党建文选等重要资料和书籍印刷业务量比以往呈现较大幅度增长，无论是政府机关、部门的印刷业务，还是各个出版社的印刷业务，都呈现扩张性增长。面对印刷业务的放量增长和较高质量要求，以及一批印刷企业的疏解退出、环保压力的双重夹击，北京印刷业的服务支撑功能和服务保障能力不足已显现。印刷业针对这种情况和发展趋势，需要及时做出预判，提出加强产业科学布局和宏观调控，顺应新常态下印刷服务能力提升要求，将近期工作重心定位为专业服务能力的提高，以匹配首都新印刷的新要求。

（2）强化应急应变服务能力

以往的印刷服务较多局限于印刷生产部分，只是产业链中的一个环节，企业的设备、人员和管理形成了企业固有的生产周期，以已有服务能力接受业务需求。但是，随着新技术发展带来的需求变化，经济发展带来的观念变化，按需印刷的需求越来越高，印刷服务周期缩短成为现实，加急放量印活、短版快速印件已成为服务新常态。针对此种情况，北京印刷企业需要转变服务观念，以服务客户为中心，在技术、设备、人员和管理等方面努力提升高强度印刷服务能力，并通过企业间的协同构建强大的应急应变服务能力。

（3）提升智能化管理水平

印刷生产正在经历从模拟化向数字化的转变，生产管理也在从经验管理向智能管理转变。建立在网络、通信、计算机基础上的新型印刷生产模式正在颠覆原有的机械设备、人员经验的管理方式，与文化创意、艺术设计、智能物流、信息传播产业链的融合，呼唤着现代化的产业链智能管理体系。北京印刷业正在起步，以智能计划、智能执行、智能控制为手段，以智能决策为依据，智能化地配置企业资源的智能化管理水平提升工程，从原有的单一生产节点提升到产业链有机衔接的服务链管理水平提高的转变。

（4）完善全程服务的理念

印刷从制造业转型服务业的特征是印刷盈利模式的转换。以往仅仅依靠生产加工取得收入的模式，在现在的红海竞争市场中已难以为继。利用垄断优势获得高额收入的历史也已一去不复返，印刷业正在面临从印刷创意、印刷设计、印刷生产到印刷仓储、印刷物流一站式解决方案的全程化服务需求。近些年，北京印刷业开辟以客户为中心的服务市场，主动建立印刷服务产业链，打通各个环节之间的壁垒，消除生产与服务的隔阂，将印刷服务各环节高度融合，为市场提供完整的印刷产品全程服务，利用专业化的高端服务取得高收益，使得印刷全程服务的理念得到完善和升华。

（三）北京印刷业的机遇与挑战

1. 服务首都核心功能能力有所不足

（1）按需印刷能力不足

由于绿色环保压力加大，大量的中小印刷企业在生产技术、材料选用、管理水平方面都力不从心，承受停产、限产和处罚的压力较多、较大，针对短版商业印刷业务市场的生产出现承印能力不足，许多政府部门、国家机关、出版社纷纷反映书刊印刷市场的按需印刷能力不足，有找不到印刷企业及出书难的反映。印刷企业也出现不敢接活或不能按时完成印刷任务的难题。

（2）全面服务能力欠缺

近些年，印刷品市场呈现新的特点，一些客户要求印刷企业能够承担起从创意到设计、从营销到印刷、从装潢到物流的全流程服务。但是，由于原有印刷企业的创建门槛低，众多中小企业只是关注印刷的生产环节，而忽略了印刷产业链的建设，造成印刷企业面对客户全面服务的需求时，创意缺新意、设计低水平、营销老套路、物流糊涂账的窘况，屡屡受到客户的责难，难以适应新常态下全面印刷服务的新要求。

（3）应急应变能力缺乏

新时代、新业态的变化要求印刷企业在服务方面具有较强的应急应变能力。全球风云变化、党建新招频出、经济战场多变、民生大事急迫，桩桩件件都与印刷企业密切相关。加急活、改版活、再版活、分批活，相当一批印刷企业的印前设计处理、印刷生产和印后加工、物流分发环节缺乏应急应变能力，服务网点少、服务方式陈旧、服务反应慢、服务预案少，未能及时跟上市场发展变化的节奏，以致耽误重要印刷业务，丢失新型业务市场。

（4）协同服务能力短板

除一些大型印刷企业或印刷集团，大部分印刷企业专注于某类印刷品的生产，如期刊印刷或广告印刷。受到企业自身发展历史所限，大都只在某几个生产环节具有突出优势，对于高质量、大批量、多品种、全程服务要求高的印刷品，往往其服务的某些弱势环节就被放大，急需企业之间的协同合作。但传统小而全的企业建设模式往往造成企业之间的互相协同合作不足，重竞争轻合作，导致部分企业业务吃不下，部分企业业务吃不饱，部分企业业务干不好，部分企业业务揽不到的行业孤岛格局，使得整个行业对外服务能力出现短板。

（5）区域政策适应迟缓

北京首都环保政策力度的加大，京津冀协同发展政策的实施，雄安新区建设规划的颁布，都在昭示着华北地区正在面临巨大的变化，新思路、新规划、新政策不断配套颁布，原有的京津冀地域性分割格局正在发生翻天覆地的变化。北京印刷业在适应新变化、契合新规划、响应新政策方面仍显不足，对北京印刷业的全貌了解得不细，与津冀区域印刷业的交流、沟通、协调还显不足，在宏观层面的数量、结构、布局、政策等发展规划制定方面明显滞后，主动适应、积极应对和灵活协调区域发展的应对能力不足。

2. 京津冀印刷发展不平衡、不充分

（1）区域企业布局不够合理

北京印刷业多年来较快速发展，已经成为京津冀区域印刷的领跑者。但是，由于北京首都的资源虹吸效应，与津冀地区印刷业的发展一直存在较大差距，造成京津冀区域印刷业的布局不尽合理。例如地域分布上的强弱不均，资源分配上的贫富差距较大，市场竞争上的同质化严重，技术水平上的高低差异，产品质量上的参差不齐，经济效益上的高低错落。如果不能形成协同发展、互相支撑、依存共生的产业格局，主动地应对和补偿格局上的不合理，这种不平衡情况将会愈加严重。

（2）企业优势互补不够充分

目前的印刷企业普遍规模有限，北京市现有印刷企业的 80% 以上都为中小企业，大都在某类印刷品、某个印刷生产环节或某个印刷领域具有特色优势，短期内不易整合为综合能力较强的大型企业。针对目前客户、市场和业务的全面服务要求，众多中小企业陷入了同质化竞争恶局，相互之间竞争多于合作，特色优势得不到互补，使得整个产业市场的低工价无序竞争严重，供需矛盾突出。京津冀印刷市场的高、中、低端市场需要特色企业互相协同，用最少的资源实现最大的利益，既有企业抢占高端印刷市场，也有企业稳固低端印刷市场，才能形成京津冀优势互补的良性发展格局。

（3）企业整合力度不够强势

从统计的企业经营情况来看，北京市较大规模的印刷企业利润率都较高，特别是上亿元年产值的大型印刷企业。不到企业总数5%的印刷企业创造了北京印刷业一半以上的印刷产值，说明印刷企业发展需要上规模，才能创造高收益。北京印刷企业目前仍然处于数量多、规模小、效益差的现状，无论是跨系统的企业整合，还是二级市场的交易整合，都呈现政策资信缺乏、主动引导薄弱、激励政策不足、问题无处反映的难局。仅仅依靠市场驱动力的企业自主整合，没有政府行业牵头的调整重组，印刷业整合力度不足将仍然是产业难以做强做大发展的现实。

（4）产业园区规划不够明确

印刷产业园区是区域经济发展、产业调整和升级的重要空间聚集形式，具有产业集群效应和引领作用。印刷产业园或特色发展园区属于顶层设计，难以仅靠印刷企业自身努力形成。在北京印刷企业的疏解转移中，单单依靠企业自身对外迁地区印刷市场大小、区域分布、未来发展潜力的了解是十分有限的，而部分外迁企业所面临的平稳落地、政策变化、经营连续性等困难，说明企业没有得到充分的转移引导和指导，缺乏吸引它们主动转移的吸引力，缺乏与区域发展规划同步的园区规划与建设，缺乏能够使企业良性发展的生存环境。

（5）外迁企业面临新问题

北京印刷企业外迁之后面临诸多新问题，不仅影响外迁企业的继续生存发展，也会影响现有企业的继续外迁转移，如外迁企业的营业执照、经营许可证的跨区域双重身份问题；管理营销总部与生产车间的异地证照与税收问题；不同地区相关政策法规的不一致问题；外迁企业原有ISO、绿色印刷和清洁生产等认定资质的重新认定问题；企业原有主管单位、归属协会等管理机构调整问题。许多新问题是企业前所未遇的，亟待能够出面协调的跨区域组织机构。

3. 与出版产业链匹配度不佳

（1）与出版产业融合不够

出版物印刷被认为是北京印刷业的特色优势领域，但是北京印刷业作为出版产业链中重要的一环，其发展目光应该集中在做强做大，尽快融合到出版产业链发展之中，与之协同发展。近些年，出版产业对印刷业在按需印刷、个性化印刷、网络化订单、印刷品即时分发、出版资源资产化等领域的需求强烈，但北京印刷业与之匹配的服务能力还有较大的差距，缺乏在主动联合、加大投入和精准合作方面的实质性响应，与出版业要求的先进生产解决方案、全面服务方案、融合发展的期望差距不小。印刷产业链的发展与出版产业链、文化产业链、信息传播链紧密相连，一旦出现与新变化的匹配不佳，印刷产业链必然就会出现掉链子的情况。

（2）企业专业化程度不足

北京印刷业有大量企业属于小而全的中小型企业，其生产业务在出版物印刷、商务印刷和包装印刷等领域遍地开花，表面上看这是小企业不得已的生存之道，但带来的结果是主业的专业水平不高、资源力量无法聚焦、企业规模难以扩大、服务能力陷入低下。必然表现为大活接不了、小活干不好、质量做不高、工期保不住的恶性循环怪圈。放眼北京印刷业，大量生存预期不好的中小企业都难逃生产规模不大、特色优势难寻、专业化程度不足、服务能力不佳、难以为客户提供完整解决方案的现实。

（3）产业环保升级滞后

由于印刷企业的规模有限，众多中小企业的环保升级改造困难更大。印刷企业要满足首都环保的高要求，就必须在新环保技术、新环保工艺、新环保设备和新环保措施方面加大投入，并且还要求在相对较短的时间内改造完成。面对环保监察的巨大压力，规模印刷企业虽然有压力但能够承受，而大量的中小型印刷企业往往困难重重，出现环保改造升级的时间紧迫、资金不足、力量有限、效果不佳等一系列问题。匆忙上马环保改造，几年内面临环保技术又升级，又得继续大笔资金投入。企业亟待国家政策的稳定、环保技术的成熟和环保升级周期的加长。

4. 特色发展力度不够

（1）市场变化预研预判不足

北京印刷业自从京津冀区域发展规划提出之后，结合环保形势的压力，报纸印刷业务急剧下滑，期刊印刷业务徘徊不前，书籍印刷业务平稳有增，包装印刷压力山大，商业印刷开始收缩。对这种大形势下的印刷市场急剧变化，北京印刷业的预研不足，未能与相关市场主体及时交流，未能尽快反映市场从量变到质变的变化，未能向行业、企业提供超前预判，造成许多企业压力激增、转型彷徨、生存困难，甚至一些超大型印刷企业也出现亏损。对于印刷市场变化的预研预判不足，反映的是行业对企业发展的指导力度不足。

（2）产业发展预期不甚清晰

北京印刷业现在仍有一千多家印刷企业，从 2017 年的统计数据来看，能够承接的年印刷业务规模主营业务收入大约为 300 亿元，其中出版物印刷单色书刊印刷业务量为 1780 万令，彩色书刊印刷业务量为 9009 万对开色令。今后十年，北京印刷业的市场规模有多大？预期企业规模应该有多大？不同印刷市场的结构分布如何？与津冀区域印刷业如何形成一体化匹配？对这些问题，既没有专家论证，也缺少研讨论坛，更缺乏分析报告，使得印刷企业对北京印刷业的规模、结构、分布和发展预期不甚明确，对未来的产业结构分布如何，可否适应今后市场发展，产业规模如何才能与市场变化达到平衡，还处在摸着石头过河的状况。

（3）特色发展道路不够坚定

相比津冀区域的印刷业，北京印刷业在天时、地利等方面始终拥有许多优势，但在京津冀区域印刷业协同发展的一体化新格局下，随着区域印刷业协同发展的深化，国家政策的驱动，新经济增长点的出现，分地区印刷业快速发展与特色优势形成的新形势下，北京印刷企业也面临着挑战。面对京津冀区域发展新格局，一些印刷企业，特别是一些在竞争中苦苦挣扎的中小企业，没能明确自我定位，特色发展道路不够坚定，未能使企业在资源、技术、市场、管理等方面建立特色，具备优势，难免在激烈的市场竞争中处于下风。

（4）引导支持尚有欠缺

行业是所有企业的集成，企业的发展托起行业的希望。在企业的成长过程中，希望得到行业的宏观指导、政策引导和技术支持。在众多北京印刷企业彷徨于如何生存、如何发展的困境下，对行业给予了更大的期望。面对企业如何转型的困惑，向哪方面转型的彷徨，对已有成功经验的向往，对可能面临困难的恐惧，这些问题仅凭某一企业自身是难以思量周全，得到完全解决的。这就急需行业领导、专家、同行的大力指导、协调和帮助，特别是企业外部对其诊断和引导。显然，这一方面目前还存在较大的差距。

（四）北京印刷业发展的建议

1. 明确区域印刷发展的精准定位

（1）明确北京印刷业发展定位

北京印刷业以往发展的背景仅限于北京首都地区，而今后发展的背景将是京津冀区域，新格局下印刷业的定位应该更加明确，根本任务是服务保障，服务对象是首都四个中心建设，产业布局要集中于出版物印刷为主的高端印刷市场，产业结构应建立大型企业与特色型企业结合的企业群，产业发展路径须走创新型与服务型结合，产业价值通过提供全面完善的服务得到体现，产业能力通过京津冀印刷业协同得到提升。产业方向要向绿色化、数字化、智能化、融合化发展。

（2）清晰印刷业规模与结构

随着首都核心功能建设的明确，大规模生产型企业面临疏解转移，服务和保障首都四个中心建设的北京印刷业的产业规模和结构应该如何确定，将是印刷产业和企业都迫切希望明确的。北京印刷业的产业规模既要满足服务保障功能，也要结合京津冀印刷业的协同作用，在精准服务上限定产业规模。产业结构既要针对四个中心建设形成的市场领域，也要创新服务市场，在结构上与核心功能实现精准对位。

（3）加快产业转型发展

政策既是引导也是要求，在环保要求和疏解转移严格要求的同时，也要配套清洁生产审核和财政补贴的政策支持。北京印刷业的转型发展已经感受到生态环境部门的巨大压力，现在最需要的是如何能够获得转型的政策支持。企业迫切需要知道发改委、经信委、环保局、印刷行业颁布的最新政策、政策解读、政策汇总、政策研讨、政策措施等，利用好各种政策支持来加快印刷业的转型发展。

（4）建立区域发展联盟

京津冀区域幅员辽阔，三地印刷业的区域发展必须建立稳定的联系、交流和协调机制，充分保证三个产业区域和众多印刷企业之间的信息交流、情况反映、业务协同，形成统一的政策制定、沟通协调、重点支持平台，才能够加快京津冀区域印刷的整合转型发展。这需要尽快建立起由三地印刷业主管部门、印刷协会与主要企业组成的发展协调联盟（或大协会），统一领导京津冀印刷业的转型升级，解决企业外迁和京津冀印刷业融合存在的新问题，推动区域印刷业的健康、持续、高质量发展。

2. 把握疏解整合与减量提升的特色化发展

（1）加强调研与合理疏解减量

北京印刷业近期的任务仍然是疏解减量和质量提升，但是需要明确产业疏解减量的程度和服务质量提升的目标。疏解减量并非目的，质量提升才是目标。需要加快对北京印刷业现状的调研，对市场容量与前景、产业规模与能力、产品质量与期望、企业特色与潜力有相对清晰的了解，从而为产业的产品、市场、技术、能力、特色等质量提升制定出科学合理的子目标，为产业疏解减量制定切实可行的指标，进一步调结构、促提升，加快企业的转型升级。

（2）加大整合聚集以做强企业

北京印刷业疏解转移一批、关停限产一批，并不代表留下来的印刷企业自然就能够做强做大。企业需要通过整合聚集，既强大了自身，也拯救一批中小企业。但是，企业整合需要较大力度的激励政策和措施，提供企业之间相亲的婚姻平台，造成你情我愿的自愿结合。政府部门需要参考其他行业的成功经验，在企业间穿针引线、在政策上明确支持、在方法上多种形式、在措施上服务到底，制定企业之间整合聚集的激励机制，加大推进实施力度。

（3）引导特色企业群、产业园建设

北京印刷业已有一些上规模的大型印刷集团，以它们为核心已经构成了具有特色优势的企业群或产业园。但是众多中小企业仍然处于小散乱的自我生存战中，未能及时融入协同合作的企业群和产业园。北京印刷业需要尽快打破地域、部门、归属的孤岛状况，建立一批特色突出的印刷企业群或产业园，大张旗鼓地予以宣传，引导大批中小企业自发参与整合、融合、结合，进到上规模、有特色、显优势的印刷企业群和产业园中。

（4）推动转型升级和高端发展

印刷企业特色发展不仅是保证可持续发展的驱动力，也是印刷业形成层次发展的必由之路。特色就是优势，有特色才谈得上高端发展。要鼓励、引导、指导和支持不同企业通过整合优势资源，转变经营机制，做强做大；通过延伸产业链，实现融合发展，拓展发展空间；通过调整产品结构，适应首都市场需求，开发扩大新市场；通过重视产品研发，坚持特色服务；通过开发海外市场，引领高端印刷服务。特色化发展才是北京地区印刷企业转型升级、实现高端发展的愿景之路。

3. 协调服务保障与绿色环保的同步发展

（1）加强首都服务保障能力建设

提到北京印刷业的供给侧结构性改革，一般都认为主要是企业的疏解减量，实际上供给侧结构性改革的核心是产业过剩生产能力的减少。在北京首都四个中心建设的新格局下，印刷业的根本任务是首都核心功能的服务保障能力建设，即印刷类别、印刷数量、印刷质量、印刷工期、印刷应急应变、印刷服务能力的建设。随着一批印刷企业的疏解外迁，目前已经出现北京书刊印刷服务保障能力不足的先兆。因此，北京印刷业的服务保障能力不是过剩而是不足，需要进行的是低能力企业的疏解减量，更需要的是高能力企业的整合聚集。实质上，减量提升就是提高印刷业的服务保障能力。

（2）科学治理促进企业环保升级

北京印刷业开始绿色环保之路的历史都不长，一批企业也走过弯路、付出了相当大的代价。但是，随着国家环保政策实施力度的加大，以及配合首都核心功能的服务保障高要求，印刷业必须尽快达到较高的环保水平。以往印刷企业的小整小改、低标准的环保改造需要加快升级，加大源头新材料选用、新工艺改造、新设备更新、新产品绿色、环保新技术的企业全面环保水平升级。同时，对经过治理、达标排放、良好履行社会责任的企业进行分类管理，避免“一刀切”政策，实现科学治理下的环保水平上台阶。

（3）环保发展与环保政策的匹配

北京印刷业的环保现状及未来发展目前还处于摸索、探寻的中低层次，究竟哪些先进的环保处理技术更加适合印刷行业的具体情况，如何满足区域环保政策的更高要求，始终困扰着印刷业。加深对区域环保政策的理解，了解区域环保发展的趋势，加大对环保技术的研究，清晰环保技术的适用性，进而完善企业环保发展水平与区域环保政策的匹配，才能将企业的环保投入转化为真正的环保水平提升和企业能力的提高。

4. 主动为京津冀一体化印刷发展多做贡献

（1）将压力转化为发展动力

北京印刷业面临的关停、疏解或整合压力是前所未有的，但从产业转型来看却未必不是一个可遇不可求的大好机遇。北京印刷业快速扩张发展到今天，早已不是产出数量、质量不能满足需求的时代了，正是处于需要产业转型、能力提升的关口。首都核心功能建设、京津冀区域协同发展和国家环保压力，共同形成了转型发展的契机和新动力。北京印刷业需要将被动应对转化为主动行动，将疏解压力转化为转型动力，加快北京印刷业的转型和发展，才能够尽快成为符合首都市场需要，具备自主创新能力、具有良性发展机制的首都都市产业。

（2）与区域发展形成互相支撑

北京印刷业的转型发展绝非仅仅是企业疏解转移和整合聚集这样简单的减法，也并非只是北京区域内部的产业格局梳理，而是京津冀区域印刷业的重新洗牌。北京印刷业具有资金、人才、技术等诸多优势，却缺少津冀区域的地产、人力等资源优势，正是需要企业之间充分利用各自优势，与不同区域的发展规划配合，建立和巩固自身的特色优势，同时形成区域互依互靠、企业协同合作、京津冀印刷互相支撑的新格局，为京津冀印刷业一体化做出较大的贡献。

（3）成为区域协同发展领头羊

北京印刷业以前就是北方地区印刷业的先锋，但是冲锋在前却忽视了拉一把津冀兄弟，以致三地印刷业发展目前存在较大落差。此次中央京津冀区域协同发展规划的实施，对北京印刷业的疏解转移不是包袱转移，而是大格局下的印刷产业重新布局，力图形成京津冀不同区域印刷业的相互协同、特色发展、互相支撑的印刷新格局、新结构和新业态。北京印刷业不应只看到自身的困难，还要登高望远，适应整个京津冀区域的格局新变化，主动承担起大区域印刷业发展的领头羊重任，与津冀区域的印刷业精诚合作、互通有无、精准扶贫、携手同行，更好地发挥出领头羊的作用。

（4）为外迁企业创造发展环境

要抓紧研究北京市外迁印刷企业与原有出版、文化、艺术产业链的连接，以及如何开发新客户的新问题。要解决好外迁企业的平稳落地问题，使得企业在保证生存的前提下，能够持续稳定发展。要鼓励外迁企业继续做好绿色印刷、转型升级工作，追求企业高质量发展。

近年来，北京地区印刷业在面临经济运行下行、环保政策强化和疏解非首都功能的三重压力下，经历了较大规模和幅度的产业结构调整和变化，印刷企业也经历了预想不到的困难与压力。然而，“沉舟侧畔千帆过，病树前头万木春”，尽管历经风雨，但已步入了从容不迫的深度改革时期。随着政府部门对印刷业不同工艺技术环保政策的不断明确，印刷行业供给侧结构性改革的不断深入，印刷企业结构调整和集约化程度的不断提高，北京印刷业在服务首都核心功能和京津冀区域发展的宗旨下，将继续秉持绿色印刷、创新驱动、高端引领、转型升级的理念，向绿色化、数字化、智能化、融合化的方向发展，继续为北京印刷业转型升级促提高、提升服务保障能力和京津冀区域建设做出更大的贡献。

四、北京印刷业现状与趋势

2018年对北京印刷业来说是不平凡的一年，在《中国制造2025》的国家战略、供给侧结构性改革的指导政策、京津冀协同发展的重大举措、“蓝天保卫战”与环保攻坚战的引领和鞭策下，北京印刷业顺势而为，在严峻的挑战中凤凰涅槃，为服务首都核心功能做出重大努力和贡献。

（一）北京印刷业的现状及分析

1. 北京印刷企业的数量变化

根据北京市印刷业统计资料，2016—2018 年北京地区印刷企业总量和各类不同印刷企业的数量持续下滑。

近三年，北京地区印刷企业数量除数字印刷企业外均呈持续下降态势，2018 年降幅超过 10%，高于 2017 年的降幅近 1 倍，与印刷行业供给侧结构性改革的指导方针保持一致。其中，出版物印刷企业数量下降幅度更大，比 2017 年的降幅环比加快 1/3，反映出出版物印刷企业整顿散、乱、污和加快产业整合取得成效。包装印刷企业数量降幅更大，达到 20%，体现出环保压力和疏解政策对包装印刷企业的促改成效更加显著。防伪等商业印刷为主的其他印刷企业数量较 2017 年也有较大幅度的下降，环比降幅超过 15%，表明政府简政放权和电子化技术发展对行业产生了不可小觑的影响。相比之下，2018 年数字印刷企业数量不降反增，增量达 12% 以上，不仅与政府规范印刷门店的管理举措相关，同时也体现了可变数据、绿色环保、技术先进的数码印刷符合当前的市场需求，数字印刷企业符合国家新增企业政策，得到了行业的认可。

对比北京地区各类印刷企业占比，仍然是出版物印刷和其他印刷占据大半壁江山，这与首都的政治、文化地位相适应，与北京印刷企业服务首都核心功能的需要是一致的。包装印刷企业数量占比逐年减小，不仅与一些包装印刷方式带来的环境问题相关，也与首都的发展定位密不可分。数字印刷企业数量占比虽不是很高，但逐年增加的趋势不容忽视，适应灵活的市场变化，满足短板、个性化印刷的需求，符合技术进步和环保要求，为数字印刷提供了生存和发展的空间。

2. 北京印刷企业主要经济数据

根据北京市印刷业统计资料， 北京地区印刷企业近三年来的主营收入比较稳定，每年的变化幅度仅在 1% 的范围内。在印刷企业数量减量达 10% 以上的情况下，整体主营收入保持变化不大，说明存留下来的印刷企业的经营情况处于稳步上升通道，经营状况逐渐好转。虽然近年有相当数量的北京印刷企业迁出、停业，但对北京地区印刷产业经济的影响十分有限。

2018 年北京印刷业的销售利润下降幅度较大，超过 20%，反映出企业干得越多，赚得越少的生存现实。这与企业自身转型发展需要所进行技术改造的投入、为满足环保要求进行的环保设备投资及所产生的运行费用，以及原材料价格上涨、用工成本增加、印刷工价较低等诸多因素密切相关。未来北京印刷业在如何培育新市场、降低生产成本和增产增收上还有待做出更大的努力。

2018 年北京印刷业资产总额减少近 5%，这与企业数量较大幅度地减少是一致的。

近三年来，北京地区印刷从业人数逐年减少，2017 年环比减少近 10%，2018 年环比减少近 15%，企业从业人数减少的幅度是所有经济数据中变化最大的，说明随着劳动力成本上升、先进技术应用和管理水平的提高，印刷企业正在加快从劳动密集型企业转型。对比企业人均主营收入的变化，2016 年人均产值 50 多万元，2017 年提升为人均产值近 60 万元，2018 年达到人均产值近 70 万元，增长幅度达到两位数以上，反映出北京印刷企业的人均劳动生产率得到持续提升。

北京地区出版物印刷的主营收入从 2016 年的占比不到 50%，到 2018 年达到近 55%，近三年实现持续增长，真实地反映了首都核心地位带来了大量重大出版物印刷品，北京地区大量出版社聚集带来了大量出版印刷业务的不争事实。出版物印刷支撑着北京的印刷产业，也成为带动河北、天津等周边印刷业发展的重要力量。

（二）北京出版物印刷保障企业的现状及分析

为提高服务首都核心功能保障能力，推动北京市出版物印刷高质量发展，2019 年 2 月，北京市委宣传部开展了出版物印刷服务首都核心功能保障企业评审认定工作，正式公布了 22 家印刷企业为“北京市出版物印刷服务首都核心功能重点保障企业”。

1. 保障企业生产经营情况

22 家“保障企业”在数量上仅占北京出版物印刷企业的近 5%，但其 2018 年主营业务收入占 2018 年北京市出版物印刷主营业务收入的近 25%。仅占不到 5% 的企业完成了近 25% 的主营业务收入，说明 22 家“保障企业”是北京市出版物印刷主要产值的创造者，承担服务首都核心功能的重担是当之无愧的。22 家大中型出版物印刷企业具备较大的生产规模，资产投入较大，多年来承印多种类型的出版物产品，设备齐全，员工数量较多。特别是近年来，大中型企业成为环保的重点监管对象，大量有利于环保的装备和 VOCs 治理设施的投入，以及印刷市场变化促使企业加快自动化、智能化的改造，造成大中型企业资产投入加大，短期利润下滑。

2018 年，22 家"保障企业"的主营业务收入均超过 5000 万元，其中主营业务收入上亿元的保障企业占北京市出版物印刷主营业务收入上亿元企业的 40% 多，另外主营业务收入 5000 万元以上的保障企业，占北京市出版物印刷主营业务收入 5000 万元以上企业的近 20%，22 家"保障企业"的企业生产规模与大中型出版物印刷企业构成 55∶45 的合理配比，能够满足不同数量和时限的保障产品生产需求。22 家"保障企业"承担了重大主题出版物印刷、中小学教科书的印刷、青少年读物印刷、教辅书籍的印刷。22 家"保障企业"在 2018 年完成了共超过 20 亿本 / 册的出版物印刷业务量，是北京地区出版物印刷的主力军，承担了重大主题出版物的主要印刷任务。

截至 2018 年底，北京地区通过绿色印刷认证企业超过 150 家，22 家"保障企业"中通过绿色印刷认证企业达 95.5%，远远高于北京市出版物印刷企业仅 30% 多的通过率。北京地区通过清洁生产审核企业占出版物印刷企业数量的 8%，22 家"保障企业"的清洁生产审核通过率达 80% 以上。22 家"保障企业"不仅在印刷企业规模和产值上是北京出版物印刷的领军企业，在环保和绿色印刷方面也堪称楷模。

22 家"保障企业"在 2019 年再次进行生产投资上亿元，加大了保障能力的建设。其中，印前环节投资占比 3%，印刷环节投资占比 20%，印后环节投资占比 36%，数码印刷投资占比 26%，其他及环保投资占比近 5%。印刷、印后和数码印刷成为企业重点投资领域，这与提高出版物印刷保障能力的方向是完全一致的。2020 年保障印刷企业的投资预期将达 2 亿元以上，将会大大提升保障企业的生产能力和保障能力。

2."保障企业"发展面临的问题

（1）"保障企业"队伍的发展

首次认定的 22 家北京市出版物印刷保障企业是基于对企业现有相关资质和综合服务能力评价的结果，但"保障企业"不是保险箱，更不是"终身制"，必然会通过对"保障企业"在技术水平、管理策略、服务质量、遵纪守规等方面的评测和考核，利用优胜劣汰的法则，实行动态管理。因此，现有"保障企业"永远面临不断完善和提升保障能力，保住"保障企业"地位的压力。22 家以外的其他印刷企业永远是"保障企业"有力的竞争者，一方面这些企业要想跻身"保障企业”行列必须增强自身的软、硬实力，在资质、设备、技术和人员上满足保障要求；另一方面“围城”外印刷企业在实力上的提升和技术、管理水平上的完善，必然成为促进“保障企业”不断前行的推手。

（2）“保障企业”的转型升级

22家北京市出版物印刷保障企业基本代表了北京市出版物印刷行业的最高水平。但印刷行业人员密集、资产厚重、利润水平较低等问题在这些“保障企业”中也是普遍存在的。特别是近年网络化带来印刷品呈现方式的变化，经济形势变化带来印刷市场的转变，国家政策导向带来印刷生产方式的变革，印刷行业必须也只能通过重塑自我以适应国家的发展战略。这就要求“保障企业”不仅在生产能力、生产质量和生产速度等方面满足服务首都核心功能要求，还需要在技术改造、设备升级、环境改善、业务培训、管理提升等方面加大投资力度，加强在数字化和智能化等方面研发，加快印刷企业的转型升级。

（3）“保障企业”的“三地”协同

多年来，服务首都核心功能的出版物印刷业务（含印刷内部资料性出版物）不仅由北京地区出版物印刷企业承担，北京周边的河北、天津也有大量出版物印刷企业参与其中，成为北京出版物印刷的有力支持。在国家供给侧结构性改革和环保治理等政策要求下，一定数量的北京外迁印刷企业不仅自身落户津冀，也带走了部分保障印刷业务。由于没有“三地”协同政策，外迁企业为了留住印活，只能保留北京的印刷经营许可证，采用在北京取得印活而在津冀进行生产的经营模式，或承印取得印刷任务企业的转包印刷业务。这种方式既不符合《印刷业管理条例》，更不符合《印刷品承印管理规定》，但却是外迁企业实实在在面临的问题，也是出版物委印单位不得不面对的现实。没有“三地”资质互认，就难以解开协同发展的“结”。

（三）京津冀地区印刷协同发展的状况及分析

习近平总书记在2015年2月10日中央财经领导小组第九次会议上指出：要疏解北京“非首都功能”。近年来，从“集聚资源求增长”到“疏解功能谋发展”的变革中，北京市持续加强与津冀的协同联动，共谋发展。

1. 外迁（含退出）印刷企业基本情况

在疏解非首都核心功能和京津冀协同发展政策指引下，从2016年开始，一部分北京印刷企业落地津冀地区。根据北京市委宣传部印刷处统计及北京印刷协会的调研，出版物印刷企业迁出数量最多，占迁出企业总量的近70%，迁出后北京仍余上百家出版物印刷企业，与北京地区以出版物印刷企业为主相吻合。包装印刷企业迁出数量占迁出总量的近 10%，同时减少了几十家，说明部分包装印刷企业受国家供给侧结构性改革和经济形势影响而退出或转型。其他印刷企业迁出数量占比为 20% 多，主要为一些小型商务印刷企业。

从外迁企业的 2018 年报情况可以看出，只有 1/4 家企业年产值超过 1000 万元，年利润超过 100 万元的企业只有 4 家，而年利润小于或等于零的企业占外迁企业的接近一半；小于或等于 20 名员工的小微企业数量占外迁企业的 70% 多。

在执行疏解非首都核心功能政策的同时，市委宣传部印刷处加大了整顿散、乱、污印刷企业的力度，一些原本经营状态不佳，环保治理不利的印刷企业在整顿中从印刷领域中退出。数据说明，这些散、乱、污企业对印刷行业的贡献非常有限，但却是环保、安全整治的难点，非常必要通过政策和市场的双重驱动实现优胜劣汰。

数据表明，迁出（含退出）企业大部分为小 / 微企业，无论是产值还是利润，对行业的贡献都比较微弱，因为种种原因，这些企业在北京的生存和发展都遇到较大困难，特别是在国家倡导京津冀协同发展的政策引导下，寻求在周边发展尽管是不得已的选择，但也是一种获得重生的希望。以目前的数据统计，外迁企业从北京带走的业务量超过 10 亿元（印刷产值），占北京 2018 年主营业务收入的近 5%；带走或减少的员工数量占北京 2018 年从业人员总数超过 7%。

迁出北京的印刷企业原因各不相同，一些企业虽然经营较好，但在北京的生存前景不佳，如生产规模和经营场地扩充受限，为图更大发展主动搬离北京，如北京铭成印刷有限公司。但大部分企业则是受到北京市功能区划分、疏解非首都核心功能及环保治理等政策的影响，不得已选择迁出。

北京的外迁企业主要分布在北京周边的河北、天津等地，少量迁移到天津、河北以外，如山东地区。根据北京印刷协会对外迁企业的调查，落地天津的企业与落地河北的企业数量相当。从抽样调查数据可以看出，迁出北京的企业以出版物印刷为主，由于活源主要来源于北京，所以，迁出地均围绕北京周边，方便与客户的交流，降低印刷品的运输成本。

2. 外迁印刷企业面临的问题

多年来，北京的印刷企业在国家的政策引领和行业的规范管理下，无论在企业守法、合规还是在人员整体素质上都赢得了整个行业的认可。然而，北京企业落户津冀却出现了“水土不服”。从北京印刷协会组织部分专家对外迁河北、天津企业在“企业营业额中北京产品所占比重”“服务北京用户中遇到的困难”“企业在生产经营中遇到的困难”“企业在2020年及以后的投资、发展意向”等方面的调研，可以看出目前外迁企业的生存、发展现状及存在的问题。

（1）迁出企业印活来源

无论是落户河北还是天津的外迁企业，从调查结果可以看出，所有外迁企业目前的印活全部来自北京。这种现象说明，尽管外迁企业的经营地点已经改变了，但短时间内很难在当地赢得新客户。一方面，印刷是一个充分市场化的行业，多年来，不仅北京，北京周边也同样存在“僧多粥少”的激烈市场竞争，初来乍到的外来企业很难在短时间从当地市场中分一杯羹。另一方面，多年来印刷企业在与出版社等客户的合作中建立了良好的关系，这种信任短时间还没有被距离的延长而改变，而印刷企业要想继续这种合作，必须付出更大的努力。

（2）服务北京用户中遇到的困难

目前，尽管迁出企业大量保留了北京的资质，但面临的问题却实实在在。首先，大量企业外迁本身就是源于企业在北京难以继续生存和发展，特别是一些企业租金到期无法续租，因此，企业迁出后，尽管暂时保留了北京的证照，但受政策影响，这些证照能保留到什么时候是十分不确定的，而这些北京的证照正是企业能够得到北京客户订单的基本条件。此外，外迁地远离北京，带来了用工成本、物流成本的大量增加，在市场竞争、原材料涨价和工价较低的情况下，外迁企业面临更多的竞争压力。

（3）外迁企业在生产经营中面临的困难

印刷企业在外迁后首先面临的是落地问题，早一些出去的企业，尽管部分还存在政策兑现问题，但毕竟有了接收地，而晚一些出去的企业则面临落地难问题，如长期无法得到解决就只能被迫停业。其次外迁企业普遍在环保问题上出现“不适应”。尽管北京地区也有在不同预警下的停限产政策，但与河北、天津的执法政策不一致，有些地区存在执法“一刀切”“环保永远不达标”等问题，给企业的正常生产经营带来不必要的困扰。

（4）企业加大投资面临的困难

企业要想继续发展需要通过设备在自动化、智能化等方面的提升来提高产能，减少员工数量；通过提高设备的综合配套能力，拓展业务，降低成本。但企业经营的不确定性，生产任务的不稳定性和国家政策的限制性等方面的因素，较大程度地影响了企业的投资热情。在不投入难以发展和投入还是不能发展的死循环中，企业陷入了焦虑。

（四）北京印刷业未来发展趋势与建议

1. 向数字化、智能化、集约化和绿色化方向发展

北京印刷业在经历40年的改革开放之后，在企业规模、业务市场、设备先进、技术水平和管理运行方面已经接近国际先进水平，达到国内领先水平。但是，随着新工业化革命的到来，应该清醒地认识到北京印刷业仍然是大而不强，在装备水平、管理能力、信息化程度和全员劳动生产率等方面存在较大差距，需要予以充分的重视和加大投入，只有在企业数字化、智能化、集约化和绿色化方面加大努力，才能缩短我们与国际先进水平的差距，才能进一步实现领先和超越。

（1）印刷企业转型升级必须全面数字化

经过持续的技术升级，北京大部分印刷企业已经进入电气化与自动化时代，即企业生产流程局部实现了自动化、信息化，但尚未达到全流程的互融互通。而电子信息化时代则要求企业将自动化设备与信息化系统进一步打通，全面实现“两化融合”。所以，北京印刷业全面数字化是企业实现自动化、信息化的根本基础。

印刷业是率先将计算机引入生产制造过程的行业之一。在20世纪80年代中期，由王选院士牵头的“七四八工程”汉字信息处理技术取得突破，印刷业告别了“铅与火”，进入数字化时代。经过30多年的发展，北京印刷业在印前、印刷、印后以及企业管理方面，已经具备了一定的数字化、信息化水平，特别是印前部分基本实现全面数字化。但是，印刷、印后和企业管理部分的数字化程度还不够高，与其他行业相比，数字化的差距较大。并且，北京不同规模印刷企业的数字化发展更是参差不齐，仅仅是在局部环节达到了较高的数字化水平。可以预见，在今后相当长一段时期内，北京印刷业仍将处于电气化与自动化的转型期和电子信息化的普及期。

北京印刷企业要以印刷装备的数字化和印刷过程的信息化为发展重点，加快传统印刷生产的数字化改造升级步伐，加快推进印刷生产全流程信息化和生产过程自动化。要应用MIS、ERP等信息化管理手段，推行计算机直接制版技术、数字印刷技术、高端多色印刷技术、自动化印刷技术及智能物流系统，加速提升企业生产、管理软硬件的数字化水平，推动规模以上重点印刷企业实现印刷全面数字化。

（2）智能化建设是印刷企业发展的必由之路

智能化建设可以提升生产流程的自动化、柔性化、定制化水平，能够深化印刷业供给侧结构性改革，通过生产创新、产品创新、管理创新，提高文化产品的保障、供给能力。智能化建设可以优化存量资源配置，扩大优质增量供给，引导印刷企业进一步提升生产过程的数字化、网络化、智能化水平，在提升作业效率的同时，降低综合生产成本，带动全行业的转型升级，实现高质量发展。智能化建设在生产环节应用数字、网络和智能制造技术，可以提高企业的生产能力、响应速度和服务能力，推动新型商业模式的落地和普及，在更大范围内实现“两化融合”和创新发展。

从整体上看，部分大中型印刷企业较早开展信息化建设，引入ERP、MES等信息化管理系统，并积极引进高端自动化设备，发展智能物流，具备实现智能制造的良好基础，为印刷业探索智能化建设的新路径做出了表率。一部分印刷企业已经开始进行数字化、信息化改造，逐步确定智能化建设的初步目标。同时，还有数量众多的中小企业设备陈旧，管理方式粗放，尚不具备开展智能化建设的必备基础。

发展智能制造数字化是基础，网络化是关键，智能化是方向。北京印刷业的智能化建设要根据自身的技术特点和发展实际，规划并实施“并行推进、融合发展”的技术路线。首先，以印刷装备的数字化和印刷过程的信息化为支撑，加快传统印刷生产的数字化改造升级，推进印刷生产流程的信息化和生产过程的自动化，提升企业软硬件的数字化水平，基本实现规模以上印刷企业的印刷数字化生产和管理。其次，以新一代的智能化印刷装备为基础，实现设备间的互联互通、信息安全和功能安全，增强印刷业智能化建设的基础和支撑能力。基于MES建立起生产决策、质量管控和全流程追溯的智能印刷生产车间或工厂，深入推进印刷交易环节的数字化和网络化，发展印刷电商、个性化定制等新型商业模式，完善智能印刷生态体系，建立应用和推广数字化网络化印刷生产的作业模式。最后，加强与互联网、云计算、大数据的融合，推进大数据驱动下的印刷智能制造共性技术和赋能技术研发与应用。基于CPS研发印刷生产过程中的智能传感、模式识别、感知、学习、分析、推理、决策、执行等智能化支撑技术和赋能工具，满足印刷业智能化建设的需要，初步实现部分示范试点企业的智能化转型升级。

（3）印刷企业必须走集约化发展道路

集约化管理是相对于粗放型管理而言。一般来说，粗放型经营管理是以企业外延式的扩张为基本特征，主要依靠生产要素数量的扩张来实现企业的发展，注重的是规模和速度。集约型经营管理则以企业内涵式的增长为基本特征，主要依靠生产要素的优化组合来实现企业的发展，注重的是效率和效益。在信息化时代背景下，集约化管理已经演化出新的、更丰富的内涵，即效率、核心竞争率和可持续发展三者的有机结合。

北京印刷业中，一批大中型企业已经充分认识到集约化管理的重要性，意识到在当前的市场环境下，企业原来熟悉的规模效益型的发展道路已经无法持续，迫切需要转变发展模式，从管理中去求效益、求生存、求发展，在有限的市场份额里拧出更多的效益水分，将以前广种薄收的外延式的规模效益型发展方式转变为精耕细作的内涵式的质量效益型发展方式。也认识到印刷企业在自身科技和资源优势并不突出的情况下，只有积极推行集约化管理，才能打造市场竞争的新优势。特别是在劳动力成本上升、企业活力下降的困境中，意识到需要建立起更加明确的责任体系、更加富有活力的考评评价和激励约束机制，最大限度地释放出员工们的潜力和活力，提升企业队伍的稳定性和素质。

北京印刷业的集约化发展要求企业充分进行自我剖析，明确企业目前所处的定位、层次、水平和状况，分析市场变化、技术水平、队伍能力、资产积累和运行模式等方面的优势和不足，找准基本发展方向，要在市场竞争上做到全面服务，在产品开发上做到推陈出新，在生产流程上缩短生产链，在生产技术上做到专业精尖，在产品质量上做到优中更优，在交货期上做到客户放心，在绿色环保上做到清洁生产，在员工技能上做到持续培训，在企业管理上做到精细化，在经营模式上做到规模效益并重，使得印刷全流程向设计、生产、营销一体化方向努力，彻底转变企业经营发展模式，最终实现企业的转型升级和做大做强。

集约化发展必须将质量经营放在首要位置，要将经营思路转变为强内涵、练内功，在资产质量、管理质量、服务质量、企业创效能力等方面上台阶，实现真正的质量经营；要驱动生产要素的相对集中，实行集中化、规模化的规模经营；以提高创效能力为目标，注重低投入、高产出的经营方式，实现效益经营；要应用计算机网络，推动企业管理的信息化转变，实现信息化经营；要建立起优胜劣汰的用人机制，选拔优秀人才参与激烈的市场竞争，实现人才经营；要推进生产经营要素的专业化、标准化管理，构筑集约化管理的基础，实现专业化经营。

（4）印刷企业绿色化发展才能可持续发展

身处北京首都的印刷企业要比其他地区的印刷企业更加感受到环保压力，北京印刷企业走绿色化发展道路已经是无可置疑的必由之路。但是，绿色化发展绝不仅仅是减少排放、降低能耗这些目标，而是要转变企业发展思路，拒绝高投入、低产出的企业生产经营模式，建立从被动环保到自觉环保的发展理念，由单纯印刷产品达标扩展到兼顾生产环保达标，由注重短期效益转变为长远综合效益提升，由把控关键环节转变为全流程、全要素统筹，由增加资质范围拓展为企业内涵发展、提质增效。企业对绿色化发展的认知水平和重视程度不断攀升，锁定绿色化发展战略是企业高质量发展的重中之重和必由之路。所以，印刷企业绿色化发展不只是单纯的绿色化产品、技术和服务，而应该是绿色化的发展理念、发展模式和发展路径的完整设计和实施。

建立完善印刷业绿色化发展的制度体系，解决突出环境问题，落实印刷业风险防控要求，为党和国家重要出版物出版、社会主义文化繁荣兴盛和经济社会发展提供有力支撑，为人民群众提供更多优质生态印刷产品和服务是我们绿色发展的目标。北京印刷企业要尽快完善印刷业绿色化发展的体制机制，加强制度化建设，不是依靠个人或上级指挥如何干，而是企业依据绿色发展规划和运行机制主动干，在制度框架下自觉地推进绿色化。要加快完善印刷业绿色化发展的标准体系，推广使用绿色环保低碳的新技术、新工艺、新材料。出版物印刷企业要采用低 VOCs 含量的油墨、胶黏剂、清洗剂等，不断采用先进的印刷技术和工艺，科学合理地建设末端治理设施，完善企业绿色环保生产管理体系。要通过政策引导和环保要求，促使北京印刷企业主动申请清洁生产审核，取得绿色生产的通行证，确保企业设计、生产、流通的是优质绿色印刷产品。

2. 北京印刷业的环保治理需要分类指导

（1）不同类型的印刷企业环保治理要有针对性

北京印刷企业虽然只有千余家，但企业类型、规模、产品和工艺等却不尽相同，既有占据半壁江山的出版物印刷企业，也有包装印刷、商业印刷和其他类型印刷企业，它们中既有上亿元的较大型企业、上规模的中型企业，也有众多小微型企业。出版物印刷的材料、工艺、设备和产品相对比较统一和规范，而包装印刷、商业印刷和其他印刷则在产品、材料、工艺、设备方面种类甚多，比较散乱和不一。出版物印刷已有环保标准的依据，企业可以依据此标准不断努力。而其他类型的印刷企业要么没有环保标准，要么标准不尽合适，要么只能贴靠类似的标准，造成企业在环保治理中的为难或达标困难。

因此，针对不同类型和特点的印刷企业，建议组织行业专家和环保专家，共同尽快制定和出台更加细致的分类环保标准，更有针对性的环保法规引导和政策指引，促使不同类型、规模和产品的印刷企业都能够有据可依，有政策引导，有目标努力。细化的企业环保标准可以对不同类型企业的源头治理、过程治理和末端治理有不同的细致要求，加强企业环保治理的目标性、针对性和效果性，倡导“一厂一策”的精细化指导。

（2）出版印刷企业要抓住环保治理的重点

出版物印刷企业是北京市最大的印刷群体，自然是环保治理的重点对象。目前，大部分大中型出版物印刷企业已经普遍采用环保印刷材料，采用环保状况较好的胶印工艺，并且按照环保治理要求配置了末端排放处理装置，基本达到了环保治理的减污、降耗要求。但是，下一步企业如何深化环保治理、如何抓住环保治理的要点仍然处于茫然和纠结之中。

因此，针对出版物印刷企业的环保治理，要严格印刷原辅材料的绿色化，将重点放在抓住源头性治理和过程管控上。加大企业技改力度，提高印刷工艺的环保治理效果，实现减污、降耗与节能、增效齐头并进，全面提升印刷企业的清洁生产水平，满足不断提高的绿色环保要求。

（3）包装印刷企业要注重环保升级

包装印刷企业的印刷产品决定了其目前不得不使用一些高排放的原材料和特定的生产工艺，进而成为环保治理的重点领域。在环保印刷材料选用范围有限、包装印刷生产工艺在环保上先天不足的情况下，短时间希望推出环保原辅材料、取得替代印刷工艺都是不现实的，不可能一蹴而就的，进行有效的末端治理还是当前的重点。

因此，包装印刷企业需要明确企业的环保现状，掌握真实的环保数据，有针对性地配置末端治理设施。首先解决高排放的环保问题，进而对产品的材料设计、工艺设计进行环保改进，对关键的高排放材料和工艺环节，要联合材料、设备、环保等高科技企业予以重点解决。按照有先有后、有急有缓的策略，将末端环保治理作为企业重点问题，逐步推进环保升级。

北京印刷业具有较强的科研力量和资金保障，印刷行业需要主动了解印刷企业的环保治理规划，组织相关高端研发机构和企业，对印刷生产源头的原辅材料、生产过程中的工艺技改、末端的环保治理技术予以更好的培训和技术指导。通过从点到面的试点工作，有组织地推动北京印刷业的绿色环保转型和环保治理升级。

3. 北京出版物印刷保障企业要加强制度建设

（1）将出版物保障印刷企业打造成为出版物印刷的示范企业

仅占北京出版物印刷企业不到 5% 的“保障企业”，实现的主营业务收入占近25%，说明这些企业是当之无愧的出版物印刷主力军。这22家保障企业是从北京上百家出版物印刷企业中竞争出来的，它们的出版物产品类别、业务范围、企业规模、生产能力、技术水平、人员素质、环保状况等，都处于北京印刷行业的排头兵地位。

北京印刷业要抓住此次政策机遇，在北京市委宣传部的领导下，精心组织、设计和管理好这一特殊队伍，将其打造成北京出版物印刷的示范企业团队。建立激励机制，鼓励“保障企业”不断提升生产能力、技术水平和管理水平，明晰“保障企业”的责任、权力和义务，既享受设备和技术的更新扶持政策，又接受每年考核和复审的规则。通过合适的监管、引导、培训等方法，予以“保障企业”最大限度的关注、爱护、指导和监督。在“保障企业”优中扶优的政策导向下，充分发挥示范和引领作用，带动全行业向高端发展。

（2）为保障企业尽快建立起良好的运行机制

北京的“保障企业”是为了确保完成服务首都核心功能的重点保障印刷品印制任务而设立的，虽不是一种评奖，但也是一种荣誉，是对过往的肯定，但不代表未来。“保障企业”既要完成保障任务，同时也必须遵守国家、北京市的环保法律法规。“保障企业”需要在严格监管与政策保障相结合、稳定发展与动态更新相结合的环境下发展。既要通过政策的支持、引导和扶持，提升现有“保障企业”的升级发展信心、挖掘技术改造潜力，力促企业遵纪合规生产，使其良性运行、健康发展；又要以动态发展的管理方法，评审和鼓励更多的企业愿意进入“保障企业”名单。在保障产品生产能力、印刷质量、服务保障、环保治理、遵纪守规、管理水平等方面要逐步提高“保障企业”准入门槛和考核标准，促进行业不断发展和企业技术升级。建立规范的管理制度，明确企业申报的基本要求、时间和方法等，发现问题时管理机构的处罚方法、期限和程度等，出现问题后企业的申诉方式、时间和路径等，真正能够实现“保障企业”的优进劣汰，共同维护好北京保障企业的声誉。

因此，“保障企业”的管理机构不能仅仅停留在确保保障任务的完成，更要指导、引导、规范“保障企业”的保障产品生产全过程，建立起“保障企业”群体良好的运行机制，促使“保障企业”遵纪守法、有规可依。管理机构应做到监督有力、监管有据，促进“保障企业”的持续、稳定、健康发展。要逐步提高“保障企业”的准入门槛，加大企业进入保障企业名单的难度和高度，力促“保障企业”在生产能力、印制质量、服务保障、环保治理、遵纪守规和管理水平等方面的全面提升。

（3）保障企业要建立智能化的监管制度

北京印刷业评选的“保障企业”，确定了企业在出版物印刷领域的地位，帮助入选企业树立了更好的市场声誉，使它们在市场竞争中拥有了更大的优势。但是，声誉和期望是对等的，出版物印刷客户会对“保障企业”提出更高的要求，也必将成为其他印刷企业紧盯和追赶的对象。处于风口上的“保障企业”如何做到好上加好，让客户满意，让业务和生态环境部门放心，不能仅靠“保障企业”的自律，还需要有效的监督和监管制度。

因此，“保障企业”的主管部门需建立起科学合理的监管制度。尝试以研究课题的形式，发挥科技管理的优势，充分运用信息化、网络化和智能化的方法和手段， 实施更加严格的企业信息申报制度、电子数据上报制度，实现企业生产的实时监控，尝试运用大数据分析进行企业精准监管，探索智能化管理模式，使得“保障企业”的监管制度走在印刷监管制度的前列。

4. 京津冀地区的出版物印刷应协同发展

（1）加快“三地”印刷企业的管理制度衔接

北京外迁的印刷企业已经达到了一定的数量，并且在一些局部地区形成了规模。但是，外迁企业普遍反映落地政策不完善，一些企业难以平稳着陆；业务上无法与北京市场脱钩，也未能切入外迁地市场；管理上脚踏两只船，无法尽快入轨；发展上存在诸多不确定因素，不敢加大投入发展。所以，迁出印刷企业迫切希望“三地”印刷业的上级主管和行业主管部门、机构，尽快出台“三地”印刷业统一的管理制度，明确企业以注册地还是生产地为主管、省市级还是区县级管辖，当“三地”政策不一致，地方政策得不到落实等问题的申诉和受理机构等。

因此，京津冀“三地”印刷业的主管部门应积极响应中央关于京津冀协同发展的指示和要求，尽快建立起“三地”印刷业协同发展的协调体系，主动指导三地印刷管理工作，听取企业的具体困难反映，统一“三地”印刷业发展的政策，梳理属地管理体制的衔接，明确政策导向，以利于企业安心扎根，真正促进京津冀“三地”印刷业的协同发展。

（2）建立有效的“三地”印刷业协调机制

由于“三地”印刷行业的管理制度不同，企业管理监管体制和机制也有所不同，使得不少迁出企业的经营管理十分纠结。原有的与上级、管理部门的沟通协调通道和办法，在新的地区行不通了，企业有问题不知道找谁诉说、如何解决，甚至遭受误解和责罚。

因此，为了确保京津冀“三地”印刷业的长期健康发展，“三地”企业的主管部门和行业协会应统一认识，建立起“三地”主管部门统一领导下的协同组织或机构，出台一些确实可行的政策实施和行政管理机制，建立起“三地”印刷政策下达、管理措施实施、企业经营信息上传、发展呼声反映的有效渠道或通道，既有助于上级部门及时了解企业的发展情况，也有助于企业专注于自身的发展壮大。

第2章

印刷行业清洁生产分析研究

通过对北京市印刷行业清洁生产情况的调研，以及对北京周边部分省份印刷企业清洁生产情况的摸底，了解了目前印刷行业清洁生产的现状与发展前景。通过对印刷全流程生产情况分析及印刷废气治理技术的研究，明确了源头应用环保原辅材料、过程采用新工艺新技术和末端采取有效治理的三段式减排方案。并通过对印刷产污节点的叙述、减排工艺技术的总结和印刷企业VOCs末端治理技术实际应用案例的分析，为印刷企业清洁生产及审核提供了借鉴。

一、北京印刷行业清洁生产状况调研

2011 年，中华人民共和国新闻出版总署和中华人民共和国生态环境部联合发布了《关于实施绿色印刷的公告》。2012 年，全国人民代表大会常务委员会发布了中华人民共和国主席令（第五十四号），《全国人民代表大会常务委员会关于修改〈中华人民共和国清洁生产促进法〉的决定》由中华人民共和国第十一届全国人民代表大会常务委员会第二十五次会议于 2012 年 2 月 29 日通过，自 2012 年 7 月 1 日起施行。同年，北京市经济和信息化委员会、北京市环境保护局印发了《关于印发北京市工业大气污染治理行动计划（2012—2020 年）的通知》。这一年，在北京印刷协会的主导下，开展了北京印刷行业清洁生产状况的调研。

（一）印刷产业基本结构与企业分布状况

北京市印刷企业主要分为出版物印刷企业、包装印刷企业、专项印刷企业和其他印刷企业。根据北京市新闻出版局和北京印刷协会的统计资料，截至 2012 年底，北京印刷企业共有 1600 多家，其中出版物印刷企业占比 39%，包装印刷企业占比 17%，专项印刷企业（仅包括制版和印后装订，无印刷）占比 6%，数字印刷企业占比 2%，其他印刷企业占比 36%（见图 2-1）。

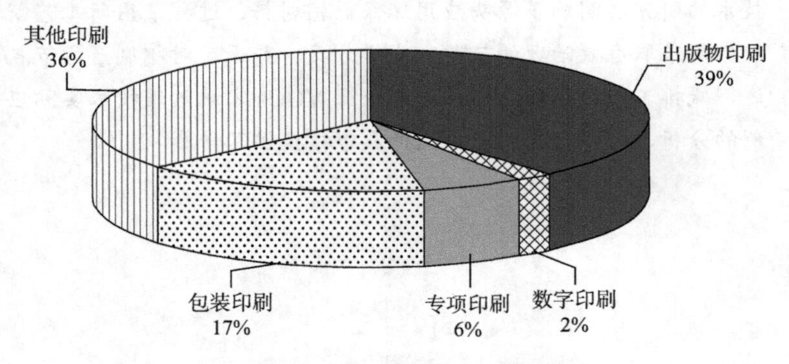

图 2-1　各类印刷企业数量占比

北京市印刷企业产值分布情况为：出版物印刷主营业务收入在北京市印刷企业总收入的占比超过 40%，是北京市印刷业务的主要部分，其次为包装印刷，主营业务收入占比略少于出版物印刷。

全行业职工人数为7万多人，营业总收入不到300亿元，利润近30亿元，平均利润率接近10%。

（1）出版物印刷总营业收入超过百亿元，占比41%，平均利润率为5%。企业收入在1亿元以上的只有十几家；1亿元以下1000万元以上的有上百家；1000万元以下的企业有近500家。

（2）包装印刷总营业收入也超过百亿元，占比37%，平均利润率近14%。企业收入在1亿元以上的有十几家；1亿元以下1000万元以上的企业不足百家；1000万元以下企业超过百家。

（3）其他印刷（不包括专项印刷企业和数字印刷企业）总营业收入不足百亿元，占比20%，平均利润率近15%。企业收入在1亿元以上的只有几家；1亿元以下1000万元以上的有几十家；1000万元以下的有上百家。

（二）调研抽样情况

本次抽样调查了32家印刷企业，其中占比最大的出版物印刷企业选择了具有代表性的书刊印刷企业23家和报纸印刷企业2家，包装印刷企业选择了5家，其他印刷企业中主要选择了从事安全印刷的企业2家。表2-1为调研企业主要情况。

表2-1　调研企业主要情况

序号	企业类型	企业性质	2012年主营收入
1	书刊印刷1	有限责任	3亿元
2	书刊印刷2	外资	4亿元
3	报业印刷1	国有	8000万元
4	安全印刷1	有限责任	1亿元
5	书刊印刷3	有限责任	5000万元
6	书刊印刷4	国有	2000万元
7	书刊印刷5	私营	2000万元
8	书刊印刷6	国有	9000万元
9	报业印刷2	国有	1亿元
10	书刊印刷7	国有	2000万元
11	书刊印刷8	有限责任	5000万元
12	包装印刷1	国有	1亿元

续表

序号	企业类型	企业性质	2012 年主营收入
13	书刊印刷 9	国有	5000 万元
14	书刊印刷 10	国有	3000 万元
15	书刊印刷 11	私营	1000 万元
16	书刊印刷 12	私营	7000 万元
17	书刊印刷 13	民营	8000 万元
18	书刊印刷 14	有限责任	6000 万元
19	书刊印刷 15	民营	2000 万元
20	书刊印刷 16	有限责任	5000 万元
21	包装印刷 2	国有	1 亿元
22	书刊印刷 17	私营	1 亿元
23	书刊印刷 18	国有	2 亿元
24	包装印刷 3	有限责任	6000 万元
25	包装印刷 4	外资	6000 万元
26	安全印刷 2	有限责任	8000 万元
27	书刊印刷 19	国有	7000 万元
28	书刊印刷 20	国有	3000 万元
29	包装印刷 5	外资	1 亿元
30	书刊印刷 21	有限责任	500 万元
31	书刊印刷 22	私营	1000 万元
32	书刊印刷 23	民营	5 亿元

（三）印刷生产过程中主要污染源分析

印刷生产过程的主要污染包括：废气（VOCs 挥发性有机化合物）污染、废液（工业废液及生活废水）污染、固体废弃物污染以及噪声污染。

主要污染物的来源又分为主要原辅材料和生产工艺两部分。

1. 生产过程使用的主要原辅材料产生的污染

（1）胶片

北京印刷企业用得最多的印刷方式是胶印，而胶印制版是通过照排机输出分色片（CTF）再进行 PS 版晒版制成印版或者计算机直接制版（CTP）输出印版两种形式用于上机印刷。其中，传统制版（CTF 系统）中使用的胶片是感光材料，里面含有银离子，在胶片定影时的定影液也含有银离子，而显影、定影废液中的银离子对环境有污染。使用之后的废胶片也残留曝光后的感光材料，也是固废之一。制版过程中的胶片、显影液、冲版水都是含有化学物质的危险废物。但是，由于其数量、类型、回收成本上存在问题，回收工作并不理想。

（2）油墨

油墨是目前印刷行业最大的污染源之一，许多油墨中含有机溶剂（如醇、酯、酮、苯类），一般有较浓的气味，对环境有污染，对人体有一定毒害，并且这种油墨有一定的火灾隐患。

印刷油墨包括呈色剂、连结料、辅助添加剂三种基本成分。由于油墨中的颜料含有重金属，连结料含有有机挥发物质，使得印刷油墨成为污染原材料。近年来，环保油墨研发不断地加强，油墨制造行业走在了环保队伍的前面。例如油墨生产企业在 20 世纪 70 年代前期去除了油墨颜料中的铅；70 年代后期去除了溶纤剂（乙基乙二醇）；80 年代早期去除了甲苯；80 年代后期去除了联苯胺黄颜料；90 年代初期减少了苯二酸增塑剂的使用。

水性油墨是世界公认的环保型印刷材料，它最大的特点是明显地减少了有机挥发物（VOCs）的排放量，从而防止了大气污染，改善了印刷作业环境，减少了对工人健康的危害，特别适用于食品、饮料、药品等卫生条件要求严格的包装印刷产品。此外，它不仅可以降低由于静电和易燃溶剂引起的火灾危险和隐患，而且还减少了印刷品表面残留的溶剂气味，是目前所有印刷油墨中唯一经美国食品药品协会认可的无毒油墨。环保型水性油墨目前主要应用于柔性版印刷与凹版印刷，这两种印刷方式的产品大多数是包装产品，其中食品包装、烟酒包装、儿童玩具包装等占有相当大的比例。

（3）油墨清洗剂

当前，北京市印刷企业生产方式主要是传统的胶印。由于印刷工价偏低原因，现在仍有部分印刷企业使用汽油、煤油作为油墨清洁剂，以此降低生产成本。这使得禁止使用的汽油、煤油成为环境主要的污染源。现在油墨清洗剂主要有两类：一类是汽油、煤油，另一类是印刷专用清洗剂（俗称洗车水）。

用汽油、煤油做清洗剂，首先会造成周围环境相当大的危害。有的企业员工将清洗过墨辊、橡皮布、墨斗等的废气乱排、煤油乱倒，一是对大气、土壤及水质造成污染；二是会有造成次生灾害的危险。由于汽油的挥发性很大，操作人员会长期或多或少地吸入一定量的挥发性汽油。同时，工人在进行清洗作业时，手或身体的其他部位难免会接触到汽油、煤油，这都会对人体造成一定的伤害，如果长期接触，会对工人的身体健康造成不同程度的损伤。

洗车水是专门用于清洗油墨的清洗剂，质量合格的洗车水与汽油、煤油相比，清洗效果好，安全性能高，并且对人体及环境的污染危害小，但是价格比较高。虽然相对于汽油、煤油而言，洗车水较安全，污染也小，但并不等于洗车水是完美无缺的。首先，大部分合格的洗车水都含有 80% 以上的有机挥发物，其闪点较低属于易燃物，如果操作不当，存在发生爆炸的可能。其次，虽然洗车水相对于汽油、煤油而言，本身产生的溶剂挥发对人体、环境危害要小，但并不等于没有污染；与汽油、煤油一样，溶解油墨等物质在洗车水中形成废液或沾染擦机布，对人体及周围环境仍会造成危害。由此看来，油墨清洗剂存在很大的环保问题，一是清洗剂本身的安全及环保问题；二是清洗剂使用后形成的危废污染问题。

（4）润版液

目前胶印印刷机上普遍采用的是酒精润版系统，异丙醇（工业酒精，IPA）是润版液添加剂之一。异丙醇挥发后产生的气体会对人体造成有害的影响，是一种对环境、对人体均有害的化学品，减少异丙醇用量是一种必然的趋势。一些国家已通过立法来限制异丙醇的使用。挥发性有机物（VOCs）的水平必须降到一定水准才能满足环保的要求。而异丙醇用量只要减少 3%，就能使空气中的 VOCs 水平降低 30% 左右。但是，要做到印刷过程完全不用异丙醇，恐怕还不容易，但从 20% 减到 5% 还是有可能的。使用含酒精较少的润版液，不仅减少了润版液中有机溶剂的含量，而且也减少了含有有机溶剂的危险废液排放量。

（5）覆膜材料——塑料薄膜和覆膜胶（黏接剂）

覆膜是为了美观及保护书刊、印刷品的封面，现在的出版物及其他印刷品普遍都有表面覆膜。纸张覆膜需要覆膜胶，然而，印刷、包装印刷业现在的覆膜用胶（黏结剂）部分还是采用溶剂型、有气味、非环保的覆膜胶，会对环境造成较大的危害。

由于溶剂型覆膜胶中大量含有苯类、醇类等化学稀释剂，气味大，具有强挥发性及毒性，会使生产人员产生头晕、头痛、皮肤红肿等不适情况。尽管这些挥发物质在覆膜过程中和在产品成型后的短时间内大部分都已挥发掉，还是会有小部分残留在产品中，溶剂残留会对最终消费者造成危害。并且，覆膜处理后的纸制品一般造纸厂家都无法直接回收利用，若直接废弃就会造成新的白色污染。由于覆膜环保性问题，国际上正在逐步淘汰印刷品的覆膜工艺。

覆膜会造成白色污染。覆膜的污染有两个方面：一是薄膜在空气中不能自然降解，又难以回收，造成环境污染；二是在加工中有溶剂介入，对人身体有害，长期使用会危害员工健康。

覆膜后的纸张无法回收，会破坏资源循环利用。我国造纸原料的主要来源之一是依靠回收的废旧纸张，包括纸边、纸毛等。如果印刷业大批量地采用覆膜材料，用后的废旧纸张，包括裁切下的纸边、纸毛，都难以进行回收，会给环境带来无法弥补的损失。

书刊、盒、箱等产品必须覆膜的，既可采用能减少原材料和工艺污染的水性覆膜胶，也可采用预涂覆膜工艺，还可以采用 UV 上光涂布工艺代替传统覆膜工艺。UV 上光和水性胶覆膜技术已经相当成熟。

（6）上光材料

上光工艺是印刷品表面整饰加工的一种工艺，经过上光可增加印品表面的光泽度、光洁度和挺度，起到保护印品、增加美观的作用。但是，溶剂型上光材料使用的稀释剂主要含有甲苯，而甲苯是有毒的挥发性物质，人体吸入一定量的甲苯会导致呼吸系统和血液系统发生病变。因此，溶剂型上光工艺不符合环境保护要求，尤其是药品、食品等商品的包装物，儿童玩具、儿童书籍等更不宜使用溶剂型上光工艺。目前印刷业已经开始推广采用较环保的 UV 上光材料或水性上光材料。

2. 生产工艺过程中可能产生的主要污染

在整个印刷生产过程中，从印前、印刷到印后都可能产生各种污染物。

（1）印前

印前制版无论是传统 CTF（输出分色片）+ 传统晒版（PS 版晒版制成印版），还是先进的计算机直接制版 CTP 工艺，都会产生工业废液（废显影液、废定影液、废冲版液以及水过滤循环系统产生的废水等）或废液浓缩废渣。除非制版采用免处理 CTP 技术，但因印版成本较高，我国尚未推广普及。

（2）印刷

印刷工艺包括平版胶印（含轮转卷筒纸胶印和单张纸胶印）、凹版印刷、凸版印刷（含柔性版印刷和树脂版印刷）、网版印刷（含丝网印刷和金属网印刷）。目前北京市印刷企业绝大部分采用胶印工艺，包括所有的书报刊印刷企业和大部分的包装印刷企业和标签、票据印刷企业（安全印务企业）。只有少数塑料包装印刷企业采用凹印工艺（溶剂型油墨），其中部分凹印（或部分专色凹印）已开始采用水性凹印油墨。北京市印刷企业采用柔性版印刷工艺很少，均已采用环保的水性柔印油墨。北京市的丝网印刷（包括丝网印刷局部上光）已开始推广采用UV油墨或UV光油等环保材料，正逐步淘汰溶剂型的网印油墨。

在各种印刷工艺中，可能产生的主要污染包括以下几种。

废气污染。例如大型商业轮转胶印机的烘干过程、采用酒精（异丙醇）润版液、用含较多溶剂的洗车水、采用溶剂型油墨的凹印生产工艺、采用溶剂型涂料的金属印刷（印铁）。

工业废液污染。主要指废显影液、废润版液、废洗车水、零部件（如墨辊、水辊）清洗废液、废水等。

固体废弃物污染。主要包括废纸（卷筒纸废纸及单张纸废纸）、废印版、废油墨罐、废塑料桶、废塑料膜、废抹布、废油墨渣及其他工业垃圾等。

另外，还包括单张纸印刷机的喷粉工艺和高速轮转机（含商业轮转机、书刊轮转机等）产生的粉尘污染。

噪声污染。高速印刷机（特别是商业或报纸卷筒纸印刷机）以及配套的折页机、空压机、气泵等。

（3）印后

印后加工主要包括书刊装订、表面整饰（覆膜、上光、模切、烫箔、压痕、压凹印等）以及糊盒成型。

在各种印后加工工艺中，可能产生的主要污染包括以下几种。

废气污染。例如书刊装订中采用含有溶剂或VOCs排放量较高的黏结剂；表面整饰加工过程中采用溶剂型黏结剂的覆膜或复合、采用溶剂型上光油上光、采用VOCs排放量较高的烫箔材料进行烫箔等；以及采用VOCs排放量较高的黏结剂进行裱糊糊盒、制袋（特别是对有塑料膜的覆膜材料进行黏结时）。

固体废弃物污染。在裁切、模切清废过程中产生大量的废纸毛、废瓦楞纸边、废卡纸边、废覆膜纸边等；在烫箔过程中产生的废箔（废塑料基膜和废电化铝材料）；在印后加工中产生的报废产品（如废书刊、废报纸、废纸盒、废纸箱、废包装袋、废塑料膜、废塑料袋等）。另外，还包括印后加工过程中以及真空纸毛收集系统产生的粉尘。

噪声污染。印后加工设备，特别是高速折页机、糊盒机、空调机气泵、真空纸毛收集系统的鼓风机等产生的高分贝噪声。

（4）其他污染

例如柴油叉车产生的VOCs和噪声污染；食堂、住宿、洗浴等产生的生活废水和生活垃圾；厕所、工作台保洁等产生的废液、废水等。

（四）样本企业能耗状况调研

此次调研重点集中在了解北京印刷企业主要生产设备使用电力、燃气、水、汽柴油等能耗情况。

1. 印刷企业能耗状况

印刷企业能耗主要分成两个部分，即生产能耗和非生产能耗。生产能耗为生产设备及生产辅助设备所消耗的能源，如电力、燃气、水和汽柴油等，非生产能耗主要涉及办公区、食堂、居住区和厂区环境的能耗。

此次调研的32家印刷企业能耗主要表现为电能消耗、燃气消耗、水消耗、油消耗和煤消耗五个方面（见表2-2）。其中电能消耗主要反映在各类印刷设备、印刷辅助设备用电和生产、生活的照明用电等方面，是企业能耗的主要部分；燃气消耗主要集中在商业轮转印刷机烘干装置、部分冬季供暖空调和生活使用上；水消耗一部分用于需要用水的印前生产设备和加湿系统，更多主要用于企业绿化用水和生活用水；油消耗主要用于设备清洗和生产运输工具的使用；因近年北京大力推行煤改气环保工程，煤消耗在北京的印刷企业中已基本为零。

表2-2　调研企业生产能耗状况（根据企业填表数据）

序号	生产耗电 kWh/a	生产燃气 m^3/a	生产用水 t/a	油消耗 t/a
1	8978304	686399	21677	277.62
2	19772090	200614	90074	238.55
3	4232000	0	7434	0
4	1557360	0	8680	0
5	1290255	17456	8440	10.73
6	2764120	0	3060	10.228
7	1597400	0	180	55.53
8	3200000	0	4500	32
9	5935464	121702	218129	0
10	978013	0	5375	17.32
11	12030000	0	50	9
12	2846382	0	2885	0

续表

序号	生产耗电 kWh/a	生产燃气 m^3/a	生产用水 t/a	油消耗 t/a
13	1773119	0	2100	0
14	600000	0	1200	8.8
15	312408	0	236	0.64
16	1488167	0	80	20.23
17	970000	0	135	9
18	450000	0	174000	0
19	719716	0	5200	12.66
20	950000	0	5150	26.13
21	2981600	0	1130	60
22	1800000	0	120	80
23	2431950	0	46537	40
24	875419	0	28780	5
25	1686755	0	2000	0
26	2400000	0	9800	11.8
27	1162671	0	8632	0
28	133793.9	0	9087	0
29	4473330	0	25214	0
30	252000	0	112	6.4
31	800000	0	90	8
32	5455700	40.21	320	23.4

注：部分企业生产不用燃气，部分企业燃油属调配，不计入能耗。

2. 标准能耗

为了便于统计和比较不同能源，可将各种能耗折算成公斤标煤或吨标煤（标准能耗）。由于不同能源的热值不同，为了能够有效地衡量不同能源的消耗情况，我国目前主要采用将不同品种、不同含热量的能源按各自不同的含热量折合成为一种标准含量的统一计算单位，即“吨标煤”，也称煤当量。根据国家综合能耗计算通则，按照 2012 年国家发改委公布的主要能源等价折标系数（见表 2-3），可以依据公式（2-1）折算不同能源的标准能耗值（见表 2-4）。

印刷企业标准能耗 = 消耗能值 × 等价折标系数（吨标煤）　　（2-1）

表 2-3　能源等价折标系数

能源类型	电	水	燃气	燃油
折算系数	3.27	0.2571	1.2143	1.4714
折算系数单位	吨标煤 / 万千瓦时	公斤标煤 / 吨	公斤标煤 / 立方米	公斤标煤 / 公斤

表 2-4　调研企业标准能耗

序号	电标准能耗 / 吨标煤	气标准能耗 / 吨标煤	水标准能耗 / 吨标煤	油标准能耗 / 吨标煤
1	2935.9054	833.4943	5.5732	408.4901
2	6465.4734	243.6056	23.1580	351.0025
3	1383.8640	0.0000	1.9113	0.0000
4	509.2567	0.0000	2.2316	0.0000
5	421.9134	21.1968	2.1699	15.7881
6	903.8672	0.0000	0.7867	15.0495
7	522.3498	0.0000	0.0463	81.7068
8	1046.4000	0.0000	1.1570	47.0848
9	1940.8967	147.7827	56.0810	0.0000
10	319.8103	0.0000	1.3819	25.4846
11	3933.8100	0.0000	0.0129	13.2426
12	930.7669	0.0000	0.7417	0.0000
13	579.8099	0.0000	0.5399	0.0000
14	196.2000	0.0000	0.3085	12.9483
15	102.1574	0.0000	0.0607	0.9417
16	486.6306	0.0000	0.0206	29.7664
17	317.1900	0.0000	0.0347	13.2426
18	147.1500	0.0000	44.7354	0.0000
19	235.3471	0.0000	1.3369	18.6279

续表

序号	电标准能耗 / 吨标煤	气标准能耗 / 吨标煤	水标准能耗 / 吨标煤	油标准能耗 / 吨标煤
20	310.6500	0.0000	1.3241	38.4477
21	974.9832	0.0000	0.2905	88.2840
22	588.6000	0.0000	0.0309	117.7120
23	795.2477	0.0000	11.9647	58.8560
24	286.2620	0.0000	7.3993	7.3570
25	551.5689	0.0000	0.5142	0.0000
26	784.8000	0.0000	2.5196	17.3625
27	380.1934	0.0000	2.2193	0.0000
28	43.7506	0.0000	2.3363	0.0000
29	1462.7789	0.0000	6.4825	0.0000
30	82.4040	0.0000	0.0288	9.4170
31	261.6000	0.0000	0.0231	11.7712
32	1784.0139	4.8827	0.0823	34.4308
合计	31685.6514	1250.9621	177.5038	1417.0141

从被调研的32家印刷企业的电、燃气、水和燃油的标准能耗值可以看出，电标准能耗总值为31686吨标煤，燃气耗能总值为1251吨标煤，用水耗能178吨标煤，燃油耗能1417吨标煤。其中电能耗的占比达到92%，电能消耗是所有印刷企业的主要能源消耗。

3. 综合能耗和单位产值能耗

企业的产值是企业在一定时期内经济活动有效成果的综合反映。企业产值与能耗代表了企业的综合经济效益和清洁生产状况，以万元产值综合能耗衡量企业经营状态和节能环保状况是目前通行的评价方法。即

单位产值能耗＝综合能耗值 / 万元 GDP

由于印刷企业基本上为加工服务型企业，并没有固定的生产产品，企业主营收入可以认为相当于企业生产总值。但在燃油消耗方面，印刷企业在原材料和印刷品的运输、搬运等方面涉及燃油消耗，个别企业清洗机器也会消耗汽油、柴油

等燃油，只是生产消耗燃油的结算方式多种多样，如运输结算方式存在自主、外包和上级单位结算等不同方式，囿于此，燃油消耗统计数据无法正确反映企业生产耗油情况，因此在综合能耗中将燃油消耗一项放弃。

据此计算出调研印刷企业的单位产值能耗（见表 2-5）。

表 2-5　调研印刷企业单位产值能耗

序号	综合能耗 / 吨标煤	单位产值能耗 /（吨标煤 / 万元 GDP）
1	3774.973	0.1017
2	6732.237	0.1621
3	1385.775	0.1696
4	511.4883	0.0314
5	445.2801	0.0884
6	904.654	0.3598
7	522.3961	0.2344
8	1047.557	0.1172
9	2144.76	0.1392
10	321.1922	0.1212
11	3933.823	0.7612
12	931.5086	0.0739
13	580.3498	0.1088
14	196.5085	0.0629
15	102.2181	0.0754
16	486.6512	0.0700
17	317.2247	0.0411
18	191.8854	0.0320
19	236.6841	0.1375
20	311.9741	0.0600
21	975.2737	0.0788
22	588.6309	0.0499
23	807.2123	0.0390
24	293.6614	0.0452

续表

序号	综合能耗 / 吨标煤	单位产值能耗 /（吨标煤 / 万元 GDP）
25	552.0831	0.0926
26	787.3196	0.0975
27	382.4127	0.0650
28	46.08687	0.0146
29	1469.261	0.1269
30	82.4328	0.1521
31	261.6231	0.1735
32	1788.979	0.0353
平均值	1034.8161	0.1224

从表 2-5 中的单位产值能耗可见，最低值为 0.0146，最高值为 0.7612，平均单位产值消耗为 0.1224 吨标煤 / 万元 GDP（能耗效率越低越好），不同类型印刷企业的单位产值能耗相差可以达到近百倍，说明不同印刷企业生产耗能的水平有较大差距（也不排除填表时有不同的数据来源）。若将上表中去掉一个最高值，去掉一个最低值，可得到平均单位产值消耗为 0.1089 吨标煤 / 万元 GDP。

从表 2-5 中还可看出，计有 20 家企业的能耗水平小于平均水平，占到调研企业的近 2/3，说明大部分印刷企业生产耗能水平处于较好状况；计有 12 家企业的能耗水平大于平均水平，占到调研企业的 1/3，说明部分印刷企业生产能耗水平处于不理想状况，尚有较大节能空间。

4. 与其他行业的对比

表 2-6 列出了我国工业各行业的单位产值能耗数据，与可查阅的我国 37 个行业单位产值能耗相对比，此次调研印刷企业的平均单位产值能耗水平居偏低位置，可以认为印刷企业单位产值能耗是较低的。

表 2-6　工业各行业产值能耗比较表　（单位：吨标煤 / 万元 GDP）

序号	工业产业名称	产值能耗	产值能耗
		青岛 2004 年	上海 2003 年
1	废弃资源和废旧材料回收加工业	0.014	0.07
2	通信设备计算机及其他电子设备制造业	0.026	0.058
3	电气机械及器材制造业	0.039	0.099

续表

序号	工业产业名称	产值能耗	产值能耗
		青岛 2004 年	上海 2003 年
4	烟草制品业	0.047	0.02
5	仪器仪表及文化、办公用机械制造业	0.05	0.045
6	专用设备制造业	0.07	0.105
7	交通运输设备制造业	0.078	0.063
8	木材加工及木、竹、藤、棕、草制品业	0.08	0.249
9	文教体育用品制造业	0.103	0.123
10	农副食品加工业	0.108	0.179
11	工艺品及其他制造业	0.115	0.119
12	通用设备制造业	0.117	0.126
13	印刷业和记录媒介的复制	0.14	0.127
14	家具制造业	0.142	0.09
15	金属制品业	0.145	0.172
16	皮革、毛皮、羽毛（绒）及其制品业	0.147	0.075
17	医药制造业	0.152	0.171
18	有色金属冶炼及压延加工业	0.165	0.245
19	纺织服装、鞋、帽制造业	0.182	0.097
20	塑料制品业	0.225	0.293
21	食品制造业	0.23	0.143
22	非金属矿采选业	0.274	—
23	橡胶制品业	0.376	0.401
24	饮料制造业	0.378	0.165
25	纺织业	0.421	0.384
26	造纸及纸制品业	0.513	0.401
27	化学纤维制造业	0.525	0.585
28	有色金属矿采选业	0.666	—
29	黑色金属矿采选业	0.773	—
30	水的生产和供应业	0.853	1.026
31	黑色金属冶炼及压延加工业	0.982	1.66

续表

序号	工业产业名称	产值能耗	产值能耗
		青岛 2004 年	上海 2003 年
32	化学原料及化学制品制造业	1.019	0.657
33	非金属矿物制品业	1.063	0.638
34	其他采矿业	1.112	—
35	燃气生产和供应业	1.193	1.756
36	电力、热力的生产和供应业	1.848	1.003
37	石油加工、炼焦及核燃料加工业	1.93	2.225

（摘录自《青岛市工业产业能效指南（2006 年版）》）

（五）调研结果

1. 北京印刷企业的VOCs排放状况

北京市印刷企业主要以书刊印刷为主，作为首都，在全国百余家出版社中，北京的出版社占比 40% 以上，全国性的杂志社也大多数集中在北京。通过调研可以了解，目前北京市的书刊印刷企业（包含报业印刷）以及绝大多数票据、标签、安全印务的印刷企业，全部采用胶印工艺，其涉及的纸张、油墨、版材、橡皮布等材料基本符合环保标准要求。其主要的污染排放集中在印前制版的少量废液和印刷过程中的润版液和洗车水两种原辅材料，这两种材料有一定的 VOCs 排放，可以通过逐步采用环保型的润版液和洗车水来降低 VOCs 排放。因此，北京地区采用胶印为主印刷工艺方式的绝大多数印刷企业是属于低污染的环保企业。

目前北京的包装印刷企业 VOCs 排放的差异很大。除采用比较环保的胶印工艺和柔印工艺（水性油墨）外，的确存在一些包装印刷企业仍然采用溶剂型油墨的凹印和网印工艺，以及印铁企业（金属包装印刷）采用溶剂型涂料进行涂布和烘干工艺，这些工艺产生的 VOCs 排放量较大。因此，对于那些 VOCs 排放较大的包装印刷企业（塑料包装和印铁包装企业）需进一步限定排放量；采取必要的污染治理措施；在规定的时间内达标，若不能达标，就应采取从北京地区退出的机制。

减少印刷企业 VOCs 排放的方法很多，北京的很多大中型企业已经采取或正在采取各种科学的手段和方法，如在包装印刷企业大力推广胶印工艺、在胶印工艺中采用环保型润版液和洗车水，积极推广用水性油墨或 UV（紫外固化干燥）油墨来代替溶剂油墨等，并通过必要的技术改造，采取先进的后处理方法（如密闭抽气、VOCs 废气收集、吸附、化学过滤、溶剂回收等），减少有害的 VOCs 向大气排放，减少对操作人员的危害和影响。

2. 印刷企业的废液和固体废弃物的处置状况

通过调研了解到北京市印刷企业的工业废液排放量较少，大部分进行了集中回收；工业生产固体废弃物得到较科学的处置。今后可以通过坚持采用集中回收的方法处理废弃物（如废冲版液、废润版液、废纸毛、废印液、废塑料桶、废薄膜、废木板等），或进一步鼓励企业采用先进的就地循环处理手段，可显著减少废液排放，并提高水资源和其他固体废弃物的循环利用率。

有些印刷企业还存在一定量的粉尘污染问题，除需提高管理者的清洁生产意识外，还应采取必要的技术改造，如管道过滤排风、过滤降尘、过滤回收或无尘纸毛传输等措施，达到减少或避免粉尘污染的目的。

3. 印刷企业的噪声污染状况

通过调查发现北京印刷企业的噪声污染还比较普遍。主要噪声产生的来源是大型商业轮转机、大型报业轮转机（印刷机和折页机）、印后折页机、空压机、气泵等；有的设备噪声已超过 85 分贝（如轮转印刷机）。这需要提高企业相关负责人的清洁生产意识，并采取隔离噪声源、加装吸音装置（吸音墙或吸音板）、减少噪声的二次反射等措施，来减少噪声对操作人员和周边环境的影响。

4. 北京印刷企业节能状况

通过调研发现长期以来节能没有得到印刷企业足够的重视，无论是在设备采购、工艺流程的选择、干燥方法、节能参数的了解以及节能技术的推广等各方面都存在误区和忽视现象。本次被调研的印刷企业所得到的单位能耗数即万元销售收入的能耗平均值为 0.1089 吨标准煤，其中 90% 以上是电能的损耗。虽然与全国 39 个行业相比较是属中低能耗水平，但印刷行业的节能潜力是很大的。

今后，北京的印刷企业应在厂房结构设计或改造、技术改造、设备选型以及工艺流程优化中，把采用节能技术、节能设备（如 LED 光源、节能干燥、节能粘接与固化以及变频技术、无轴传动技术、功率补偿技术、智能电网监控等），淘汰高能耗设备和工艺（如高耗能干燥、高耗能电机、高耗能空调等）、优化设备及配套设施的布局、隔离发热源和噪声源、充分开展余热利用等作为节能减排的主要优选措施。

5. 数字印刷的现状

从 2012 年北京市不同类型的印刷企业主营收入的数据来看，数字印刷企业的总收入仅占全行业总收入的 0.064%，不足 1%（若从用纸量而言，可能超过 1%）。

但数字印刷，特别是可满足出版物印刷的按需印刷，都代表了今后印刷技术发展的大方向。根据发达国家的发展趋势，今后数字印刷将成为可与传统印刷并驾齐驱的印刷方式。

数字印刷大大简化了印刷的工艺流程，显著提高了生产效率；数字印刷是无版印刷，一本起印，按需生产。在生产过程中，污染物排放量极少，材料（资源）浪费量极少，同时又节能、减排，非常符合清洁生产的原则和要求。目前北京市的数字印刷起点较低，但发展的趋势良好，潜力巨大。北京印刷协会和相关部门预计，在五年内，北京市数字印刷的业务量可达到出版物印刷量的30%。

（六）存在的主要问题

（1）大量企业并不十分清楚“清洁生产”的内涵以及与“绿色环保”有何区别，特别是对污染物排放、节能、节约资源消耗等现状，长期以来缺乏认识和必要的监控措施（如专用分电表、分气表、分水表等），因此在调查中很多企业提供不出（或不全）与产品生产直接相关、间接相关的实际数据。

（2）本次抽样调查面较小，在北京1600余家印刷企业中，本次调查并反馈的只有32家，仅占2%。虽然本次调研涵盖了书报刊印刷、包装印刷、其他印刷（如票据、标签及安全印务），也涉及了一些大型（销售收入≥1亿元）、中型、小型（销售收入≤1000万元）等各型印刷企业，但关于印刷业“清洁生产”调研还是首次，因此被调研企业的年度统计报表中大多不含相关数据，一些调查数据是推算（交费倒推）或估算出来的，缺乏准确性、连续性和可比性。

（3）在“清洁生产”所包含的产品全生命周期（产业链）中，本次调研基本未涉及产品的设计者（如出版社、产品加工上游委托方）、使用者（消费者）和相关原辅材料的供应商。对处于市场经济非强势地位的印刷行业，作为被委托定制加工产品的服务者——印刷企业，并不了解该产品是否“过度设计”“过度包装”“资源过于消费”“产品是否便于回收利用”等。

本次调研主要集中在能源及资源损耗、污染排放以及生产过程中的工艺、设备、原材料及流程的调查，未涉及产品上、下游的与“清洁生产”相关的其他问题调研。

（七）北京地区印刷企业清洁生产建议

绿色环保、清洁生产是印刷企业必由之路，因此持续不断地调研北京印刷行业的清洁生产状况、问题和趋势，总结经验和教训，交流和推广成功案例，是需要相关政府部门和印刷行业协会长期推进的重要工作。建议每年在相对固定采样企业的基础上，逐步扩大采样企业的范围，加强数据的检测力度，提高采样数据的准确性和代表性，以便给政府部门服务企业、完善市场资源配置提供可靠的依据。

清洁生产是促进全社会更关注所有产品包括印刷产品的全部生命周期，由于印刷企业仅承担在印刷产品生命周期中产品加工的角色——完成客户定制加工委托的服务者，因此清洁生产不仅要求印刷企业自身要担当起减少污染、节能降耗的重担，而且印刷生产的上、下游都要担负起相应的责任，特别是从源头控制包装印刷的过度包装设计，减少污染和浪费。

建议相关政府部门尽早立项，在进一步调研、分析、论证的基础上，组织产、学、研等各领域的相关专家，制定北京印刷企业的各种污染物（特别是VOCs）排放和单位产能消耗的最低标准或分级标准，进而明确影响环保的落后产能的具体要求和门限，提出印刷业相关的设备、材料和工艺在污染、能耗、效率、质量等方面的“落后产能”退出条件，使得有超标排放或超标能耗的企业都将面临惩罚、限定或退出的机制压力。同时加强监管和治理力度，逐步提高印刷企业在清洁生产方面的准入门槛，使那些不符合条件的企业逐步退出市场。

建议相关政府部门在政策层面加强对印刷企业的支持和鼓励。对于有利于促进清洁生产的新项目、新技术、新材料、新设备、新产品等及时给予奖励；对于在促进清洁生产过程中涌现出来的优秀企业和先进工作者也给予表彰；设立专项基金，支持北京市的相关行业，特别是印刷行业，在网络印刷、电子商务平台、数字印刷、按需印刷、电子发票等新业态的发展上，在鼓励印刷企业进行数字化、自动化、集约化（高端印刷规模化）改造上加强政府引导；鼓励北京印刷企业通过节能降耗，提高生产效率，降低运营成本，使企业的环保效益和经济效益通过清洁生产找到真正的结合点，真正调动企业的环保积极性，进一步提高北京印刷行业对清洁生产的理解度和意识，从而进一步提高北京印刷业的竞争力，并为首都“蓝天工程”做出应有的贡献。

二、北京印刷业废气排放治理技术分析与研究

（一）VOCs废气治理方法对比

印刷行业生产过程中的主要产污节点是印刷环节，污染特点是原辅材料在生

产过程中产生的VOCs，尽管当前最有效的治理方案是源头替代，但是开发出一种新型环保原材料并非易事，末端治理仍是印刷污染治理的重要方法之一。

经过多年的研究和实践，印刷末端治理技术和方法不断地改进和升级，治理设施制造厂家和品牌也犹如大浪淘沙。针对印刷生产过程中产生的有机废气，也是处理方法种类繁多，特点各异，有必要仔细分析印刷企业生产中有机废气的类型、数量、治理难易程度、治理技术和设施的去除效率等情况，对治理方案进行综合考虑，做出科学的选择。

表2-7中列出了部分印刷行业采用的VOCs末端治理技术及特点。

表2-7　常用VOCs末端治理技术及特点

治理技术	优点	缺点
活性炭吸附浓缩+催化燃烧	净化效果好、持续达标排放、适合中高浓度VOCs废气处理	1. 初期净化效果好，但活性炭每脱附一次吸附效果就会降低，一般一年至一年半需更换一次活性炭，后期更换活性炭及危废处理成本高； 2. 活性炭吸附了大量的VOCs后变得极不稳定，脱附过程控制不好容易着火，印刷行业作为重点防火单位，这是一个很大的隐患； 3. 催化燃烧炉主要是靠电加热的方式升温，胶印行业的VOCs浓度相对较低，一个脱附周期内脱附出来的浓度不足以支持燃烧系统所需的热量，故燃烧炉的耗电量极大； 4. 整个系统阀门的切换，每一个脱附及燃烧过程都需要大量的能耗，故整个系统的能耗非常高； 5. 整套系统的后期维护成本高； 6. 整套系统的装机成本较高
沸石转轮吸附浓缩+RTO	净化效果好、转轮使用寿命长，一般5～10年，RTO燃烧彻底、适合中高浓度VOCs废气处理	1. 转轮对预处理要求极高，印刷废气内部含有很多油墨飞墨、胶订龙产生烟气等具有黏性的物质，上述物质一旦进入转轮会造成转轮堵塞，唯一解决办法就只有更换转轮，转轮的更换成本非常高； 2.RTO系统是靠天然气作为助燃剂，因胶印废气VOCs浓度低，脱附出来的废气进入RTO后需要持续补充天然气进行燃烧，故会增加大量的天然气使用成本； 3. 燃烧不彻底时会有氮氧化物等二次污染物质产生； 4. 整套系统后期维护成本非常高； 5. 整套系统的装机成本非常高

续表

治理技术	优点	缺点
等离子 / 光催化	设备初期投资较低、占地面积小、易安装，适合低浓度VOCs治理	1. 主要用于除臭，对 VOCs 净化效率低，有二次污染物臭氧产生； 2. 运行成本较高，灯管及等离子电场使用成本高； 3. 等离子是靠高压电场裂解废气，爆炸极限控制不好有爆炸的风险； 4. 等离子电场需定期清理，后续的维护成本高； 5. 很多省市已经限制安装等离子、UV 设备，政策对该技术已经显得不利
生物技术	净化效果好、系统稳定性高。生物技术是靠微生物自身的新陈代谢降解VOCs，故整个过程无任何能耗，运行成本极低，属于环境友好型技术，整个系统无爆燃、爆炸风险，安全系数非常高，生物填料及菌种一次性投放，10 年内无须更换，维护成本极低；适合中低浓度 VOCs 废气治理	设备初期投资较高，占地面积相对其他工艺略大，不适合处理高浓度废气（大于 $300mg/m^3$）

（二）VOCs废气治理技术及应用

1. 生物治理技术

（1）技术原理

生物技术主要分为生物过滤技术、生物滴滤技术、生物洗涤技术。主要采用生物过滤技术，其工艺原理主要采用了液体吸收和生物处理的组合作用。VOCs首先被液体有选择性地吸收形成混合态（气相与液相组合），再通过微生物的代谢作用将其中的污染物降解。

具体过程是：先将人工筛选的特种微生物菌群固定于生物填料上，当污染气体经过填料表面初期，可从污染气体中获得营养源的那些微生物菌群，在适宜的温度、湿度、pH 等条件下，将会快速生长、繁殖，并在填料表面形成生物膜，当废气通过其间，有机物被生物膜表面的水层吸收后（气相与液相组合）被微生物吸附和降解，得到净化再生的水被重复使用。

污染物去除的实质是以废气作为营养物质被微生物吸收、代谢及利用。这一过程是微生物相互协调的过程，比较复杂，它由物理、化学、物理化学以及生物化学反应所组成。

生物净化 VOCs 工艺过程可以表达为：

- VOCs 同水接触形成气相液相混合态。
- 水溶液中的 VOCs 成分被微生物吸附、吸收，VOCs 成分从水中转移至微生物体内。
- 进入微生物细胞的 VOCs 成分作为营养物质被微生物分解、利用，从而使污染物得以去除。

（2）技术特点

- 效率高，含硫恶臭物质去除率在 95% 以上，VOCs 去除率在 70% ～ 90% 以上，处理后的气体能持续达到国家及地方环保标准。
- 停留时间短（3 ～ 8 秒），系统结构简单，占地面积小，体积小，投资低。
- 生物菌种一次挂膜成型后，不需再加生物菌种。生物菌种和填料使用寿命长（8 ～ 10 年），只是须不定期进行检测。
- 系统运行稳定，压损少（800Pa 左右），不易堵塞，出故障（主要来自风机和小水泵）概率低。
- 具有间歇工作能力。当工厂检修或放假时，不需要做任何维护；停止运行 30 天后，再次运行，其效率不受影响。
- 操作管理简便，不需专人负责；除收集废气所需的风机外，只有间歇抽水喷淋的小水泵的电费，用电极省。每月仅需少量的营养液调理微生物生长环境，运行费用低。
- 根据实际情况和要求，净化器设置可以是集中式，也可以是分散式。
- 该技术利用生物降解废气，全过程绿色、环保，无二次污染物产生，无燃烧、爆炸风险，属于环境友好型净化技术。
- 不适合高浓度的废气，生物技术适合降解 $300mg/m^3$ 以内浓度的有机废气。尽管超过该浓度的废气可采用稀释至 $300mg/m^3$ 以内再做治理，但会带来工程投资及占地面积增加等问题。

- 不适合有剧毒（重金属、氰化物等）或高温（> 60℃）会造成微生物死亡的环境。

（3）方案造价

生物治理技术造价为 135 万～ 138 万元（适合室内安装）。

（4）治理依据

通过企业化学品的年使用量可以推算出 VOCs 的年排放量及排放浓度，通过该浓度可以确定废气属于大风量低浓度废气，该废气不适合燃烧法处理（处理成本巨大），故确定为生物法（生物降解）。

设计总处理风量为 35000m³/h。

（5）使用案例

①深圳市雅昌印务有限公司使用情况

深圳市雅昌印务有限公司安装有两套高效低阻型有机废气（VOCs）生物净化系统，一套风量为 60000m³/h，于 2014 年 7 月完成安装调试，另一套风量为 50000m³/h，于 2015 年 3 月完成安装调试。设备安装至今运行稳定，处理效果良好，两套净化系统经第三方检测公司检测的排口数据均低于当地的排放标准，设备的净化效率均高于 80%，其中非甲烷总烃的净化效率大于 90%。

②北京奇良海德印刷股份有限公司使用情况

北京奇良海德印刷股份有限公司胶印车间现有 4 台德国海德堡 SM74 印刷机（六色机 1 台、五色机 2 台、四色机 1 台），安装一套高效低阻型有机废气（VOCs）生物净化系统，风量为 10000m³/h，于 2017 年 4 月完成安装调试。系统运行稳定，该系统经北京市环保局现场采样测试检验后完全符合相关的排放标准。

③北京博海升彩色印刷有限公司使用情况

北京博海升彩色印刷有限公司是一家集印前设计制作、CTP 制版、印刷、装订、印后加工到成品完成为一体的大型专业印刷生产企业，现有 10 台德国海德堡单张纸胶印机。安装了一套高效低阻型生物净化系统，风量为 20000Nm³/h，设备运转稳定。

④北京科信印刷有限公司使用情况

北京科信印刷有限公司是一家以印制高端科技期刊为主的现代化印刷企业，涵盖印前、印刷和印后生产设备，现有 10 台进口 / 国产的单色 / 彩色单张纸胶印设备。安装了一套高效低阻型生物净化系统，风量为 15000Nm³/h，设备运转稳定。

2. 沸石转轮吸附浓缩+RTO治理技术

（1）技术原理

吸附浓缩处理过程中，起决定性作用的是吸附材料的性能。吸附原理是利用吸附材料的多孔结构与有机废气中 VOCs 成分之间的引力，将 VOCs 固定在吸附材料内，使有机废气得到净化。目前，常用于 VOCs 气体治理的吸附材料主要是沸石分子筛和活性炭。

沸石分子筛是一种具有立方晶格的硅铝酸盐化合物，主要由硅铝原子通过氧桥连接组成空旷的骨架结构，在结构中有很多孔径均匀的孔道和排列整齐、内表面积很大的空穴。其孔道的孔径为分子大小的数量级，它只允许直径比孔径小的分子进入，相当于将废气中不同组分的分子按大小加以筛分。沸石分子筛的成分决定了其不可燃性，并且对 VOCs 的吸附速率快，但吸附容量中等。相对吸附工作时间短，脱附再生频繁。根据其吸附特点，一般采用转轮工艺，对其进行不断吸附—再生—降温的循环工艺。

吸附材料不断吸附 VOCs，当吸附饱和后，不再继续吸附工作，须进行脱附再生。一般采用高温气体对吸附材料加热，当加热到一定程度，被吸附的 VOCs 将从吸附材料中脱附出来，使吸附材料再生，实现循环使用。

经浓缩后的 VOCs 废气的浓度较高、风量小，须进一步彻底处理才能完全消除有机污染物。VOCs 的彻底净化技术主要是采用氧化技术，可将 VOCs 污染物氧化成 CO_2 和 H_2O，不会产生二次污染等问题，并且技术成熟，应用广泛（见图 2-2）。

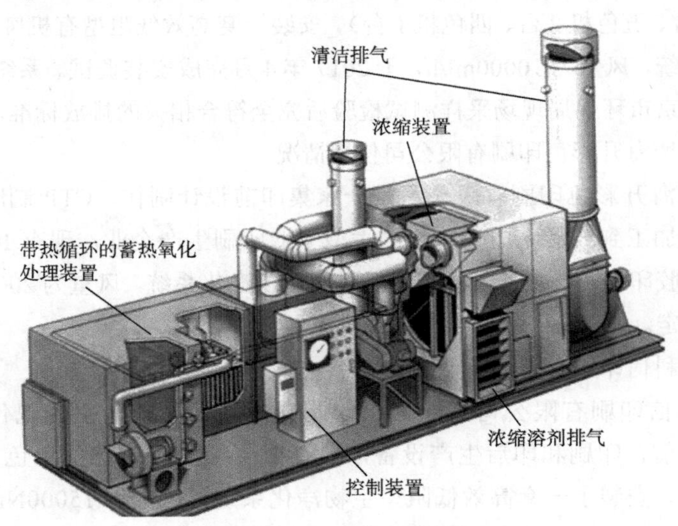

图 2-2　沸石转轮 + 催化燃烧设施构成

（2）技术特点

①吸附技术特点

不同的吸附材料具备不同吸附特点，采用不同的工艺、设备，以适应不同工况下的 VOCs 废气治理。沸石分子筛和活性炭工艺综合性能对比见表 2-8。

表 2-8　沸石分子筛和活性炭工艺综合性能对比

		沸石分子筛 + 催化工艺	活性炭 + 催化工艺
吸附材料	安全性	无自燃隐患	有自燃隐患
	使用寿命	8 ～ 10 年	2 ～ 3 年
	价格	偏高	适中
	运维成本	中等	偏高
	动态吸附率	稳定	曲线变化
系统	占用空间	中等偏小	较大
	安全性	很高	较高
	运行费用	稍微偏高（视工况）	中等（视工况）
	解析方式	连续	间歇

②氧化技术特点

氧化技术分为催化氧化和直接燃烧氧化，主要设备有催化氧化炉（CO）和直燃氧化炉（TO），其技术指标对比如表 2-9 所示。

表 2-9　催化氧化和直接氧化技术指标对比

分类	催化氧化炉（CO）	直燃氧化炉（TO）
氧化原理	高温 + 催化	高温
炉内温度	250 ～ 400℃	760 ～ 850℃
处理效率	99% 以上	99.9% 以上
热回收方式	金属热交换器	金属热交换器
热回收效率	40% ～ 70%	40% ～ 70%
相对优点	燃料消耗少，不产生 NOx	前期投资少
相对缺点	前期投资较大，催化剂须更换	燃料消耗大，会产生少量 NOx
应用条件	对废气中重金属和颗粒物含量有要求	可应对成分复杂的废气

催化氧化技术采用以铂、钯等活性金属为催化剂，使 VOCs 污染物在较低的

温度下，在催化剂表面被氧气氧化分解生成 CO_2 和 H_2O，起燃温度低，反应速率快，并释放大量的热。该过程中催化材料预热至规定温度，进行氧化反应，当浓度足够高时，催化氧化反应热即可实现能量平衡，不再需要外加热量，节省能源。

直接燃烧氧化技术一般针对 VOCs 浓度较高的有机废气，通过天然气等燃料的燃烧，直接将 VOCs 氧化去除。该过程需要消耗大量燃料，温度高，能耗大，运行费用高，同时去除效率高，达标排放可得到保障。一般产生的热量可通过换热器回收利用，但回收效率低。

（3）方案造价

沸石转轮吸附浓缩 + 催化燃烧治理设施的造价从几百万元至一千多万元。

（4）治理依据

公司生产过程中产生的印刷废气具有风量大、浓度低、总量大，主要污染物分子量小、不易生物降解等特点。根据该特点，应先经吸附浓缩后，减小风量、提高 VOCs 浓度，以便于集中处理，降低下一步彻底消除 VOCs 的成本。

（5）应用案例

①北京印钞有限公司

北京印钞有限公司始建于公元 1908 年（清光绪三十四年），是中国近代第一家采用钢版雕刻凹印工艺印制钞票的官办印钞厂。1912 年，改称“民国政府财政部印刷局”，是当时国内技术最先进的印钞企业。

新中国成立后，特别是经过改革开放四十年的建设，北京印钞有限公司已经成为具有设计和印制货币等有价证券的具有综合生产能力的国家大型骨干印钞和防伪印刷企业。公司主要产品是人民币，其余产品还涉及港币、澳币等。主要生产设备有海德堡四色胶印机、海德堡六色胶印、超级接线凹印机、四色凹版印钞机、六色凹版印钞机等。

企业产生的废气主要包括印刷车间产生的挥发性有机物、锅炉废气、食堂废气。企业胶凹印车间产生的挥发性有机物经等离子体处理设备处理后，丝凸印车间产生的挥发性有机物经活性炭吸附处理后，实现达标排放，其中活性炭更换频次为 3 个月一次。食堂废气经高效油烟净化器净化后，达标排放。

公司产生 VOCs 节点为胶印工序、凹印工序和印码工序，公司在 VOCs 产生节点安装车间整体式排风设施进行废气的收集，通过高能等离子体技术对 VOCs 进行处理，处理后直接排放到大气中。公司采取的废气处理设备为高能等离子体，是在车间内先治理，后集中排放，但车间整体式排风设施，可认为无组织排放，按 20% 处理；胶印和凹印工序 VOCs 处理工艺采用高能等离子体技术，去除效率按 30% 计算。丝凸印工序 VOCs 处理工艺采用活性炭吸附技术，去除效率按 30% 计算。公司每年 VOCs 排放量为 70.431 吨，其中有组织排放为 51.896 吨，无组织排放为 18.534 吨。采用高能等离子体治理技术及活性炭吸附技术，治理效率较低。

针对生产车间内 12 台胶印机、18 台凹印机和 9 台印码机的废气浓度较高位置（墨车位置）增加收集系统，收集风量可调，把收集废气引出车间。再加装 RTO 废气净化治理设施，确保治理后废气中非甲烷总烃浓度低于 15 毫克 / 立方米。公司改造后安装了一套沸石转轮吸附浓缩 + 催化燃烧治理设施，造价 1170 万元。西区工房印刷废气实现达标排放， 年减少 VOCs 排放 57.52 吨。

②北京日报印务有限责任公司

北京日报印务有限责任公司前身为北京日报社印务公司，最早成立于 1996 年，是京报集团下的国家一级日报社印务公司。主要承担《北京日报》《京郊日报》《北京晚报》《法制晚报》等 20 多种报纸的印刷任务，年产量近 10 亿对开张，产值 7000 万元，是北京地区国有报业印刷核心企业之一，是具有规模的专业化现代化印刷厂，7 条主生产线总设计生产能力达 150 万对开张 / 时。

公司目前印刷主力机型为四条曼罗兰基欧曼大型印刷生产线、一条优尼塞特中型印刷生产线和一条高宝科美特中型印刷生产线及一条高斯 M800 商用卷筒纸印刷生产线，总设计生产能力达 150 万对开张 / 时。可以一次完成照排、制版、彩印、邮发等系列任务，既可以印刷普通新闻纸报纸，又可以印刷轻涂纸、铜版纸等精品报纸。

公司年 VOCs 产生量为 5159.48kg，本方案采用沸石转轮吸附浓缩 + 催化燃烧的合理工艺，废气处理设施气体收集效率按 60% 计，设备的处理效率按 95% 计，则年减少 VOCs 排放量为 5159.48kg×60%×95%=2940.9kg。

3. 活性炭吸附浓缩+催化燃烧治理技术

（1）技术原理

活性炭是一种具有丰富孔隙结构和巨大比表面积的碳质吸附材料，它具有吸附能力强、化学稳定性好等特点。不均匀的孔道结构使其可以对废气中各种尺寸的 VOCs 均有一定的吸附作用，几乎没有选择性。巨大的比表面积使单位重量的活性炭比分子筛吸附更多的 VOCs。活性炭类型可分为颗粒状和蜂窝状，为方便再生、减少废气通过阻力，一般选用蜂窝状。活性炭属于可燃材料，为安全起见，一般采用安全的脱附工艺，附加更多的安全措施。

对活性炭的脱附再生，可采用高温水蒸气、高温氮气，为减少再生成本，一般采用温度小于120℃的高温空气。蜂窝活性炭的吸附速率慢，为保证吸附治理效果，一般须堆积大量的活性炭，导致其占地面积较大，并且是采用间接运行的方式实现脱附再生。

活性炭吸附箱设有五个吸附床，材质为碳钢结构，防腐处理，以轮流切换的方式运行（四吸一脱），吸附材料采用蜂窝状活性炭。废气净化设备总处理风量为50000m³/h，由废气过滤箱、活性炭吸附箱、催化燃烧装置、动力风机、电控系统和氮气保护系统等组成（见表2-10）。过滤箱是净化废气中颗粒物杂质的净化装置，其内部设有双层过滤器，过滤级别为G4、F7型过滤器，外部装有压差计，可监测过滤器使用情况以便及时更换。

表2-10 废气净化设备组成表

序号	名 称	规格型号	数量
1	过滤箱	50000m³/h	1台
2	吸附箱体	12500m³/h	5台
3	活性炭	100mm×100mm×100mm	10m³
4	排风机	50000 m³/h	1台
5	催化净化器	2000m³/h	1台
6	脱附风机	2000m³/h	1台
7	补冷风机	1200m³/h	1台
8	电动阀门	电动控制	23个
9	电控	含断路器、执行器	1套
10	PLC控制器	西门子品牌	1套
11	氮气保护	双瓶氮气汇流	1套

催化燃烧装置处理风量2000m³/h，加热温度250～350℃，燃烧温度300～400℃。废气净化设备控制系统保证整套设备的自动运行，通过PLC可编程控制，对系统的碳层温度、脱附管道温度、燃烧设备温度进行自动监控。当温度超过设定温度时，系统能自动报警，并转入安全工作模式。监控系统能对主要设备故障进行声光报警。

（2）技术特点

沸石分子筛和活性炭工艺综合性能对比见表2-8。

催化氧化和直接氧化技术指标对比见表 2-9。

（3）方案造价

该方案共投资 198 万元，方案实施后，可减少活性炭的更换及处置成本（处置费用约 6000 元 /t，购买及更换成本约 3000 元 / 吨。由原来的一年更换 4 吨，变为现在一年内无须更换，节约成本 =4 吨 ×6000 元 / 吨 +4 吨 ×3000 元 / 吨 =3.6 万元 / 年）。可有效减排挥发性有机物，具有良好的环境效益，为公司降低环保压力。

（4）治理依据

公司原有治理设施是风量为 12000m^3/h 的活性炭吸附设施，治理范围包括凹印及传统胶印车间。该治理设施的前端收集为车间空间收集，无组织排放造成收集效果较差，且公司在审核过程中对废气产生节点进行了进一步排查，发现有部分污染源处于无组织排放状态。因此，公司综合考虑对现有的活性炭设施进行升级改造，将其提升为活性炭吸附脱附 + 催化燃烧技术，并对前端废气产生处进行了局部收集改造，使 VOCs 得到充分有组织收集及治理。

（5）应用案例

①北京金辰西维科安全印务有限公司

北京金辰西维科安全印务有限公司是专业从事国内外出入境证卡、票据、证券、防伪商标等高等级安全防伪产品设计和印制的国家级安全防伪印刷企业。许可经营范围为出版物印刷、其他印刷品印刷、包装装潢印刷品印刷、零件印刷、高安全防伪证件印刷（含出入境证件）、生产智能 IC 卡。公司拥有国际最先进的安全设计系统和制版系统，配备了全套先进的安全防伪印刷专用设备，包括海德堡印刷机、凹印机、干胶印机、打号机等，具备了精密防伪印刷的最高技术和手段。目前，公司具备年产 2000 万本本式防伪证件、1 亿张防伪卡、1 亿枚防伪标签、4800 万份票据和 800 万份电子内芯封装页、1 亿印张的生产能力。

公司每年 VOCs 产生量为 5338.12kg，方案实施前公司采用单独活性炭的方式处理 VOCs，将其改造为活性炭吸附脱附 + 催化燃烧方式处理技术后，根据设施排口检测报告，非甲烷总烃的排放速率为 1.0kg/h，去除效率为 88%，有机废气排放量为 3500.91kg，对比改造前 VOCs 排放量 5284.66kg，则减排 1783.75kg。

②鸿博昊天科技有限公司

鸿博昊天科技有限公司位于北京亦庄经济技术开发区，是鸿博股份有限公司在北京投资建成的一家集创意设计、印刷、装订为一体的大型印刷企业。公司致力于建成高科技文化创意型印刷企业，定位于精品印刷服务，市场以北京为核心，面向中国北方地区以及海外市场。企业以印刷为主，集制版、印刷、装订为一体，主要生产设备有2套CTP制版机、8台平张印刷机及2台轮转印刷机，年产量为4000多千色令，产值为9000多万元。

公司采用2台废气治理设施，工艺为吸附浓缩+催化燃烧净化装置，型号为MXC-400型，主排风机风量为30000m³/h，设备总功率为105kW。工艺流程主要包括四部分：预处理、吸附气体流程、脱附气体流程、控制系统。预处理过程中将废气含有的一定量细微粉尘及悬浮物、有机物进行过滤；吸附过程设置两套吸附床轮流切换使用；脱附过程将脱附气体首先经过催化床中的换热器，然后进入催化床中的预热器，在电加热器供热的作用下，使气体温度提高到280～300℃，再通过催化剂（钯、铂）。有机物质在催化剂的作用下燃烧。控制系统对系统中的风机、预热器、温度、电动阀门进行控制。当系统温度达到预定的催化温度时，系统自动停止预热器的加热，当温度不够时，系统又重新启动预热器，使催化温度维持在一个适当的范围；当催化床的温度过高时，开启补冷风阀，向催化床系统内补充新鲜空气，可有效地控制催化床的温度，防止催化床的温度过高。

公司废气产生量为47552.14kg，排放量为24995.977kg，废气处理量为22556.161kg。排放量中，有组织排放量为6534.586kg，占产生量的13.74%；无组织排放量为18461.391kg，占产生量的38.82%。

4. 等离子/光催化治理技术

（1）技术原理

企业采用的低温等离子放电技术和光催化氧化技术对VOCs废气进行综合处理。处理工艺流程如图2-3所示。

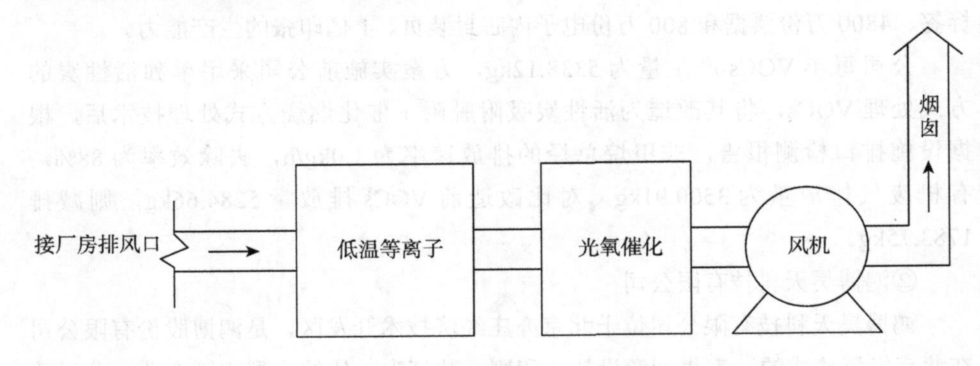

图2-3　VOCs治理系统工艺流程

①低温等离子放电技术原理

利用在常温常压状态下的放电物理学、放电化学、化学反应工程学及真空技术等综合手段，使空气电离为等离子体态，使其内部产生富含极高化学活性的粒子，如电子、离子、自由基和激发态分子等。废气中的污染物质与这些具有较高能量的活性基团发生反应，最终转化为 CO_2 和 H_2O 等物质，从而达到净化废气的目的。

②光催化氧化技术原理

该技术通过特制的激发光源，产生不同能量的光量子，利用 VOCs 对光量子的强烈吸收，在大量携能光量子的轰击下，使 VOCs 分子解离和激发。

利用光量子分解空气中的氧分子产生游离氧，即活性氧，因游离氧所携正负电子不平衡，所以需要与氧分子结合，进而产生臭氧。

臭氧在该光量子的作用下可产生大量的新生态氢、活性氧和羟基氧等活性基团，一部分 VOCs 也能与活性基团反应，最终转化为 CO_2 和 H_2O 等无害物质，从而达到彻底去除 VOCs 气体的目的。因激发光源产生的光量子的平均能量在 1eV ～ 7eV，适当控制反应条件，可以实现一般情况下难以实现或速度很慢的化学反应变得十分快速，大大提高反应器的作用效率。

由收集系统将 VOCs 气体汇集进入光量子净化装置，利用特制激发光源产生的光量子诱发等一系列反应后，将 VOCs 分解转化为 CO_2 和 H_2O 等无害成分。该装置已是一种功能较强的绿色环保型空气净化装置，无二次污染，反应后排出的废气主要有氮气、氧气、水、二氧化碳等无害气体。

（2）技术特点

①结构简单，占地面积小，也可直接建于污染源的上方，不另外占用地方。

②反应速度快，停留时间极短（仅为几秒），处理效果好，控制最佳反应条件，VOCs 可完全被分解掉。

③装置启动、停止十分快捷，即开即用，不受气温影响，操作极为简单，无须派专职人员看守。

④反应过程只需用电，不用投加其他辅助药剂和填料，因此节省药剂和填料的采购、运输、储存、管理等一系列烦琐的事务，可大大节省人力和运行费用。

⑤适用范围广，净化效率高，尤其适用于其他方法难以处理的多组分恶臭气体，如化工、医药等行业。电子能量高，几乎可以和所有的恶臭气体分子作用，运行费用低。

（3）方案造价

该方案约需投资30万元，其中设备费约25万元，安装费约5万元。

（4）治理依据

目前印刷行业采用的工业废气处理技术多以活性炭物理吸附为主，此方式需要定期更换吸附剂，费用昂贵，再生利用较困难，且《DB11 1201—2015印刷业挥发性有机物排放标准》中规定：“采用非原位再生吸附处理工艺，应按审定的设计文件要求确定吸附剂的使用量及更换周期，每万m^3/h设计风量的吸附剂用量不应小于1m^3，更换周期不应长于1个月。购买吸附剂的相关合同、票据至少保存三年。”不仅增加了活性炭的更换成本，也造成了大量的危险废弃物的定期处理处置问题。

（5）应用案例

①中青印刷厂使用情况

中青印刷厂隶属共青团中央，以书刊加工为主导产品。多年来，企业业务形成以教材、期刊及政治印件任务三大板块为主，以社会印件为补充的格局。企业主要生产设备有双面双色胶印BB机1台、双面单色小全张胶印机2台、双面双色小全张胶印机1台、海德堡速霸胶印机3台、胶片制版系统两套。中青印刷厂年产值达到550多万元，印刷产量达到21万色令。

中青印刷厂的大气污染物主要是VOCs，来自印刷过程中使用的油墨、清洗橡皮布时使用的洗车水。企业使用免酒精润版液。年共计产生VOCs排放约1002.78kg，每千色令单位产品VOCs排放量为4.78kg。

中青印刷厂为减少VOCs对环境的危害，重新改造VOCs治理设施，并将车间封闭，避免VOCs的无组织排放，提高VOCs的处理效率。将车间密闭使得VOCs的收集效率可以达到100%，采用低温等离子放电（处理效率60%）和光氧催化技术（处理效率60%）两级组合处理，系统的总处理效率可达到84%。

中青印刷厂年产生VOCs总量为1002.78kg，通过治理后，每年减少VOCs的排放为1002.78kg×84%=842.34kg。

②北京中科

北京中科印刷有限公司的前身，是成立于1957年10月的中国科学院印刷厂。2002年公司进行股份制改造，发展成长为一家水平一流的印刷企业。公司现有海德堡、小森等国内外知名品牌的平张及转轮印刷机60余台，从单色到多色、从单面到双面，满足客户各种印刷需求。此外，公司现有马天尼、柯尔布斯等国际知名品牌装订设备100余台，可以实现骑马钉、胶订、精装、无线精装等各种装帧方式。公司引进了 Insite 远程打样、方正 ERP 等数字化生产工作流程，并为其匹配了网屏 Jet520EX 连续纸喷墨数码印刷机、圣德可变数据喷码系统、马天尼全自动数码胶订机等数字印刷设备，成为年加工 200 多万纸令，年产值 4 亿元的出版印刷企业。

北京中科印刷有限公司是华北地区规模最大的印刷企业，主要业务为书刊印装任务，以及精美画册、商标印刷、豪华装帧的制作。公司产生的废气包括锅炉废气和生产车间印刷等环节中产生的废气。车间废气主要是印刷工序、覆膜工序、装订工序。在印刷工序使用的油墨、清洗剂，在覆膜工序使用的部分黏合剂，在装订工序使用的热熔胶会有醇、醚、烃类等挥发物质。

公司在生产车间采用等离子体 / 氧化催化净化工艺对废气进行处理，分别在可产生废气的印刷工序、覆膜工序、装订工序安装了 5 套废气净化装置，废气经处理后由两个排气筒排出。

（三）VOCs减排工艺技术

1. 集中供墨/袋装油墨工艺技术

企业拥有多台大型胶印设备，均采用分散供墨方式，必须购买公斤数较低的小灌装油墨，采用人工加墨，费时费力还不环保，企业面临墨罐溶剂挥发造成的 VOCs 排放和废墨罐的危废回收问题。

胶印机集中供墨系统是一种现代供墨方式，目前技术已完全能够满足企业单张胶印机的供墨要求。当企业印刷设备台套数及年用墨量达到一定要求时，采用集中供墨方式十分有利，既改变了传统的供墨方式，又可以实现安全、稳定、可靠、自动定量的供墨，不仅减轻操作人员的工作强度，而且更加适应印刷环保的需求。集中供墨系统平均可以节省油墨 5%，为印刷企业节约的费用约为油墨消耗量的 10%。大墨罐可回收再利用，减少环保压力。（注：集中供墨系统由油墨厂免费提供）

若企业印刷设备台套数及年用墨量达不到集中供墨设备供应商的要求，可以考虑在印刷机供墨系统上加装袋装油墨上墨装置。袋装油墨通常为 2kg 装，采用纸或塑料做油墨包装袋，内涂不粘材料，使用中油墨可挤压干净，危废（油墨袋）数量少，既可达到有效节约油墨的目的，也可达到有效减少危废的目的，并且投资较小。

2. 集中供气工艺技术

大部分企业由于印刷设备需要供气，往往通过多台独立气泵或已装有正压集中供气，但负压往往仍然依靠空压机 / 气泵，不仅浪费能源，而且产生非常大的噪声。全部改造为集中变频供气方式，可以有效地节约电能。另外，改造后单独设置集中供气设备房，风机集中安装在房间内，并对房间实施降噪措施，有效减少车间噪声污染，优化车间生产环境。集中供气系统升级改造完成后，对提高企业能源利用率、改善生产环境起到积极作用，具有良好的节能效果，带来良好的经济效益和社会环境效益。集中供气系统较分散式供气系统在采购成本、电耗、环境成本、维护成本、维护人工、产品寿命及供气效率等方面都具有明显的优势。

3. 粉尘过滤处理工艺技术

胶印生产过程中需要喷粉防沾脏处理，会产生一定量的粉尘，另外有纸毛、纸粉等这些在印刷生产过程中散发的粉尘会破坏车间空气环境，危害操作员工的身体健康，损坏车间机器设备，排放还会污染大气环境造成社会公害。因此，需要通过有效治理加以改善。

印刷车间的粉尘在收纸部分可通过管道、风机，进入负压脉冲布袋除尘器中收集。脉冲布袋除尘器的主要性能及特点是收尘效率高，收尘效率达 99.99%，排放浓度完全满足国家环保排放标准要求；投资费用、维护费用相对低，采用先进的结构设计、可靠和高品质的关键件，提高了设备的可靠性，保证除尘器的长期稳定运行，维护费用仅为一般除尘器的 70% 左右；滤袋使用寿命长，先进的脉冲清灰方式以及高质量的滤袋及附件，使滤袋的使用寿命大大延长。

4. 自动清洗工艺技术

较早生产的印刷机均不配备橡皮布自动清洗系统，必须通过人工使用擦机布蘸取清洗剂擦拭清洗。由于目前印刷市场还少有低 VOCs 的清洗剂，因此在操作过程中必然产生大量 VOCs，严重污染环境，加重了末端治理的负担。购买带有橡皮布自动清洗系统的印刷设备或在印刷机上加装橡皮布清洗系统，能够有效地减少清洗剂的使用量，并可在相对密闭的环境下清洗印刷滚筒，有助于减少废气的排放，同时快捷、省时省力。

三、北京市印刷企业清洁生产情况及建议

（一）清洁生产的基本情况

随着国家环保战略的提升，循环经济、低碳发展理念已经深入人心，2012

年新修订的《中华人民共和国清洁生产促进法》出台。清洁生产包含了生产全过程和产品周期全过程，从设计、原材料、生产加工、物流、产品使用到循环利用，是对生产过程与产品采取整体预防的环境策略。

根据 2004 年 8 月 16 日发布的《清洁生产审核暂行办法》，清洁生产审核是指按照一定程序，对生产和服务过程进行调查和诊断，找出能耗高、物耗高、污染重的原因，提出减少有毒有害物料的使用、产生，降低能耗、物耗以及废物产生的方案，进而选定技术可行、经济合算及符合环境保护的清洁生产方案的过程。清洁生产审核的目标是资源利用效率最大化和污染物产生（排放）量最小化，清洁生产的终极目标是“节能”“降耗”“减排”“增效”。

国家发展和改革委员会、国家环境保护总局发布的《清洁生产审核办法》（第 38 号令），将清洁生产审核分为自愿性审核和强制性审核。国家鼓励企业自愿开展清洁生产审核，但对污染物排放超过国家或者地方规定的排放标准，或者虽未超过国家或者地方规定的排放标准，但超过重点污染物排放总量控制指标的；超过单位产品能源消耗限额标准构成高耗能的；使用有毒有害原料进行生产或者在生产中排放有毒有害物质的企业，实行强制清洁生产。

自 2012 年起，北京市印刷企业积极响应政府号召，有超过 90 家印刷企业申请和参加了清洁生产审核。截至 2019 年底，北京市印刷企业通过清洁生产审核的已有 56 家（其中 7 家为强制清洁生产审核）。

清洁生产审核从生产过程的原辅材料和能源、技术工艺、设备、管理、过程控制、产品、废弃物、员工八个方面入手，需要经历筹划和组织、预评估、评估、方案产生和筛选、可行性分析、方案实施、持续清洁生产七个主要阶段，采取 35 个具体步骤。可以说，经过清洁生产严苛的审核程序，印刷企业无论从生产管理理念、原辅材料选择、生产工艺过程控制、末端治理方案还是清洁生产方案的选择和落实、未来持续清洁生产规划，都会得到较为专业的指导和评估，有助于企业兼顾经济效益、环境效益和社会效益，实现可持续发展。

（二）清洁生产存在的问题

1. 北京印刷行业清洁生产的现实问题

尽管北京市的印刷企业超过千家，但真正主营业务收入过亿元的企业只有几十家，仅占印刷企业数量的不到 4%；利润过千万元的企业更少，仅占印刷企业数量的近 2%。印刷属于服务加工业，重资产、人员密集、利润不高，北京印刷业以出版物印刷为主，近年来原材料价格上涨、用工成本增加，以及行业的同质化竞争带来的工价较低，使得清洁生产投入成为企业的较大负担或难以承受之重，导致一些企业不愿开展清洁生产，或即便被迫进行清洁生产，也尽可能规避问题或敷衍了事。这也是为什么一些印刷企业会出现末端治理设施未正常使用而遭受环保处罚的原因之一。

2. 被审核印刷企业对清洁生产的认识问题

一些印刷企业并不真正了解清洁生产，特别是一些企业负责人忙于企业生产，忙于应付各种环保检查，但却不了解清洁生产并不仅仅是解决生产中的VOCs排放等环保问题，还将有助于提升企业的生产管理水平，减少生产环节不必要的支出和浪费，提高企业生产的经济效益。因此，在清洁生产审核中会出现企业负责人没有实质参与清洁生产，对审核报告并不了解；企业并没有很好地配合咨询机构，审核重点、清洁生产目标等难以通过审核；企业员工没有广泛参与，不了解清洁生产要求，生产操作不规范。种种问题经常导致印刷企业难以通过清洁生产审核。

3. 清洁生产标准难以覆盖各种生产类型的问题

随着国家针对环境保护、污染物防治和清洁生产的法律、法规不断完善，印刷行业也制定了相关的标准，如北京市地方标准《印刷业挥发性有机物排放标准》（DB11/1201—2015）、《清洁生产评价指标体系　印刷业》（DB11/T 1137—2014）等。但印刷产品种类繁多、印刷企业生产类型也不同，在对标中经常会出现标准中的指标难以覆盖的情况，如印钞企业虽采用凹版印刷，但却与非吸收材料塑料薄膜印刷采用的溶剂型凹版印刷在生产工艺特点、产废、排放等方面有很大不同；如某些包装盒印刷企业，虽为包装印刷企业，采用的却主要是与出版物印刷相同的平版胶印工艺，产品产量的表述也有其特殊的方面；如数字印刷，按照“使用有毒有害原料进行生产或者在生产中排放有毒有害物质的”需要进行强制清洁生产规定，虽然数字印刷机上一般自带VOCs吸附收集装置，但一些国外进口的喷墨墨水（属原辅材料）的挥发性严重超标，国内还没有针对性的标准等。这类问题直接导致清洁生产中企业缺乏明确的标准和审核中对标的不统一性。

4. 印刷企业环保原辅材料选用的问题

影响污染物产生的重要因素之一是生产中使用的原辅材料，实现清洁生产最有效的方式是施行生产的源头治理。印刷行业主要的原辅材料包括油墨、润版液（平版印刷）、洗车水、胶黏剂等。随着国家环保政策的收紧，倒逼了印刷的上游企业——原辅材料制造商，经过几年的研发和改进，除洗车水以外的主要原辅材料基本上满足当前的环保要求。但检测机构的混乱和缺乏检测文件审核的规范性，造成各种品牌原辅材料的检测报告缺乏公信力，也带来了印刷企业原辅材料选择的混乱及审核依据不充分等问题。此外，目前印刷企业使用的洗车水仍未达到环保标准，这成为采用某些方式的印刷企业可免除末端治理的一票否决，从而带来治理过程中更大的二次污染。

5. 末端治理技术不够成熟带来的问题

末端治理成为进行清洁生产审核印刷企业的必然选择。尽管在国家的环保政策要求下，诸多研发机构及生产企业转而开展环保治理技术及设施的研发，但毕竟我国开展环保治理的年头还较短，而环保治理的需要却很迫切，必然出现末端治理技术并不成熟就走向了市场的现象。特别是针对不同行业污染物成分和排放速率相差甚远的情况，许多企业只能成为环保治理设施改进的试验场。治理设施经费的较大投入，治理效果投入产出的不对等，以及设施运行费用的剧增，对生产效益并不高的印刷企业成为巨大的负担。特别在末端治理这一新兴技术和装备不断升级换代和技术进步的征途上，印刷企业陷入总难以达标、被动升级换代的循环中。

6. 清洁生产审核尺度不尽统一的问题

尽管目前清洁生产审核均依据统一的清洁生产审核法律、法规和标准，但毕竟不同印刷企业清洁生产审核是由不同的审核专家来参与的。由于审核专家对审核标准掌握的尺度不同，对治理技术的认识不同，对不同类型印刷企业生产情况了解的不同，均会带来审核结果的不同。一些印刷企业的产品和生产方式并没有在清洁生产相关标准上明确，会造成审核专家难以准确“量刑”；一些印刷技术和材料尚不成熟，却被片面夸大了效果，以致误导审核专家的正确判断；对适合不同类型印刷企业末端治理技术的了解和掌握不同，会促使审核专家的决策不同。出现针对同一印刷企业、同一审核材料所提供的建议有较大差异也是现实的问题。

7. 审核机构专业性不足的问题

大量印刷企业会聘请审核机构帮助完成清洁生产审核，但审核机构的专业性却良莠不齐。一些企业刚刚起步从事清洁生产咨询工作，对清洁生产内容、清洁生产技术的把握和清洁生产审核报告的撰写水平差异较大。特别是咨询机构会面向各个不同的行业，完全了解每一类行业的生产特点、工艺、设备、技术等几乎是不可能的。但如果从事印刷企业清洁生产审核的咨询机构对印刷企业所涉及的相关技术缺乏深入了解，很难很好地把握审核重点和撰写出符合行业现状、企业发展的分析报告，更难于为企业清洁生产出谋划策，也自然很难帮助企业通过清洁生产审核。

8. 危险废物转移不及时的问题

印刷企业生产会产生固态和液态的危险废物，如废润版液、废洗车水、废洗版水、废墨渣、废墨罐、废胶渣、废擦机布、废活性炭等。根据《中华人民共和国固体废物污染环境防治法》，危险废物必须由有专业资质的回收公司回收和处置，因此印刷企业必须建有独立的、符合贮存要求的危废库。印刷企业只要生产就会产生危废，生产量越大，危废的产生量越大，但由于有专业资质的回收公司太少，印刷企业往往很难及时将危废转移，这不仅造成危废库爆满难以满足贮存要求，还带来了巨大的污染风险。

（三）清洁生产的主要建议

（1）认真研究印刷行业技术发展和生产情况，尽快完善与印刷生产相关的清洁生产标准，对不同规模、类型印刷企业制定不同的清洁生产审核标准。

（2）针对北京地区印刷行业服务首都核心功能的不可或缺以及发展现状，加大对通过清洁生产印刷企业的专项资金支持力度，支持和扶持印刷企业通过清洁生产进行升级改造，提升发展水平。

（3）全面贯彻清洁生产中“节能、降耗、减污、增效”的发展理念，严格审查原辅材料的检测报告，综合评估清洁生产治理方式效能，倒逼环保印刷原辅材料的技术进步，杜绝不成熟治理设施的使用。

（4）加强宣传和政策导向，扩大强制清洁生产审核企业数量，将清洁生产审核纳入政府采购、企业评奖等，促进企业自觉进行清洁生产。

（5）加强咨询机构和审核专家的培训和考核，制定印刷企业清洁生产审核细则，加强审核标准实施的规范性，明确印刷企业清洁生产审核的关键和目的。

（6）扩大有资质的危险废物处置队伍，引入竞争机制，提高服务企业的水平。加强印刷企业危废库建设的有效指导，避免不合格危废贮存带来的风险。

四、河南印刷企业清洁生产调研

（一）调研企业的基本情况

此次清洁生产调研涉及河南省某市 20 家印刷企业，涵盖出版物印刷、包装印刷和商务印刷企业。出版物印刷、纸包装印刷和票据、宣传品等商务印刷主要采用平版印刷方式，部分标签、食品包装、瓦楞纸印刷品采用水性柔性版印刷方式，塑料薄膜、铝箔等包装印刷主要采用凹版印刷方式，一些包装产品及票据等印刷品需要采用丝网印刷方式。各种不同类型的印刷方式使用的原辅材料不同，其 VOCs 的排放也不同。

此次调研的 20 家印刷企业产生 VOCs 的主要来源为洗车水、印刷油墨、胶黏剂、润版液等。为了快速清洁印刷滚筒，普通洗车水中均含有较多挥发性有机溶剂；凹印溶剂型油墨中挥发性有机溶剂占比超过 70%；覆膜胶、胶订胶、糊盒胶等使用的胶黏剂中含有挥发性有机溶剂；普通润版液中含有异丙醇等挥发性物质。这些印刷原辅材料中均含有一定量的挥发性物质，是印刷过程中 VOCs 的主要来源。

此次调研的 20 家印刷企业在生产中采取了不同的清洁生产措施，用来减少生产过程中 VOCs 的排放。大量企业采取 CTP 制版工艺，避免了传统制版中显影、定影产生的 VOCs 及废液的产生；一些印刷企业采用了集中供墨措施，减少了油墨在更换、使用过程中 VOCs 及油墨罐等危废的产生量；一些印刷企业采用了印刷滚筒自动清洗装置，减少了清洗剂的用量，减少了洗车水 VOCs 的产生。印刷过程中清洁生产技术的使用减少了生产过程中 VOCs 的产生量。

此次调研的 20 家印刷企业均进行了废气收集和末端治理。针对废气收集，印刷企业基本都采用在印刷设备上方加装集气罩的方式，为了提高收集效率，部分企业在集气罩边缘增加软帘。根据印刷行业污染物特征（VOCs 和非甲烷总烃）和大风量低浓度的排放特点（除使用溶剂型油墨外），采用的主要末端治理方式为回收（活性炭吸附）+ 销毁（低温等离子、光催化、光氧化等消解）的 VOCs 处理技术。一些印刷企业采用活性炭吸附 +UV 光氧技术，一些印刷企业采用活性炭吸附 + 催化燃烧技术。末端治理使印刷车间的 VOCs 得到一定程度的治理。

（二）调研企业的环保现状

根据河南省地方标准《印刷工业挥发性有机物排放标准》（DB41/1956—2020）和所在市对挥发性有机物排放控制要求中，对生产车间或生产设备边界挥发性有机物排放建议值是非甲烷总烃排放限值为 4.0 mg /m³，从原辅料、工艺过程、排放控制、废气收集、危废处理五个方面对调研企业的环保情况进行分析。

1. 原辅材料

（1）VOCs 物料储存、转移和输送无组织排放

标准要求：油墨、润版液、上光油、稀释剂、清洗剂、胶黏剂等含 VOCs 的

物料应储存于密闭的容器、包装袋或储罐中，存放过 VOCs 物料或含 VOCs 废物的容器、包装袋或储罐应加盖、密封，保持密闭。

环保现状：公司 2、公司 5 印刷车间润版液、洗车水、油墨全部未加盖保存；公司 6、公司 7、公司 14 洗车水等辅料敞口摆放、擦机布随意放置；公司 3、公司 20 擦机布使用后直接摆放在洗车水容器上。

标准要求：盛装产生 VOCs 物料的容器、包装袋或储罐应存放于密闭空间，在物料非取用状态时应加盖、密封，保持密闭。

环保现状：公司 9、公司 11、公司 12 油墨和洗车水等原辅料非取用状态时段敞口乱存乱放且未密闭；公司 7、公司 8、公司 15、公司 16 洗车水随意敞口放置未密闭。

标准要求：使用符合国家要求的低 VOCs 含量原辅材料。

环保现状：本次调研的公司 1、公司 3、公司 4、公司 7、公司 8、公司 9、公司 19 七家企业使用的原辅料均无检测报告、未明确标识 VOCs 含量等关键性指标，对原辅料关键性指标的含量等信息了解意识欠缺。

（2）台账要求

标准要求：企业应建立台账，记录含 VOCs 的原辅料名称、VOCs 含量、使用量、回收量、废弃量、去向以及 VOCs 含量等信息，台账保存期限不少于 3 年。

环保现状：调研企业中均没有完全按照标准对原辅料 VOCs 含量等信息建立台账，保存的意识欠缺。

2. 生产过程

（1）密闭使用或废气收集

标准要求：印刷生产过程中的调墨、涂布、印刷、干燥、覆膜、复合、上光、清洗等使用含有 VOCs 物料的生产过程，应采用密闭设备或在密闭空间内操作，废气应排至 VOCs 废气收集处理系统或处理设施；无法密闭的，应采取局部气体收集措施，废气应排至 VOCs 废气收集处理系统或处理设施。载有 VOCs 物料的设备及其管道在检维修、非正常生产时，应将残存物料退净，并用密闭容器盛装，退料过程应排气至 VOCs 废气收集系统。

环保现状：几乎所有企业都存在非生产时段，印刷机器上残存油墨未退净；公司 9 在非生产时段油墨罐、洗车水容器等均未密封保存。

（2）危废管理

标准要求：废油墨、废吸附过滤材料、废溶剂、沾有油墨或溶剂的棉纱 / 抹布等废物应放入具有标识的密闭容器内，按照固体废物相关管理规定进行处置。

环保现状：公司 9、公司 12 废油墨罐、废擦机布等危废随意堆放，危废临时储存桶敞口放置；公司 3 擦机布使用后直接放置在洗车水容器上。

3. 排放控制

（1）有组织排放控制

标准要求：车间或生产设施排气筒非甲烷总烃最高允许排放浓度为 40mg/m³，生产车间或生产设备边界挥发性有机物排放为非甲烷总烃排放限值为 4.0 mg/m³。

环保现状：公司 19 覆膜车间、印刷车间分别达到 81.27mg/m³ 和 281.5mg/m³；公司 8 车间内浓度达到 390mg/m³；公司 4 车间内浓度在 50 ～ 126mg/m³。

（2）废气处理设施效率

标准要求：车间或生产设施排气中非甲烷总烃（NMHC）初始排放速率≥ 2kg/h 时，配置的 VOCs 处理设施处理效率不应低于 80%；采用的原辅材料符合国家有关低 VOCs 含量产品规定的除外。

环保现状：公司 7 废气处理设施处理效率偏低（处理设施进气口浓度为 16.56mg/m³，废气处理设备排放口浓度为 13.09mg/m³，处理效率为 21%）。

（3）排气筒高度

标准要求：排气筒高度应不低于 15m。

环保现状：公司 12、公司 8 废气排放筒高度不足 15m。

（4）无组织排放要求

标准要求：企业厂区内在厂房外，VOCs 无组织排放非甲烷总烃要求 1h 平均浓度值为 6mg/m³，任意一次浓度值为 20mg/m³。

环保现状：公司 4 厂房外 VOCs 浓度为 55.52mg/m³。

4. 废气收集

（1）处理系统

标准要求：企业应考虑印刷生产工艺、操作方式、废气性质、处理方法等因素，对 VOCs 废气进行分类收集。

环保现状：被调研的 20 家企业中有 19 家企业根据自身采用的工艺方法等，选择和配备了末端治理设施，只有公司 18 未加装任何治理设施。其中只有 1 家采用活性炭吸附单一治理方式，14 家企业采用活性炭 +UV 光氧治理方式，2 家采用活性炭 + 光催化治理方式，2 家采用活性炭 + 催化燃烧治理方式，1 家采用活性炭 + 低温等离子治理方式。

（2）收集系统

标准要求：废气收集系统排风罩（集气罩）的设置应符合 GB/T 16758—2008

的规定。采用外部排风罩的，应按照GB/T 16758—2008、WS/T 757—2016规定的方法测量控制风速，测量点应选取在距排风罩开口面最远的VOCs无组织排放位置，控制风速不应低于0.3m/s，有行业要求的按相应规定执行。

环保现状：公司1收集风力小，导致负压不足；公司3、公司7、公司12车间内安装有强力风扇，造成排风罩处有干扰气流。

（3）输送管道

标准要求：废气收集系统的输送管道应密闭，且在负压下进行。

环保现状：公司8、公司19、公司20排气管道存在泄漏点，公司9末端废气收集管道直排。

5. 危废处理

标准要求：企业对生产线上产生VOCs的危险废物，应规范包装，密闭贮存，废弃桶、袋、瓶等包装物须密闭（原有盖子拧紧，盖子损坏的要用其他容器盛装），有专人专车密闭运输至危废暂存间。危废暂存间建设必须严格按照《危险废物贮存污染控制标准》（GB18597—2001）执行，危险废物要按照危废种类分区分类密闭贮存，由专人负责，登记出入台账，设立危险废物标识，制度上墙，向处置单位转运时做好联单签订和管理工作。

环保现状：公司2、公司19危废间混乱存放、危废未密闭贮存。公司9、公司15无登记出入台账。大量企业危废间未设计危废沟。

6. 主要管理问题

（1）监管部门管理不到位，个别企业无环评；

（2）印刷车间、危废间、裁切车间、装订车间等规划不合理，未进行隔离，不同工艺车间互通，产品、危废随意摆放；

（3）车间不密封，门窗破损、敞开，车间无法形成微负压；

（4）车间内使用强力风扇，对废气收集有影响；

（5）对治理设施不了解，UV光氧催化与活性炭吸附设备安装顺序颠倒。

（三）调研企业的主要问题

（1）VOCs收集风量不足，导致车间内部负压偏低，收集效果欠佳，应加大风机风量。

（2）车间内部废气收集管道直径不一，个别管道直径过小，且排气管道材质差（使用PVC管道），存在泄漏点，因此，应更换直径相同、密闭效果好的管道。

（3）治理设施安装顺序错误（活性炭吸附后连接UV光氧），治理效果变差。

必须了解UV光解主要是对废气进行分解处理，废气经过UV光解之后，浓度会有大幅下降，但很多无法分解处理的废气还需要通过活性炭进一步吸附。如果把活性炭吸附放置在前端，则因为活性炭会把可分解和不可分解的废气无差别地进行吸附，活性炭就需要经常更换或者进行脱附，UV光解也因为进气浓度降低，可分解废气减少，处理效率也大幅下降。

（4）部分平版印刷企业在胶印油墨开盖使用中将隔绝氧气膜废弃，导致胶印油墨氧化结膜，不仅带来油墨浪费、危废增加，也导致VOCs产生，因此，在每次墨罐油墨取出后，应盖上隔膜加盖密封。

（5）存在挥发性有机物的油墨、洗车水、润版液、胶黏剂等原辅材料在空气中会散逸VOCs，因此必须在存放时加盖密封。

（6）一些印刷机台操作人员利用强力风扇降温，对集气罩负压集气产生较大影响。

（7）一些企业使用的原辅材料只有简单介绍，无厂商、无成分、无检测报告。

（8）一些企业采购的原辅材料虽然自称水性环保材料，但味道刺鼻，检测仪器爆表，因此，企业应选择市场中正规品牌、有权威检测机构出具检测报告（VOCs检测合格）的环保材料。

（四）专家管控建议

1. 提高企业VOCs治理整体认识

加大企业人员培训和相关规章制度建设力度，针对不同环节存在的问题进行规范整顿，争取降低印刷车间VOCs浓度，保护员工的身心健康，同时对厂房、生产车间、危废间、涉VOCs工序环节进行升级改造，杜绝无组织排放。

2. 大力推进原辅材料的源头替代

源头替代是印刷行业VOCs治理的根本措施，应推广使用低挥发性环保原辅材料，鼓励使用通过中国环境标志产品认证的油墨、清洗剂、润版液和胶黏剂等环境友好型原辅材料。

（1）使用低VOCs含量的油墨。生产中选择符合国家标准的水性油墨、大豆基油墨、能量固化油墨（UV油墨等）等低VOCs含量油墨。

（2）推广使用免酒精润版液。在胶印工艺中使用免酒精、无醇/低醇（VOCs含量在5%以下）润版液，不使用或少量使用酒精或异丙醇作为润版液添加剂（添加量小于3%）。

（3）推广使用环保型油墨清洗剂。推广使用低/不挥发和高沸点清洗剂，推广使用较为环保的洗车水（VOCs含量小于85%）。

（4）推广使用环保型上光油及胶黏剂。在上光工艺中用水性上光油或UV上光油替代溶剂型上光油；在装订工艺中用水性胶黏剂或聚氨酯（PUR）型胶黏剂替代溶剂型胶黏剂。

3. 加强过程控制

过程管控包括工艺和技术的改进、原辅材料的存储、使用与回收等。应推广使用先进技术和设备，通过工艺优化、设备改进，从根本上减少生产过程中的排放。制定严格的工作程序和标准，减少原辅材料使用全周期内对环境的破坏。

（1）推广使用环保工艺及先进技术。鼓励企业通过工艺和技术的改进及升级实现减排。例如尽可能减少溶剂型凹印工艺的使用，寻求胶印、柔印等工艺的替代方式；采用预涂覆膜工艺替代即涂覆膜工艺；采用无水胶印工艺；采用水性油墨柔印工艺；采用UV印刷工艺等。推广先进技术的使用，如橡皮布自动清洗、印版滚筒高压水洗、润版液循环过滤、集中供墨等。

（2）规范原辅材料的储存、调配、转运、使用和回收。油墨、清洗剂等原辅材料在非即用状态时必须加盖密封，存于安全合规场所；高VOCs含量的溶剂型油墨、清洗剂等调配时应在独立密闭间进行；高VOCs含量的原辅材料在转运时必须采用密封容器封存，并尽量缩短转运路径；车间盛放油墨、清洗剂的容器，在不使用时必须加盖密封；车间使用后的擦机布应及时放入密封塑料桶（袋）中；推荐使用清洗剂定量压盘；高VOCs含量的废原辅材料及存储容器等危险废物应符合危废相关处理规定。

4. 提高废气收集效率

所有使用的原辅材料VOCs含量超过10%的生产工艺和区域均应对产生的VOCs废气进行收集。应选用集气效率高的集气罩，并尽可能靠近污染物排放点。合理设计进风、出风风向和流速，收集管路无破损。

（1）密闭生产环境。印刷过程应在密闭空间或设备中进行，印刷车间应密闭并呈现微负压。对VOCs排放较大的环节或设备，应采取物理单独隔离措施，避免不同工艺环节之间互通。

（2）选择集气效率高的集气罩。无法设置密闭环境的印刷车间在VOCs排放工位或设备上必须配备集气效率高的集气罩，保持罩口呈微负压，罩内负压均匀的集气状态。集气罩设计应满足《排风罩的分类及技术条件》（GB/T16758—2008）要求。

5. 提升污染物治理水平

应综合考虑企业印刷过程中产生的废气量、污染物成分特征、排放条件等因素，选择适宜的处理技术和设备，实行排放浓度与去除效率双重控制，治理设施去除效率不应低于 80%，并避免产生二次污染。

（1）针对企业类型、特点精准施策。对于技术先进、规模大实力强的企业，可推荐采用废气收集 + 吸附 + 燃烧 + 定期脱附再生的治理方式；对中小规模企业，可推荐采取废气收集 + 吸附 + 第三方脱附再生的治理方式；在印刷企业集中地区，鼓励建立统一活性炭再生中心。

（2）提高治理效果。为提高治理效率，在治理设施前端可配置纸毛、纸粉过滤系统，并达到后续处理需要的净化等级。

（3）避免二次污染。应妥善、及时处置次生污染物，如废气处置产生的废水、废过滤棉、废吸附剂等。必须按照相关危废管理要求规范处置，防止二次污染。

6. 强化监督、管理与扶助

应加强企业废气处理设施进、出口采样及厂界无组织排放浓度监测。建立健全企业各类台账并严格进行管理。聘请专家团队开展“一厂一策”精准扶助，从源头替代、工艺改进、无组织排放管控、废气收集、治污设施等方面为企业量身打造科学合理的治理方案。

五、其他省市印刷企业清洁生产调研

（一）河北省廊坊市

2019 年，对河北省廊坊市安次区的 9 家不同生产规模、不同生产类型的印刷生产企业进行了调研。

1. 印刷企业发展状况

表 2-11 为 9 家调研印刷企业的基本情况，主要涉及企业生产方式、产品类型、印刷产值以及企业员工人数。

表 2-11　调研印刷企业的基本情况

印刷企业	印刷产值 / 万元	职工数量 / 人	主要产品类型	印刷方式
企业 1	600	20	其他印刷	平版胶印
企业 2	300	30	其他印刷	柔性版印刷

续表

印刷企业	印刷产值 / 万元	职工数量 / 人	主要产品类型	印刷方式
企业 3	18	2	包装印刷	平版胶印
企业 4	2300	130	出版物印刷	平版胶印
企业 5	1000	20	包装印刷	平版胶印
企业 6	1000	60	包装印刷	平版胶印
企业 7	1000	30	其他印刷	平版胶印
企业 8	40	2	其他印刷	平版胶印
企业 9	1500	17	包装印刷	水性墨 柔性版印刷

注：1. 印刷产值和人员数量为近似值。

2. 按照原国家新闻出版总署印刷产品分类为出版物印刷、包装印刷和其他印刷。

3. 按照印版类型进行印刷方式分类，分为凸版印刷（硬版 / 软版）、平版印刷（直接印刷 / 间接胶印）、凹版印刷、丝网印刷、其他印刷。柔性版属于凸版印刷中的软版印刷。

9 家印刷企业除企业 4 的印刷产值较高、人员较多以外，其余 8 家企业生产规模均属于小微型印刷企业，2 家企业印刷产值不足 50 万元，人员只有 2 人。9 家印刷企业除企业 4 从事当前市场相对稳定的出版物印刷，其余 4 家企业从事与产品密切相关的包装印刷，4 家企业从事受市场变化影响最大的商务和其他社会零件产品印刷。

受国家政策、经济环境、市场变化等因素的影响，印刷行业的发展受到较大冲击。特别是在印刷行业面临转型升级的市场背景下，规模越小的企业，特别是一些市场竞争力偏弱的，仅能获得二手印活的企业，印刷利润更低，企业不具备设备更新、技术升级的经济实力和技术力量。考虑地区市场竞争仍然主要以价格竞争为主，企业不会自愿选用价格较为昂贵的环保印刷材料。因此，除非企业具有产品特色、技术特色或印刷生产特色，否则这类小微印刷企业在政策和市场的双重压力下，必将面临难以生存、自然淘汰的境况。

2. 印刷企业设备状况

表 2-12 为 9 家调研印刷企业的设备情况，主要涉及企业印前 CTP 使用情况、胶印机使用情况和印后设备使用情况。

表 2-12　调研印刷企业的设备情况

印刷企业	印前设备	印刷设备	印后设备
企业 1	CTP	CD102-4（二手） CD102-4（二手） GTO52-4（二手）	无
企业 2	CTP	L440（二手） SM52-4（新设备） SM52-4（二手）	无
企业 3	无	不干胶标签印刷机（2 台）（台湾）	不干胶标签模切机（2 台）
企业 4	CTP	CD102-4（3 台） PM52-4（1 台） R705（1 台）（新设备） G40-4（1 台）（新设备） YP1A1A（1 台）河南新机 CSS9202（2 台）江苏昌昇	FBK8000 裱纸机
企业 5	CTP	KBA142-6+1（1 台） KBA162-5（1 台） SM52-4（1 台）	无
企业 6	CTP	L540+ 上光（1 台） L437（2 台）（新设备） CD102-4（1 台） PM52-4（1 台） SM52-4（1 台）	模切机 覆膜机（即涂）
企业 7	CTP	RMGT 9（1 台）（新设备） XL105-7（1 台）（新设备） SM52-4（1 台）	无
企业 8	无	营口小胶印（1 台） 潍坊小胶印（1 台） 08 机（1 台）	无
企业 9	无	纸箱印刷开槽机（3 色） 纸箱印刷开槽机（4 色）	订箱机（2 台）

注：1. 新设备指企业近 5 年新购设备。

2. 其他设备基本为企业多年使用设备（一般超过 10 年，或采购的二手机）。

9 家印刷企业根据印活需要、生产规模和企业发展特点，目前拥有的印前、印刷和印后设备，已基本能够满足印刷工艺要求。其中，企业 4 和企业 6 的印刷工艺齐全，能够进行印刷品全程的自主加工；企业 1、2、5、7、8 五家公司不具备印后加工能力，印后加工业务外协；从事包装印刷的企业 3、8、9 没有自主印前工艺；企业 7 仅有印刷设备，从事零散社会零件印刷。

印刷设备是印刷企业最大的投资之一，印刷设备的优劣代表了印刷企业的生产能力和实力。拥有近十年内生产的市场公认国际品牌的先进印刷设备，配置了更多符合清洁生产要求的自动化辅助装置，或提供了可扩展的设备接口，无论在印刷设备的技术水平（节能）、提高印刷质量（降耗）、提高生产效率（增效）、降低废品率（减排）等方面，都更符合清洁生产标准。因此，从未来印刷企业的生存和持续发展考虑，能效低下、设备改造代价高的老旧印刷设备应逐步淘汰。

3. 印刷生产过程的环保状况

表 2-13 为 9 家调研印刷企业生产过程中的环保情况，主要涉及企业印刷废气收集情况、印刷过程中使用的环保装置和技术情况。

表 2-13　调研印刷企业生产过程中的环保情况

印刷企业	软帘	集气罩	集中供墨 / 袋装墨	集中供气	自动清洗	自动配比	按压洗车水
企业 1	×	√	√	×	×	×	×
企业 2	×	√	√	×	×	×	√
企业 3	√	√	×	×	×	×	×
企业 4	√	√	√	√	×	×	√
企业 5	√	√	√	×	√	√	√
企业 6	√	√	√	√	√	√	√
企业 7	√	√	√	√	√	×	√
企业 8	×	√	×	×	×	×	×
企业 9	×	√	×	×	×	×	×

注：1. 软帘：集气罩下增加软帘有助于 VOCs 的收集；

2. 袋装油墨：可减少废墨残留和减少危废（墨罐）；

3. 自动清洗：墨辊 / 滚筒的自动清洗装置；

4. 自动配比：润版液可自动检测、配液、配比、过滤等；

5. 按压洗车水：洗车水密闭，通过按压方式挤出到擦机布上，减少 VOCs 排放。

印刷生产过程不仅使用到相关的印刷设备，还涉及不同的辅助设备与装置。在印刷生产过程中，利用先进生产技术与工艺，借助辅助设备与装置，更科学合理地减少污染的排放，有效处理 VOCs，最大程度降低印刷损耗，提高能源利用和生产率等措施，也是印刷企业节能降耗、减排增效的重要途径之一。

印刷过程中采用各种辅助设备与装置，可有效减少有毒、有害物质对环境的影响。印刷设备集气罩安装不能与设备过于接近（人员操作需要），势必带来集气效率的下降，特别是有些印刷企业由于厂房高度的限制，只能采用侧向吸附方式，收集效率会更低。增加软帘可提高收集效率，对操作的影响可以接受；集中供墨 / 袋装墨可有效减少危废（墨罐）；集中供气能够有效降噪，减少气泵数量，提高能源效率；润版液自动配比可提高产品质量，减少废液；自动清洗可减少洗车水用量 15% ～ 20%，有效减少 VOCs 排放；按压式洗车水容器采用密闭方式，避免洗车水的挥发。这些印刷过程中采用的辅助装置和措施，不仅可以提高生产的自动化水平，减少操作人员数量，降低印刷废品率，还可以减少生产过程中的废气、废液、废物的产生，降低末端处理的难度和成本。鉴于这些措施和方法的有效性，印刷企业应根据生产状况合理选择。

4. 印刷企业生产管理状况

9 家印刷企业中，企业洗车水不密闭，沾有洗车水的擦机布随意摆放，车间布局混乱；企业 3、企业 4 纸毛堆积在车间，造成环境混乱，存在安全隐患；企业 4 印刷实地产品多，为避免沾脏，使用大量喷粉粉粒，造成环境清洁度极度破坏，对操作人员及设备均有非常不利的影响；企业 9 进行纸箱印刷、开槽，环境粉尘污染较多，对环境影响严重。

印刷企业的生产现场状况能够反映企业的生产经营情况及管理者的管理水平。印刷企业由于产品生产和质量要求，对环境的温度、湿度、尘埃度等均有严格要求。对于承接较高质量印刷品印刷的生产企业，印刷厂房需要密闭，必须做到恒温、恒湿；对于特殊印刷品，如需要较多喷粉、纸箱开槽等易产生粉尘的工艺，需加大环境湿度，尽可能减少用粉量，采用吸粉处理装置等措施，减少粉尘对环境和人员的影响。企业管理者应提高环境保护意识，了解印刷过程中污染物产生的原因，对目前 VOCs 排放较多的洗车水的使用高度重视，加强洗车水使用量、使用方法的培训。加强固废（纸毛、废版等）的管理，净化环境，减少安全隐患。

5. 总体建议

（1）印刷业务偏小、环保水平较低的小微企业，尽量与较大型企业重组，减少地区环境环保压力；

（2）印刷工艺不齐整、印刷设备较落后的中小企业，考虑横向联合，加快生产工艺改造和技术升级；

（3）已经具有较为完善产品线、生产设备和环保新技术的中小企业，应加大环保改造力度，尽快通过清洁生产审核，达到较高环保水平。

（二）河北省三河市

2019 年 6 月，对河北省三河市皇庄、杨庄镇的 8 家出版物印刷企业进行了调研。

1. 调研企业基本情况

表 2-14 为 8 家调研印刷企业的基本情况，主要涉及印刷企业的规模及生产类型相关情况。

表 2-14　调研印刷企业的基本情况

印刷企业	年印刷产值 / 万元	职工数量 / 人	印前	印刷	印后	
					平装	精装
企业 1	1600	60	√	√	√	×
企业 2	1500	60	√	√	√	√
企业 3	—	60	√	√	√	×
企业 4	800	43	√	√	√	×
企业 5	3000	150	√	√	√	×
企业 6	3000	100	√	√	√	×
企业 7	1000	60	√	√	√	×
企业 8	3000	100	√	√	√	√

注：1. 企业 3 因负责人不在，印刷产值没有确定的数据；

2. 企业 2 虽有平装、精装生产线，但仅做书芯加工。

8 家印刷企业生产规模基本都接近或超过年产值 1000 万元，主要服务于北京各大出版社，从事教材、教辅、科技书籍等出版物印刷，年印刷在 15 万～25 万色令，所有企业均已通过绿色印刷认证。印前工艺均采用 CTP 制版，印刷工艺采用单张纸平版胶印，印后加工主要进行书芯加工及书籍装订（平装或精装）。企业印前、印刷、印后工艺环节基本齐全。除企业 2 仅进行书芯的印刷、折页、配页环节，其他企业均能够完成书芯整体的印刷和书籍的平装 / 精装装订。除企业 1 使用即涂覆膜工艺，其他所有企业的覆膜、上光、制书壳工序（如需要）均采用外协加工。

北京有 238 家出版社，其中 219 家为中央级出版社，每年的出版物印刷任务除北京的印刷企业承担外，也有大量在北京周边的河北省印刷企业分担。受到近年来国家政策、经济环境、市场变化等因素的影响，特别是 2018 年开始各出版社图书书号削减的直接影响，这些基本完全服务于出版社的印刷企业受到较大的影响，大部分印刷企业的业务量明显不足。近些年来，与北京情况相似，在严格环保治理和印刷市场萎缩的双重压力下，较小规模的印刷企业已经纷纷被迫关闭、退出、合并和转型，市场整体环境已经得到一定的整顿，目前存留的部分企业尽管仍然面临很大的生存压力，但已经在大浪淘沙下，形成能够较好服务出版社书籍印刷的较为完整的印刷工艺和相关设备基础，几经技改努力和自我消化，选用的印刷原辅材料也是目前市场水平下被广泛认可的环保型材料。企业在规模、技术水平、环保能力等方面具备继续向上发展的良好基础。

2. 印刷企业设备状况

表 2-15 为 8 家调研印刷企业的设备情况，主要涉及企业印前 CTP 使用数量、胶印设备类型及台套数、主要印后设备类型及台套数。

表 2-15　调研印刷企业的设备情况

印刷企业	印前 CTP/ 台	印刷设备 / 台	印后设备 / 台
企业 1	1	昌昇单色单面机，4 台 昌昇单色双面机，4 台 北人单色双面机，2 台 海德堡对开四色，2 台	折页机，8 台 无线胶订机，2 台
企业 2	1	大洋单色单面机，2 台 北人单色单面机，1 台 海德堡对开四色，1 台 小森对开四色机，2 台	折页机，6 台 平装联动线，1 台 精装联动线，1 台 骑马订联动线，1 台
企业 3	1	紫明单色双面机，1 台 紫明双色双面机，2 台 北人单色双面机，1 台 昌昇单色双面机，3 台 利优比新菱对开四色，1 台	折页机，6 台 平装联动线，1 台

续表

印刷企业	印前 CTP/ 台	印刷设备 / 台	印后设备 / 台
企业 4	1	昌昇双色双面机，1 台 秋山双色双面机，1 台 秋山四色双面机，1 台 昌昇单色双面机，3 台	折页机，4 台 平装联动线，1 台
企业 5	2	昌昇单色双面机，3 台 北人单色双面机，6 台 小森对开四色机，1 台 海德堡对开四色（可翻转），1 台	折页机，7 台 圆盘机，1 台 平装联动线，1 台
企业 6	2	北人单色双面机，2 台 三菱对开四色机，3 台 海德堡对开四色，3 台 海德堡对开五色，1 台 海德堡对开十色（可 5+5），1 台	折页机，5 台 上封皮机，1 台
企业 7	1	昌昇单色双面机，4 台 如皋单色双面机，2 台 北人单色双面机，4 台 紫明单色双面机，2 台 海德堡八开四色，1 台	折页机，8 台 平装联动线，2 台 骑马订联动线，1 台
企业 8	1	昌昇单色双面机，4 台 海德堡对开四色，1 台	折页机，7 台 锁线机，1 台 圆盘机，1 台 配页机，1 台 精装联动线，1 台

注：1. 单 / 双色双面印刷机主要用于黑白 / 双色书芯的印刷；

2. 四色及多色印刷机主要用于印刷书籍封面的印制。

8 家印刷企业均拥有 1 ～ 2 台印前 CTP 设备，用于将出版社的数字化文件制作成印刷需要的印版。根据出版社教材、教辅等书籍的特点，黑白内文印刷一般采用双面单色 / 双色印刷机印刷，因较多书籍的印刷数量基本在 2000 ～ 5000 册，所有企业均采用单张纸印刷机进行印刷；彩色内文 / 封面，一般使用四色及四色以上的单张纸多色印刷机印刷。所有企业均使用折页机进行书芯的折页，配页机进行配页，几乎所有企业均具备平装书芯加工的业务和能力，但文件、期刊的骑马订业务较少，主要从事书籍的平装或精装加工。企业 2 虽有平装、精装和骑马订生产线，但生产业务主要为书芯加工（不上封面）；企业 8 在 2017 年引进了德国柯尔布斯精装生产线，60% ～ 70% 业务为书籍精装业务。所有企业印刷业务中如果涉及书籍封面的烫金、模切、UV 印刷或上光、覆膜等工序需要，皆由出版社进行调配（指定其他厂家协作加工）或由企业自主寻找外协解决。

印刷设备完整与优劣决定了该企业的主营业务，也代表了印刷企业的真实生产能力和实力。可以看出，在环保压力及技术改造的推动下，CTP 制版设备已全面取代了传统的胶片晒版设备，既提高了制版效率、印版质量，也大大减少了印前环节的环境污染问题。在印刷环节，几乎所有调研企业均拥有进口单张纸彩色（四色及以上）胶印机（新机 / 二手），根据业务量拥有多台单色 / 双色双面单张纸胶印机，具备了较强的书籍印刷能力。在印后装订方面，所有印刷企业基本都有 1 ～ 2 条装订联动（平装 / 精装）生产线，能够满足平装 / 精装书籍的装订效率和装订质量的要求。近年来，随着出版社的精装书籍业务的增多，拥有较高自动化水平和加工质量的精装生产线的生产企业，已经开始显示出其更大的竞争优势。

3. 印刷生产过程的环保状况

表 2-16 为 8 家调研印刷企业生产过程中的环保情况，主要涉及企业印刷废气收集情况、印刷过程中使用的环保装置和技术情况。

表 2-16　调研印刷企业生产过程中的环保情况

印刷企业	软帘	集气罩	集中供墨 / 袋装墨	集中供气	自动清洗	循环过滤	按压洗车水
企业 1	×	√	√	×	√	×	×
企业 2	×	√	√	√	×	×	√
企业 3	×	√	×	×	×	√	√
企业 4	×	√	×	√	√	√	√
企业 5	√	√	☆	√	√	√	×
企业 6	√	√	○	√	×	√	√
企业 7	×	√	○	√	√	√	×
企业 8	×	√	×	√	√	×	×

注：1. 软帘：集气罩下增加软帘有助于 VOCs 的收集效果；

2. ☆：采用袋装油墨，可有效减少废墨残留和减少危废（墨罐）；

3. ○：正在洽谈之中，筹备采用集中供墨系统；

4. 循环过滤：润版液可循环过滤再用，减少润版液用水；

5. 按压洗车水：洗车水密闭，通过按压方式挤到擦机布上，减少 VOCs 的排放。

8家印刷企业均采用不同环保技术进行印刷过程中的VOCs减排，有5家印刷企业使用印刷机自动清洗装置，4家印刷企业使用按压洗车水装置；同时，企业不断加强印刷过程中VOCs的收集处理，减少无组织排放，如所有被调研企业的生产设备中涉及VOCs产生的部位（如印刷机组、装订联动线的上胶装置等），均采用集气罩进行有效收集；企业5、6在集气罩下还增加软帘，以提高废气的收集效果；企业越来越多地认可印刷机集中供墨系统或使用袋装油墨，有助于减少油墨浪费、溶剂挥发和墨罐等危废的产生；除企业1、3外，所有企业均采用集中供气方式为印刷设备提供气源，有效地节约了能源，降低了生产过程中噪声的产生；企业还广泛使用润版液循环过滤装置，在保持印刷过程中润版液的清洁、保证印刷质量的稳定、减少废品率产生的同时，减少废水排放。这些近年来行业公认的节能、减排、降耗、增效的有效技术与方法，十分有利于企业环保水平的提升，也为更多印刷企业做出了良好的表率。

印刷生产过程中的节能、减排、降耗、增效等先进技术与方法措施的推广，需要多方面的协同。不仅需要通过环保压力，使得企业自觉提高环保生产的责任感，还需要相关专业技术和环保技术的保证，有效提升印刷设备生产效率和产品质量，使企业的投入能够见到实效，引导企业自觉重视和提升环保水平。以胶印机自动清洗装置为例，尽管近几年自动清洗装置也在不断改进和提高，由清洗液刷辊式改为无纺布擦拭型，减少了VOCs的排放，但仍然存在技术不够成熟而导致难以完全清洗干净等问题。此外，印刷机集中供墨系统的环保优势是显而易见的，废墨减少、排放减少、墨罐减少，既通过节约油墨提高了生产效益，又减少了生产危废的产生。但集中供墨系统仅限于使用相同类型油墨（如彩色印刷所需的四色油墨），还不适用于专色油墨的使用。又因为集中供墨系统供应商是以每年使用一定数量油墨作为系统安装的基本条件，要求企业相同或相似类型的印刷设备必须达到一定的装机数量。由此可见，各种新技术、新装置的使用都会受到企业既有条件、决策者的认识和先进技术的成熟度等因素制约，印刷企业需要反复进行综合评价，并且考虑未来一段时期的技术发展速度，才能做到技改合理、投入有效、具有前瞻性。

4. 印刷企业生产管理状况

8家印刷企业的生产管理水平与其生产经营现状基本匹配，市场的持续疲软使得企业管理者更多地将工作重心放在如何获得业务订单和按时交活上，缺乏对企业生产过程规范化的设计和科学管理。面对教材这一类出版物，相对印刷质量的要求并不苛刻，但印刷质量和生产设备管理都并不到位，具体反映在几乎所有企业的生产车间都不够整洁、干净，废纸、废水随处可见。对印刷环保的理解和认识也不到位，几乎所有使用桶装洗车水的企业，挥发性较强的洗车水桶盖都没有盖上，甚至有的擦机后带有油墨的擦机布随意放置。对印刷材料的了解不足，对于易于氧化结膜干燥的胶印油墨，打开墨桶墨盖后不密封，搅墨后的墨铲上带有大量油墨等现象比比皆是。管理者缺乏环保、质量认识，生产操作者缺乏技术、管理培训是这类企业共有的管理缺陷。

本次调研的印刷企业，尽管企业规模并非较大，但所面临的市场压力是相同的。这些企业的产品类型、工艺路线和生产方式大多相似，企业性质也基本相同，均为民营企业，规模不大。这种类型的印刷企业大部分是父母创业，子承父业，两代人创下的基业，在二十多年前的印刷黄金期积累了财富，但大多缺乏现代企业的科学管理能力和软实力思维。家族企业的文化传承、生产特点、人员频繁流动及行业较低生产利润，使得这类企业很难也很少开展业务、技术和生产培训，企业员工的专业知识和操作规范性都严重缺失。面对市场的剧烈变化和企业经营压力的不断加大，改变企业管理观念，在硬件达到一定水平的同时，提高企业管理水平的软实力，借助环保技改，达到节能、减排、降耗、增效的目的，通过精细管理向管理要效益，也是一条可以借鉴的发展道路。

5. 总体建议

（1）调研企业的印刷业务较为一致，工艺路线相似，设备重复度较大，环保水平差不多，相互之间形成同质化竞争。建议政府引导、政策促进、方法措施精细，促使这类印刷企业重组联合，减少小微印刷企业的数量，减少地区环保和环境污染压力。

（2）借助北京市一批印刷企业外迁至河北的机遇，政府牵线搭桥、协会主动约谈，鼓励印刷工艺不齐整、印刷设备较落后的中小企业与北京外迁企业横向联合或资产竞合，加快生产工艺改造和技术升级，尽快扭转河北出版印刷企业生产的落后现状。

（3）以前河北企业大多为北京印刷做拾遗补缺的生产环节，现在企业发展已初具规模，已经具有较为完善的产品线、生产设备和环保新技术，应站在新发展的高度上，继续加大环保改造力度，尽快主动申请清洁生产审核，注重企业生产管理水平的提升，重视科技人才引进、特色产品开发、先进技术工艺应用，加强精细管理，将企业印刷生产能力、产品质量、环保水平提升到更高层次。

（三）安徽省淮北市

2021年，对安徽省淮北市5家包装印刷企业进行了清洁生产调研。5家包装印刷企业分别以生产镀膜塑料复合薄膜、卡纸与马口铁组合酒盒、瓦楞纸箱、卡纸酒盒为主要产品。

1. A企业

（1）企业生产、VOCs产生节点与排放处置基本情况

该企业属于包装印刷企业，印刷成品为镀膜塑料复合薄膜，印刷工艺为凹印工艺，拥有两台机组式凹印机，分别为10色和8色。凹印版滚筒外协加工，凹印机独立封闭车间，覆膜机在大车间内。现场考察时，全企业印刷部分停产，凹印机、覆膜机均未开动。

VOCs产生节点主要是凹印溶剂型油墨，采用有组织收集后处置。废气处置装置为光氧化技术处理，每台凹印机配置一台废气处理装置。

（2）存在的问题

①该企业成立之初，立项书为胶印企业，还有制版设备，多台胶印机，采用润版液等。随后，又出现凹印机、水性油墨等。资料极度混乱，仅从资料无法判断到底是胶印生产工艺还是凹印生产工艺，似有用胶印掩盖凹印的嫌疑。

②实际现场考察，该企业为典型的凹印生产工艺，采用的是溶剂型油墨，绝非所谓的水性油墨。

③车间墨桶显示使用洋紫荆牌凹印油墨，为无苯无酮溶剂型油墨，其中成分含有脂类0%～40%，醇类0%～40%，烷烃类0%～40%，仓库中有正丙酯、醋酸乙酯等溶剂桶。

④油墨配制在车间进行，没有专门配墨室。车间墨桶普遍敞盖，与印刷机并置。

⑤除原有凹印机配置抽风集气装置，加装一台光氧化处理装置。该装置集气口与原有抽风口并装，实际只有部分废气进入处理装置得到处置，大量废气通过原有排风口排出。

⑥废气光氧化处理装置为三无产品，无品牌、无制造厂商、无生产地址，并且装置中的紫外灯管配置不标准。

⑦房顶安装的排气管仅有三米多高，形同虚设。

（3）排查诊断意见

①企业设立到改造（也可能从设立起就作假）的资料明显不符要求，多处反映出资料作假，如胶印工艺、润版液、水性油墨等。建议组织专家重新进行环评核查。

②企业在考察期间暂停生产，明显躲避废气排放、车间环境和废气处理情况。建议环保局组织第三方抽查，重新严格测试废气排放情况。

③对企业存在的废气收集、处理的问题重新定检，限期整改。

2. B企业

（1）企业生产、VOCs 产生节点与排放处置基本情况

该企业属于包装印刷企业，但是并没有印刷生产设备，生产成品为卡纸与马口铁组合的酒盒，生产工艺为卡纸模切工艺、马口铁冲压工艺。生产设备简单，卡纸裱糊机采用完全水性黏结剂，没有 VOCs 产生工艺。现场考察时，处于正常生产状态，是一个典型的无废气印后加工生产企业。

（2）存在的问题

①该企业资料不齐整，未提供危废转移联单等资料。

②企业坐落在居民区附近，生产产生的噪声较大。

③马口铁冲压机没有封闭隔断，大车间内噪声加剧。

④固废产生量较大，未能提供有资质回收单位资料。

（3）排查诊断意见

①该企业仅印后加工生产工艺简单，属于无排放生产企业。

②企业设立、环评和调整资料不齐，应予以补齐。

③该企业并非典型 VOCs 排放企业。

3. C企业

（1）企业生产、VOCs 产生节点与排放处置基本情况

该企业属于包装印刷企业，生产成品为瓦楞纸箱，生产工艺为瓦楞纸柔性版印刷工艺，瓦楞纸开槽印后加工工艺和手工钉箱工艺。印刷生产设备为四色柔性版印刷机，完全采用水性油墨，没有 VOCs 产生工艺。现场考察时，处于正常生产状态，是一个典型的无废气印后加工生产企业。原有的一套大型瓦楞纸裱糊覆膜机已经停产，等待报废。

（2）存在的问题

①该企业生产废水外聘第三方专业处置公司处理，效果一般。

②企业生产无日志等记录资料。

③固废产生量较大，未能提供有资质回收单位资料。

（3）排查诊断意见

①该企业为典型瓦楞纸箱印刷加工企业，采用环保水性油墨的柔性版印刷工艺，属于无排放生产企业。

②企业生产日志记录、固废回收资料不齐，应予以补齐。

③固废回收应交予有资质的企业。

4．D企业

（1）企业生产、VOCs产生节点与排放处置基本情况

该企业属于包装印刷企业，生产成品为卡纸酒盒，生产工艺为卡纸胶印工艺，印刷后水性光油上光。印刷生产设备为五色胶印机，采用环保型油墨和耗材，印刷车间封闭隔离，机组配置集风罩有组织收集废气，采用低温等离子+UV光氧净化+活性炭吸附组合处理装置。现场考察时，企业处于生产停产状况，是一个典型的单一产品胶印工艺生产企业。

（2）存在的问题

①该企业处于停产状态，无法评估生产时期的废气排放情况。

②企业生产环境不佳，墨桶基本敞盖，并与印刷机混乱并置。

③胶印机上集气罩偏高，集气效果不佳。

（3）排查诊断意见

①该企业胶印生产采用环保油墨、润版液和洗车水，源头环保材料。

②企业印刷生产设立独立车间和有组织排放，但是生产管理不善，应尽快参加清洁生产审核。

③企业废气处理采用三种技术组合处理工艺，效果较好。

5．E企业

（1）企业生产、VOCs产生节点与排放处置基本情况

该企业属于包装印刷企业，生产成品为瓦楞纸箱，生产工艺为瓦楞纸柔性版印刷工艺，瓦楞纸开槽印后加工工艺和半自动钉箱工艺。印刷生产设备为单色柔性版印刷机，完全采用水性油墨，没有VOCs产生工艺。现场考察时，处于印刷暂停生产状态，是一个典型的无废气瓦楞纸箱加工生产企业。

（2）存在的问题

①极为简单的单色文字柔性版印刷工艺，采用水性油墨，无VOCs产生，但是车间生产脏乱。

②企业生产等记录资料不齐全。

③固废产生量较大，未能提供有资质回收单位资料。

（3）排查诊断意见

①该企业为典型瓦楞纸箱印刷加工企业，采用环保水性油墨的柔性版印刷工艺，属于无排放生产企业。

②企业生产日志记录、固废回收资料不齐，应予以补齐。

③固废回收应交予有资质的企业。

第3章

印刷业绿色环保材料研究

通过对印刷行业环境污染源的调研，确定了印刷原辅材料是产生VOCs排放和固废的最基本来源。根据印刷企业清洁生产审核情况，明确了应用绿色环保原辅材料是从源头提高清洁生产水平的有效方法。本章深度分析了印刷油墨、印刷辅助材料（润版液、洗车水等）的基本成分和环保性能，为行业提供了选择和研发绿色环保印刷原辅材料的基本路径，有助于推动绿色环保新材料的生产和应用，实现印刷企业的源头减排目标，促进北京印刷业清洁生产水平的进一步提高。

一、印刷业环保材料调研

随着国家多项环保政策的出台以及印刷包装被列为重点治理行业，印刷企业的环保问题得到了全社会的关注。从环境治理角度出发，源头治理是一项从生产过程的开端和根源上进行的善治，可以借助先进技术工艺与绿色环保材料，推动印刷企业走上绿色发展之路。在此背景下，笔者接受香港地区某咨询公司委托，于2012年初撰写完成了“中国内地印刷业耗材供应市场与应用情况的调研报告”。

（一）中国印刷市场概况

1. 中国印刷市场发展状况

我国印刷业作为新闻出版业的重要组成部分，改革开放30多年来，在党中央，国务院的坚强领导下，获得了持续快速发展。“十一五”期间，我国印刷总产值年均增长19.3%，远远高于同期国民经济11.2%的增长率。2011年，印刷业总产值占我国新闻出版业总产值的57.8%。印刷业已成为我国文化产业发展的主力军，不仅维护了意识形态安全，满足了人民群众的消费需求，而且发展成一个为经济社会发展“穿衣戴帽”的重要产业。

（1）印刷企业情况

截至2011年底，全国共有各类印刷企业1万多家，同比下降1.8%；从业人员300多万人，同比减少2.7%；印刷总产值8000多亿元，同比增长12.59%；资产总额9000多亿元，同比增长近10%；利润总额700多亿元，同比增长8%；对外加工贸易额近700亿元，同比增长近3%。其中，出版物印刷企业近7000家，印刷总产值1000多亿元，同比增长1%；包装装潢印刷企业近5万家，印刷总产值6000多亿元，同比增长20%；其他印刷品印刷企业4万多家，印刷总产值700多亿元，同比下降15%；专项排版、制版、装订企业2000多家，印刷总产值70多亿元；专营和兼营数字印刷企业近千家，印刷总产值近40亿元。

（2）中国印刷工业发展特点

行业集中度不断提高，大企业数量增长较快。2011年，中国印刷工业总产值同比增加12.6%，而企业数量和从业人员同比分别下降1.8%和2.7%；规模以上企业（年产值5000万元以上）同比增加近300家，占全行业企业总数的2.4%。

规模以上企业共实现总产值4000多亿元，占全行业总产值的比重为50%多，同比提高4个百分点。

包装印刷增长迅速，出版物印刷增速放缓。2011年，中国共有包装装潢印刷企业近5万家，完成总产值6000多亿元，占全国印刷总产值的70%以上。受中国国内消费需求增长的带动，2011年包装印刷总产值同比增长20%以上，远高于当年印刷总产值的整体增速。而受新媒体快速发展的不利影响，出版物印刷增速放缓，产值同比仅增长1%。

绿色印刷引起业内重视，环保措施效果明显。国家新闻出版总署在《印刷业“十二五”时期发展规划》中提出，要大力推动绿色印刷发展。据《2012年实施绿色印刷成果报告》发布数据显示，截至2012年11月，中国有153家企业通过绿色印刷企业认证，其完成的产值占中国印刷总产值不到5%。据估算，中国印刷工业因实施各项环保措施，能耗及印刷材料损耗综合成本每年可降低5亿元，挥发性有机化合物（VOCs）的排放量每年可减少排放总量的1.5%。

数字印刷增速快，总量偏低。数字印刷和数字化是“十二五”时期中国印刷工业发展的另一个重点。在政府和企业的积极推动下，近年来数字印刷在我国取得了较快发展，截至2011年底，中国数字印刷机装机总量2000多台。但总体来看，数字印刷在印刷工业中的占比仍然较低。2011年，我国数字印刷企业总计不足千家，实现总产值近40亿元，仅占行业总产值的0.5%。即使在北京、上海等相对发达的中心城市，数字印刷在印刷工业总产值的比重也仅有1%左右。

2. 印刷设备及器材情况

（1）印刷设备

据中国印刷及设备器材工业协会对全国68家重点印刷设备制造企业的统计，2011年，实现总产值约近80亿元，同比增长16%；销售收入75亿元，同比增长10%；利润总额6亿元，同比下降4%。其中，企业销售收入较去年有所增长，但利润增长的企业仅占总数的50%，而亏损的企业则占总数的近20%。

（2）印刷器材

纸及纸板。据中国造纸协会统计，2011年，国内纸及纸板生产量近亿吨，同比增长7%；消费量近亿吨，同比增长6%；人均年消费量为70多公斤（13.40亿人），同比增长7%以上。其中，出版印刷用纸方面，据统计，2011年，全国出版印刷图书、期刊、报纸、折合用纸量700多万吨，同比增长5%以上。

胶印版材。据中国印刷及设备器材工业协会统计，2011年，国内胶印版材使用总量为2亿多平方米，其中，CTP版的使用量为1亿多平方米，占使用总量的近50%。

印刷油墨。据中国印刷及设备器材工业协会统计，2011年，国内印刷油墨生产总量约50多万吨，消费总重近60万吨（含进口油墨消费量约几万吨）。其中，胶印油墨消费量约占45%，凹印油墨消费量约占35%。另外，水性油墨和无苯类的各种绿色环保型油墨消费量约占20%。

橡皮布。据中国印刷及设备器材工业协会统计，2011年印刷橡皮布销售总量为160万平方米，同比增长6%以上；销售收入4亿多元，同比增长近6%。其中，气垫橡皮布销售量约占85%，普通橡皮布销售量约占15%，进口品牌橡皮布销售量约占国内市场的30%。

印刷胶辊。据中国印刷及设备器材工业协会统计，2011年，国内印刷胶辊总产量约为12亿立方厘米，同比下降近30%，销售收入约为3亿元，同比下降约10%。

（3）印刷设备器材进出口情况

据海关总署统计，2011年，中国印刷设备、器材进出口总额为55亿美元（进口36亿美元，出口20亿美元），同比增长11%。其中，印刷设备进口额为25亿美元，同比增长10%（印前设备下降5%，辅机和零件下降13%，印后设备增长近70%）。印刷器材进口额为10亿美元，同比增长9%（油墨增长1%，胶印版材和制版胶片增长约在10%以上）。印刷设备出口额为近13亿美元，同比增长14%；印刷器材出口为近7亿美元，同比增长10%。

3. 绿色印刷实施情况

2011年3月，我国第一个绿色印刷标准HJ 2503—2011《环境标志产品技术要求 印刷 第一部分：平版印刷》正式颁布实施。随后，在全国范围内开展绿色印刷企业认证。2011年10月，新闻出版总署、生态环境部发布《关于实施绿色印刷的公告》，勾画了“十二五”期间实施绿色印刷的时间表和线路图。2011年10月，国务院印发了《关于加强环境保护重点工作的意见》，指出“鼓励使用环境标志、环保认证和绿色印刷产品”。这是国家对实施绿色印刷的高度重视和充分肯定。2012年4月，新闻出版总署、教育部、生态环境部印发《关于中小学教科书实施绿色印刷的通知》，绿色印刷实施进入实质范畴。2012年11月，新闻出版总署印刷发行管理司和生态环境部科技标准司联合组织开展第2个绿色印刷宣传周活动，首次发布《实施绿色印刷成果报告》。

截至2013年，全国共有300多家印刷企业获得绿色印刷认证。各地仍有

500 余家印刷企业正在申报。部分地方新闻出版行政主管部门还在绿色技术改造、认证咨询等方面给予企业一定的政策和资金扶持。

4. 印刷耗材使用情况

印刷耗材主要为纸张与纸板、油墨、印版、橡皮布、胶辊和化学品，除纸张、油墨和印版有部分统计数据，其他耗材缺乏统计数据，因此每种耗材和化学品所占份额比率难以统计。有专家认为，印刷化学品成本仅占到印刷品成本的 1%。

油墨、版材、纸张是在生产中用量较大的三大印刷耗材，2012 年三大耗材的使用量持续稳步增长，并且呈现两大发展主题，一个是环保型绿色材料使用量的增长，另一个就是耗材技术水平的提升。

2011 年全国国内造纸行业的生产和销售保持基本平稳状态，全年纸及纸板生产总量约为 1 亿吨，增长幅度在 7% 左右。2012 年造纸产业继续面临结构调整、节能减排和淘汰落后产能的压力，生产量增长基本保持 2011 年的增速。

2011 年油墨的使用总量增幅在 10% 左右，2012 年生产总量继续稳步增长，并呈现朝着绿色环保方向发展的特点。从生产总量上看，传统胶印用油墨依然是产量最大的墨种，虽然环保油墨在用量上与传统油墨相比还有较大差距，但是其减少污染物排放的特性令其有着很快的市场占有速度。

中国是印刷版材的生产大国，2012 年的生产量保持平稳增长。但受到数字印刷的影响，版材产量的增长速度其实在放缓。版材品种中发展最快的是 CTP 版材，其总量和 PS 版材的生产总量呈现此消彼长的态势。2012 年 CTP 版材的消耗量继续保持增长趋势。

根据相关统计数据，最受关注的耗材是：PET 薄膜、平版印刷油墨、CTP 版、纸质包装造纸助剂、免酒精润版液、快干型减酒精润版液、胶印橡皮布、DIC 油墨。

（二）进口印刷耗材主要品牌

1. 润版液

（1）Totalrespect 润版液

英国 HDP 公司基于印刷工业“高速、高质量”的特点，针对印刷润湿过程中经常出现的问题，开发出使用简便的润版液——Totalrespect。Totalrespect 最大的特点在于能够与各种硬度的水配合使用，其中的有效成分不会与水中的钙等物质发生反应，而形成杂质，这样能够有效控制水中的钙对印版和橡皮布产生的影响。

此外，Totalrespect 与各种油墨、纸张和润湿系统都具有良好的相容性。无论印版和橡皮布上存在何种程度的钙沉积或者纸张杂质沉积，Totalrespect 都能有效地将其清除，从而保持印版和橡皮布表面的整洁，避免钙沉积和纸张杂质沉积导致印刷样张出现脏点。

另外，Totalrespect 具有水膜薄、活性稳定和抗乳化性能佳的特点，这些特点使它在高速印刷运转下能够维持水墨平衡，保持印刷稳定。相较于其他普通润版液添加剂，Totalrespect 减少了 50% 的异丙醇使用量。对用户而言，这有利于创造一个健康的工作环境，而且还可以节省润版液的成本，避免了由于异丙醇的挥发所带来的润版液性质不稳定，以及对润版液烦琐的监测，使得人力成本也得以节省。

Totalrespect 中含有抗泡沫和抗菌成分，因此在将其稀释成润版液时，可以消除由于泡沫所引起的各种问题，避免水斗箱中产生微生物。配合现代印刷机的先进水斗清洗装置，该润版液不会在水斗中，或在水斗壁上形成杂质层，这对员工身体健康、环境保护和作业稳定都具有积极意义。

Totalrespect 推荐稀释度为 2.5%，企业可以根据自己具体的情况在 2% ～ 4% 调节。酒精添加量推荐在 6% ～ 8%，如果酒精含量超过 12%，在印刷过程中很有可能会出现乳化故障，而若低于 4%，则会出现油墨铺展。

（2）ISOLESS 润版液

意大利 ISOLESS 润版液充分适应印刷行业发展，具有印刷适性高和相对环保的特点。ISOLESS 润版液减少了异丙醇的用量，从而降低成本并保证健康的工作环境。它适合于各种不同类型印刷机的润湿系统，减少了对印刷机零部件和印版的腐蚀，可应用于 PS 版和 CTP 版。

ISOLESS 润湿速度快，可以适应当前的高速印刷需求。其形成的水膜较薄，活性稳定，上墨快，缩短油墨的干燥时间，印刷样张的色彩亮度高，光泽度好。

ISOLESS 中还添加了亲水物质，以便在停机时保护印版。同时，添加的杀菌剂可防止水斗箱中滋生细菌，防止对水斗内壁造成污染，堵塞水管，损害员工健康。

ISOLESS 推荐的稀释度为 2% ～ 3%，适合于各种硬度的水，无特殊使用要求。

（3）Sunsure 润版液

英国 Sunsure 公司不仅生产高质量油墨，也推出适合酒精润湿的平版胶印印刷润版液。Sunsure 润版液能够使水墨快速达到平衡；对印版和橡皮布也能起到很好的保护，减少纸张残渣在橡皮布和印版上的堆积；同时还具有很强的抗泡沫能力，能够有效抑制细菌在水斗箱中滋生。

Sunsure 润版液的推荐稀释度为 2%，但是为保证印刷效果，需要添加 8% ～ 10% 的异丙醇。

（4）AZ2202 润版液

Ormo 公司推出的新型 AZ2202 润版液，主要为酒精润湿系统而设计，并且在 Muller、Timson、Formconsulta 等卷筒纸印刷机和 Komori、Heidelberg、Manroland、Mitsubishi 等单张纸印刷机上进行过测试，效果表现良好。

AZ2202 润版液的主要特性在于其具有非常高的稳定性，与水中含钙量、纸张的表面杂质、油墨和溶剂都有很好的相容性。同时，AZ2202 润版液所形成的水膜表面张力低，可以在印版上获得薄而且均匀的水膜，减少维持水墨平衡所使用的润版液，对纸张等尺寸稳定性的保持具有积极意义。

从成分上来说，AZ2202 润版液不含异丙醇及其衍生物，包含的杀菌剂和抗泡沫剂不会对印版、橡皮布等造成腐蚀。

AZ2202 润版液推荐的稀释度为 2% ～ 4%，用户可以根据具体产品的需要和机器润湿系统的实际情况确定稀释度。

（5）XSYS 润版液

与上述公司不同，XSYS 公司则针对润湿系统配置、水的硬度和版材的特点，专门为每一类印刷系统设计润版液。

各种润版液的推荐稀释度为 2% ～ 3%，pH 为 4.8 ～ 5.3，而稀释后润版液的 pH 则依水的成分和添加剂稀释度而变化。

XSYS 公司为客户提供个性化的选择，使客户依据自身的润湿系统的配置、水的硬度和版材的特点选择适合自己的润版液，为顾客的稳定生产提供保障。

（6）GOLDFOUNT 润版液

意大利 GOLDFOUNT 润版液添加剂真正做到了高度环保，作为一种免酒精润版液，其在使用时不需要添加任何醇类成分，真正实现润版液的无酒精化。

虽然不使用酒精，但 GOLDFOUNT 润版液依然可保持良好的润湿性能，实现快速润湿，以达到水墨平衡，减少过版纸的用量。而且，GOLDFOUNT 润版液同样具有抗菌功能、保护印版和橡皮布免于沾脏等特点。

（7）英国 HDP 金标（水斗液）润版液

（8）赛飞扬润版液

（9）日研高级润版液

（10）高斯系列润版液

2. 油墨清洗剂

（1）美国金标王清洗剂

本产品是由表面活性剂、乳化剂、渗透剂、橡胶防老剂和其他助剂等反应而成。具有代油节能、安全不易燃、无毒、价廉、洗涤去墨能力强，对橡皮布、胶辊无侵蚀等优良性能。能够降低生产成本；环境、设备及人体安全；更好地清洗、更少量的清洗剂、无油污残留；水溶性好、气味柔和；清洗橡皮布和墨辊时，人造腈橡胶不会发胀或变形；干燥以后不会有任何油污或镜面残留。

（2）欧霸宝清洗剂

是一种专为清洁UV油墨而生产的洁版液，能清除在任何印版上的UV油墨。在清洁印版的同时改善模糊不清的图像，使图像更清晰。经检测认证不含苯、铅等有害物质，不会伤害人体。具有强效清洁能力、增强版材亲和水墨功能，燃点高、使用安全，采用环保物料配制、可降解、不损人体健康，黏度适中、不会迅即被泡棉（水泡）吸收、容易控制用量、减少浪费。

（3）海德堡赛飞扬清洗剂

适用于平张及轮转型印刷机，加水稀释型，不损伤印版药膜，使用安全，不损害人体健康，加入清水稀释后，便可彻底清除橡皮布及墨辊上的杂质。

（4）万恩清洗剂

万恩宝印刷器材（佛山）有限公司是万恩国际在全球的第九家印刷用化学品的生产商。万恩国际作为印刷用化学品的生产厂家闻名于世界印刷行业。迄今为止，已拥有了9个设备完善的生产基地，为满足全球印刷业者的不同需求，提供超过100种的产品。

（5）博星清洗剂

Bottcher博星油墨清洗剂（印刷机洗车水）的优点是油脂性碳氢化合物，且不含芳香剂，长期使用不会对人体造成伤害。通用型清洁剂适合手工清洗及全自动清洁装置，具有良好的水溶性。

多功能水溶性清洗剂的性能特点是清洁能力强，且可以用于清洗墨辊、橡皮布、印版，是Bottcher最具经济性的多功能清洁剂。其挥发性低，溶剂可与油墨自行进行乳化作用，具有较高的经济效益。它具有无毒性质，可维持良好的印刷环境，保障印刷机操作者的健康。长期使用可维护墨辊的品质，同时保持良好的印刷品质。良好的水溶性，可同时洗去油墨及纸粉。具有防腐蚀作用，已获得德国FOGRA及DARMSTADT国家材料检测中心（NMTC）验证通过。

（三）国内主要印刷耗材供应商

1. 润版液

（1）北京爱比西化学品公司

该公司主要生产印刷工业用的各种耗材，其中有适用于平张型平版胶印机润版系统的LR-9188型润版液；适用于商业纸轮转胶印机润版系统及报纸轮转胶机润版系统的LR-9126、9127型润版液。特别值得一提的是，爱比西公司通过上百次实验，PR-8103型浓缩润版液在2004年3月通过德国FOGRA印刷研究协会进行的认证实验并获得FOGRA签发的认证书。该产品实验标准是由FOGRA、海德堡、曼罗兰和高宝印刷机械公司共同制定的，是我国同类产品中首家通过国际认证的产品，从而结束了我国印刷润版液无高端产品的历史。

（2）北京市华从经贸有限责任公司

该公司是一家生产、经营为一体的印刷材料公司，适时推出最新的高效润版液，并根据印刷方式和油墨性能分为平张、热固和新闻三种类型。新闻印刷用润版液主要用于报业印刷，而热固型润版液主要用于铜版纸、专业纸等高档商业轮转印刷，价格适应国内用户的水平，质量与同档次进口产品可相比。

（3）上海立德精细化工有限公司

上海立德精细化工有限公司（上海立德印刷科技公司），建立于1985年。公司总经理范立德先生发明的胶印润版粉剂，淘汰了有毒的致癌物质——重铬酸盐，绿色环保产品提高了产品质量，方便使用和保存。公司不断研究开发出了胶印修版液、润版液、防粘喷粉、修版笔等一系列优质产品，特别是酒精润版液、超喷粉深受国内外用户的欢迎。

（4）上海新日光印刷材料有限公司

该公司系中日合资企业，面向21世纪中国印刷市场对新技术和高质量的发展需要，导入国际先进的研发、生产、质量管理的理念，采用国外新技术，由日本技术专家主持研发生产具有与国际先进技术接轨、在价格上充分适应中国市场的阳图型PS版感光液和各种印刷用化学辅助添加剂。该公司生产的胶印高级润版液有SH05、SH07两种型号。根据国外新技术，采用多种亲水性、保水性、机能性材料精制而成，具有极优的缓冲性并能增强PS版非图文部分的亲水性，同时具有良好的洁版性和水墨平衡性。

2. 油墨清洗剂

（1）上海驰印印刷材料有限公司

诺贝雨特效油墨清洗剂产品用于清洗印版、墨辊、橡皮布表面上的油墨。产品能去除墨皮和纸粉，安全无毒，使用时不必加水稀释，可直接使用，如出现分层需摇匀后使用。

（2）上海澳科利印刷机械有限公司

富来科利油墨清洗剂包括水墨日常清洗剂、溶剂油墨清洗剂、柔版 UV 油墨清洗剂、洗版液、胶水清洗剂、2K 油墨清洗剂、光油清洗剂、特效清洗剂等产品。

（3）潍坊华美印业科技有限公司

MHQ-002 快干型油墨清洗剂产品通过 SGS 环保认证，为胶印印刷机自动清洗系统专用洗车水，可替代任何同类进口产品。

（4）上海谱司拉印刷材料有限公司

日研超强力 3S 油墨清洗剂是对橡胶无腐蚀的优良产品。通过特种成分的作用，渗透到橡胶表面的毛细孔，恢复橡胶原有的柔软性，去除橡皮布及胶辊表面黏附的油墨、油脂、纸粉等污垢，提高了橡胶表面与油墨的亲和力，使油墨的转移性和黏附性更加良好。

（5）天津可奇隆合成洗涤剂有限公司

该公司主要生产和销售针对进口印刷机的各种高品质印材，可奇隆环保型油墨清洗剂、EK-80 轮转机用油墨清洗剂、EK-40 单张纸印刷机用油墨清洗剂产品，采用德国先进生产技术，产品原料引入进口环保材料。

（四）印刷耗材市场

1. 耗材使用情况

由于印刷化学品的使用总量缺乏完整统计数据，就更谈不上进口与本地生产产品的比例关系。从调研情况看，较大规模的印刷企业为保证印刷质量，大都采用质量高、稳定性好的进口印刷化学品，大量中小印刷企业为降低印刷生产成本，基本上都采用本地生产的印刷化学品。基本状况是进口印刷化学品用户数量少，用量较大。本地生产印刷化学品的企业多达上百家，产品品牌杂乱繁多，难以统计。基本情况是本地印刷化学品用户数量大，用量却不大。在目前印刷市场竞争仍然以印刷价格竞争为主的中国印刷市场，价格低廉的本地生产印刷化学品仍然是市场主力，初步估计本地生产印刷化学品与进口印刷化学品的比例应在 5∶1 左右。

2. 耗材应用市场

（1）油墨清洗剂

当前市场上的油墨清洗剂，按照来源主要分为两部分：一是进口，其产品基本符合相关国际质量标准，但价格昂贵，供货得不到保证。二是国产，其产品价格适中，但质量良莠不齐，有些产品闪点过低，容易引发火灾；有些产品芳香族化合物等含量过高，环保性差；有些打着环保招牌，实际上远远达不到国家标准和国际标准要求。

按照技术类型，油墨清洗剂可以分为两种：一种是纯溶剂型，使用时需要兑入清水，但其配比有一个最佳值，只有在达到这一配比时才能实现最佳的清洗效果。在实际生产中，机台操作人员往往不能将溶剂与水的比例控制得很好，不但导致大量的浪费，延长清洗时间，而且还影响清洗效果。另一种是在出厂前就已经将溶剂和水以最佳配比混合，并加入乳化剂制成的乳液型油墨清洗剂，其液滴粒径极小，更容易渗入胶辊表面的墨层，清洗效果极佳，用量只相当于汽油的1/4 ～ 1/5。这种类型的洗车水是今后洗车水产品的发展方向。一般我们所说的优质的油墨清洗剂，就是主要指由两种闪点不同的有机溶剂、橡胶防老剂和能够形成稳定油包水型乳化液的表面活性剂组成的乳液型油墨清洗剂，其通过乳化剂的作用将溶剂乳化成 W/O 型乳液体系，可直接取代汽油用于油墨清洗。

乳液型洗车水不易燃，储存的安全性较好，但运输量较大，增加了使用成本。乳液型洗车水的清洗性能与配方组成有关，特别是溶剂和活性剂的选择有较大的关系。同时，由于乳液型洗车水是热力学不稳定体系，稳定性差，较易分层，一旦分层就很难脱墨，影响了使用，所以其储存期不能太长。目前也有部分厂商推出了新型的油墨清洗剂，如微乳型洗车水，无须配置，热力学体系稳定，弥补了传统油墨清洗剂的不足。

随着进口高端印刷设备大量投入使用，印刷企业经营者安全、环保、节能等意识增强，加上企业为了承接国际业务，必须按照要求通过 ISO 9000（质量管理体系）认证和 ISO 14000（环境管理体系）认证等，我国印刷企业逐渐停止或禁止使用传统、通用的纯汽油、煤油类清洗剂。新型清洗剂的主要类型有：混合溶剂型油墨清洗剂，乳液、微乳液型印刷油墨清洗剂，水包油型（O/W）印刷油墨清洗剂，油包水型（W/O）印刷油墨清洗剂，微乳液型印刷油墨清洗剂，无汽油、煤油类成分的新型印刷油墨清洗剂，天然成分环保型印刷油墨清洗剂和植物油基清洗剂（简称 VCA）。

（2）印刷润版液

胶印润版液大致分为酒精润版液和非离子型表面活性剂润版液两大类。

酒精润版液中的主要成分是异丙醇，还有适量的磷酸和亲水胶体。它的优点是配伍简单，能满足一般的印刷要求。由于异丙醇添加量为15%左右，成本较高，且挥发速度快，易造成润版液中异丙醇浓度不稳定；而且，在印刷车间中异丙醇大量挥发对操作人员的中枢神经也有损伤。美国、加拿大和欧盟先后立法限制异丙醇的添加量不能超过5%。此外，磷酸中的磷在排放过程中产生的毒性和富氧化问题也引起了生态环境部门的高度重视。我国有关部门也在积极呼吁要重视印刷车间内的空气质量和磷的排放问题。

非离子型表面活性剂润版液是近年发展起来的新型润版液，是用非离子型表面活性剂取代或部分取代异丙醇的低表面张力润版液。其具有表面张力低、润湿性能好，并且能减少润版液的用量等优点。现已成为高速多色胶印中理想的润版液，在国内外普及和使用。

替代异丙醇（IPA）的润版液进入市场已超过了15年，目前占主流的润版液是替代IPA的润版液。尽管如此，市场上仍有半数的印刷机在使用IPA。之所以需要采用IPA，其主要原因在于原有印刷机的供水方式不容易实现零IPA化，橡胶辊等的保养也不完善。尽管也存在因印刷品的内容不同而使用特殊的油墨和纸张等情况，但无论怎样，在条件不是太好的工作场所，都不具备使用零IPA化润版液的条件。因而，目前尽早使完全不含IPA的润版液实现商品化是当务之急。

目前不同品牌润版液的特性不同，适用范围也有所不同，但由于使用量较大，大批印刷企业仍然愿意使用国产润版液。其特性简单归纳为表3-1。

表3-1　不同品牌润版液的特性与使用

<table>
<tr><th>品牌</th><th>名称</th><th>特性</th><th>用途</th></tr>
<tr><td rowspan="2">日研</td><td>宇星润版液</td><td>1. 新型无酒精型润版液；
2. 能均匀润湿版面，不起脏；
3. 可延长印版的使用寿命</td><td>1. 适用于无酒精连续供水胶印机；
2. 原液：水=1∶100～200</td></tr>
<tr><td>高级润版液</td><td>1. 能均匀地润湿版面；
2. 版面不易起脏；
3. 不乳化油墨；
4. 不堵塞水管；
5. 不腐蚀机器</td><td>用于各种型号胶印机</td></tr>
</table>

续表

品牌	名称	特性	用途
兴世华印（北京）	HIS 热固型润版液	1. 开机迅速，减少过版纸消耗； 2. 可防止墨辊上的钙沉积，减少纸毛在橡皮布上的堆积； 3. 酒精添加量低，只需 6% ～ 8%； 4. 油墨转移性好； 5. 可有效防止润湿系统中藻类生成及细菌腐蚀，水箱保持长久清洁	1. 适用于热固型胶印机； 2. 适用于 UV 油墨印刷
	WG1 抗腐蚀型润版液	1. 开机迅速，减少过版纸消耗； 2. 高密度印刷色，低供墨时仍能有效印刷实地； 3. 含防腐剂，可有效保护滚筒； 4. 减少纸毛及油墨在橡皮布上的堆积； 5. 水墨平衡稳定； 6. 可有效防止润湿系统中藻类生成及细菌腐蚀，水箱保持长久清洁	1. 适用于冷固型印报机； 2. 也可用于热固型印刷机
	WG1 456/2010 润版液	1. 水墨平衡稳定； 2. 可防止墨辊上的钙沉积； 3. 可有效抵抗机器腐蚀； 4. 减少纸毛及油墨在橡皮布上的堆积； 5. 可有效防止润湿系统中藻类生成及细菌腐蚀，水箱保持长久清洁； 6. 含防腐剂，可有效保护滚筒	1. 适用于单张纸胶印机； 2. 也可用于热固型印刷机
哈蒙	润版液	1. 适合各类水质； 2. 具有缓冲系统，pH 能持续稳定在 4.5 ～ 5.5； 3. 可在减少油墨用量的同时获得清晰的网点和鲜明的色彩； 4. 含有最好的润湿剂，使润版液有最合适的表面张力，降低水的用量； 5. 快速和有效开机并在印刷过程中保护印版； 6. 对机器增加额外的保护，延长印刷机的使用寿命； 7. 防止细菌、微生物的滋生，保护润湿系统； 8. 使用浓度：1.5% ～ 3.0%	1. 适用于报纸轮转胶印机润版系统； 2. 添加量：2% ～ 3%

续表

品牌	名称	特性	用途
立德	胶印水斗润版液（含酒精）	1. 浅蓝色溶液； 2. 无沉淀，不堵塞管道； 3. 具有缓冲作用，pH 相对稳定在 4.5±0.5； 4. 具有良好的消泡作用； 5. 印品图文清晰，不起脏	1. 专用于酒精润湿的胶印机系统； 2. 原液：水 =1∶50 ～ 100
	无酒精快干型水斗润版液	1. 不用重铬酸盐； 2. 不用酒精或异丙醇； 3. 表面张力稳定在（44±2.5）$\times 10^{-2}$N/m（和添加 15% 酒精同值）具有缓冲作用，可自动调节 pH； 4. 具有良好的消泡作用； 5. 抗油性强； 6. 无沉淀； 7. 可加速油墨干燥	适用于各种机型
安柯	轮转机用水斗液 557	1. 不含石油醚物质； 2. 不含铬等重金属； 3. 水墨平衡迅速，色彩还原好； 4. 不堆墨； 5. 强力钝化，不使版面起脏； 6. 不含胶质，无沉淀； 7. 添加有抗腐蚀剂，防止金属部件生锈	1. 专用于四色高速轮转机； 2. 适用于板纸及商业轮转机； 3. 适用范围广，适用于各种机型； 4. 使用量：1.0% ～ 1.5%
怡宝（上海）	商业轮转机用水斗液 EH2744	1. 酒精含量少； 2. 强有力的缓冲系统，适于经过滤的水到中等硬度的水； 3. pH 稳定在 4.5； 4. 快速水墨平衡，减少纸张浪费； 5. 具有防止油墨回输到润湿系统中的良好性能； 6. 表面张力：（34 ～ 36）$\times 10^{-2}$N/m； 7. 电导率：1530μS/cm	1. 适用于多用途的商业轮转机和单张纸胶印机； 2. 用量：2.5% ～ 4%； 3. 工作液 pH：4.5 ～ 5.0

续表

品牌	名称	特性	用途
怡宝（上海）	绿宝石 JRP 水斗液	1. 是一种高性能的水斗液； 2. 良好的缓冲系统，尤其适用于水硬度中等到硬水的条件； 3. 开机后水墨迅速达到平衡，防止起脏； 4. pH 稳定在 3.8； 5. 含油墨快干因子，可加速油墨干燥； 6. 强力钝化系统，无版面起脏； 7. 电导率：每增加 1% 的原液电导率增加 720μS/cm； 8. 醇醚溶剂：7.8%	1. 可同时适用于常规润湿及酒精润湿等机型的胶印机； 2. 适合 PS 和 CTP 版； 3. 用量：1.5% ～ 2.5%
爱比西	LR-9126 型水斗添加液	1. 超强的缓冲剂组合，确保 pH 稳定； 2. 符合界面张力的要求，可迅速达到水墨平衡； 3. 洁版速度快，不糊版，更能润湿非图文版面； 4. 停机护版，无须擦保护胶； 5. 可有效抵制润版液藻类、循环系统霉菌的产生； 6. 保持水斗液清洁； 7. 对接触润版液的各类辊筒具有防腐蚀作用	1. 适用于报纸轮转胶印机； 2. 添加量：2% ～ 3%
	LR-9188 型水斗添加液	同上	1. 适用于商业卷筒纸轮转胶印机； 2. 用量：2% ～ 3%
	PR-8103 型水斗添加液	1. 适用于一般水质； 2. 超强缓冲剂组合，确保 pH 稳定，符合界面张力的要求，可迅速达到水墨平衡； 3. 洁版速度快，不糊版，更能润湿非图文版面； 4. 停机护版，无须擦保护胶； 5. 可降低水、酒精耗量； 6. 有效抑制润版液循环系统霉菌、藻类的产生，保持水槽清洁	1. 适用于各种单张纸胶印机； 2. 适用于传统或酒精润版系统胶印机； 3. 用量：2% ～ 3%

（五）耗材市场发展趋势

1. 解决环保问题的主要对策

（1）积极引导印刷企业进一步转变发展观念，提高广大印刷从业者的环境保护和可持续发展意识。要严格执行产业政策和环保标准，坚决淘汰那些高消耗、高排放、低效益的落后生产能力。学习其他国家印刷环保立法的经验，配合政府进一步完善印刷环保标准和规范，逐步建立印刷环保认证制度。

（2）积极推动环保科技创新，着力研究开发有助于行业环保水平提升的关键技术和装备。在推进环保技术产品研发应用时，既要从现有生产工艺所引起的污染防治、节约能源等方面着眼，也要从生产流程设计及各种原辅材料的选择入手，努力减少废弃物、实现废弃物再利用和无害化处理。既要采取有力措施综合治理，更要积极推广应用各种无公害、资源节约型的印刷新工艺新技术新材料，从根本上解决污染问题。

（3）大力发展循环经济，推行清洁生产。发展循环经济是解决环境与发展矛盾的根本措施，是在发展中解决环境问题的治本之策。要按照“减量化、再利用、资源化”的原则，以提高资源利用效率、保护环境为核心，积极进行产业循环经济试点工作。对中小印刷企业面临的环保问题，也要采取有针对性的措施妥善解决。要鼓励设立，或将现有企业转型升级为广泛应用数字技术的印刷企业。要在印刷企业推进节能、节水、节地、节材和资源综合利用、循环利用，努力实现清洁生产。

（4）大力推广绿色印刷耗材。绿色印刷耗材的应用和推广已经取得了一些成绩，如减酒精润版液在无锡双龙信息纸有限公司、高教社（天津）印务有限公司等众多企业中已被全面使用；高浓度植物油基油墨等低 VOCs 排放印刷耗材在东莞金杯印刷有限公司也已获得成熟应用；免化学处理 CTP 版材在北京日报印刷厂、上海解放日报报业集团印务中心等企业也得到部分应用。但是不得不承认，市场上绿色印刷耗材的性能仍参差不齐，一些绿色印刷耗材尚不能完全满足印刷生产需求。例如，免处理 CTP 版材的耐印力和网点还原质量尚不能完全满足商业印刷的需求；免酒精润版液还不能完全适应传统润版系统；水性上光油在干燥速度、光泽度等方面还有待改进。

2. 环保耗材面临的问题

（1）国内发展滞后的原因

国内印刷耗材市场的发展与国内印刷行业的总体发展水平相比，起步较晚，起点较低，发展相对滞后，不能很好地满足印刷行业发展的市场需要。主要原因是：

①印刷耗材的研发及市场发展是以印刷设备及印刷工艺的发展水平为基础的，而我国的高档印刷设备主要以进口为主，因而与之相配套印刷耗材的研发及市场发展相对滞后。

②由于印刷耗材在行业中与印刷设备、纸张、油墨等大宗产品相比，所占的市场份额相对较小，相关研究部门及企业缺乏足够的开发热情。

③由于印刷耗材的应用涉及面广、品种多，进行系列开发所需的知识背景相对复杂。项目研发人员对印刷设备的有关性能及印刷工艺也需要有所了解，同时在产品研发及试用过程中还要得到有关印刷企业的通力配合与协助，因此开发难度相对较大。

（2）国内生产厂商情况

由于国内印刷耗材市场的总体发展水平相对较低，产品研发工作的相对滞后，国内印刷耗材生产厂家的具体情况是：

①专业性生产厂家数量较少，而且规模较小，代理商居多。

②可向市场提供的产品品种比较单一，技术含量较低。

③多数生产厂家技术力量较弱，产品的自主研发能力相对较低，企业缺乏发展后劲，即使新开发产品也以进口原液为主。

④由于市场的总体发展水平相对较低，厂家在生产经营过程中的品牌意识普遍较弱，缺乏先进的市场营销理念及营销手法。

3. 环保耗材应用的必然

（1）国家环保政策

我国是世界上人口最多的发展中国家。20世纪70年代末期以来，随着中国经济持续快速发展，发达国家上百年工业化进程中分阶段出现的环境问题在中国集中出现，逐渐成为中国发展中的重大问题。中国政府和人民对此高度重视，目前已经形成了以《中华人民共和国宪法》为基础，以《中华人民共和国环境保护法》为主体的环境法律体系。中国宪法明确规定：“国家保护和改善生活环境和生态环境，防止污染和其他公害。”中国刑法对破坏环境资源罪也有专门规定。

中国的立法机构先后制定了环境保护法、环境影响评价法、水污染防治法、固体废物污染环境防治法、清洁生产促进法、大气污染防治法等环境保护法律和自然资源保护法律。中国还参加或缔结了《联合国气候变化框架公约》及其《京都议定书》《关于消耗臭氧层物质的蒙特利尔议定书》《生物多样性公约》等几十项涉及环境与资源保护的国际公约和条约，并积极履行这些公约和条约规定的义务。国务院及其有关部门和地方人大与政府也相应制定了大量有关环境的行政法规、部门规章和地方性法规及地方政府规章。可以说，中国在环境保护方面已经初步形成了比较完整的环境保护法律框架，做到了有法可依，有章可循。此外，中国已建立了包括环境质量标准、污染物排放（控制）标准、环境标准样品等在内的国家和地方环境保护标准体系，并对环境保护行政执法责任制度和问责制度进行了完善和修订。

工业污染防治是中国环境保护工作的重点。因此，除了环境立法，中国在出台产业政策和经济政策时也对环保问题给予了高度重视，如发布产业结构调整指导目录、制定行业准入条件、对企业节能环保项目给予税收减免优惠政策等。2007 年 6 月，中国政府专门成立了国家应对气候变化及节能减排工作领导小组，分别出台了《中国应对气候变化国家方案》和《节能减排综合性工作方案》，坚决扭转一些地方单纯追求 GDP 增长，而不顾环境保护的做法。中国政府一直组织和协调各方面力量，切实履行国际承诺，确保可持续发展。

（2）质量要求

我国印刷行业制定了有关清洁印刷生产的标准，例如：HJ/T 370—2007 环境标志产品技术要求 胶印油墨；CY/T 5 平版印刷品质量要求及检验方法；HJ 2503—2011 环境标志产品技术要求 印刷 第一部分：平版印刷；HJ 2530—2012 环境标志产品技术要求 印刷 第二部分：商业票据印刷。

其中要点：胶印所使用润湿液中不得含有甲醇，应使用醇类添加量小于 5% 的润湿液，使用无醇润湿液（平版印刷）。润湿液不得含有甲醇，且醇类添加量应小于 5%，应使用水基清洗剂（商业票据印刷）。

（3）印刷业政策

2011 年 10 月 17 日在国务院发布的《关于加强环境保护重点工作的意见》中明确要求："鼓励使用环境标志、环保认证和绿色印刷产品。"2011 年 10 月 8 日，国家生态环境部和国家新闻出版总署共同发布《关于实施绿色印刷的公告》，明确提出"实施绿色印刷工作的重要途径是在印刷行业建立绿色印刷环境标志产品认证"，并在"十二五"末期在印刷行业建立绿色印刷体系，力争使绿色印刷企业数量占我国印刷企业总数的 30% 以上。2012 年 4 月 6 日，国家新闻出版总署、教育部、生态环境部共同发布了《关于中小学教科书实施绿色印刷的通知》，绿色印刷体系的建立首先在中小学教材领域得以全面实施。

国家新闻出版总署、国家生态环境部于2010年9月签署《实施绿色印刷战略合作协议》，我国绿色印刷发展大幕正式揭开。2011年10月，两部署共同发布了《关于实施绿色印刷的公告》，对我国实施绿色印刷做出了全面部署和安排。

我国印刷业绿色印刷实施取得重要阶段性成果。绿色印刷实施以来，在促进节能减排、调整产业结构、惠及社会民生等方面已经取得了重要的阶段性成果。据估算，我国印刷企业因实施各项环保措施，能耗及材料综合成本每年减少约5亿元；挥发性有机化合物VOCs的排放每年减少排放总量约1.5%。截至2012年年底，绿色印刷认证企业数量160多家（占全国印刷企业数量的0.15%），但其产值却占到了全行业的4.5%；2012年中小学秋季教科书共1000多种、2亿册采用了绿色印刷，全国一半以上中小学生至少人手一本绿色印刷教科书。

《实施绿色印刷成果报告》数据显示，实施绿色印刷降低了印刷企业的三废排放。目前，绿色认证印刷企业所用纸张60%以上通过FSC认证，环保型油墨使用量达到80%，环保型洗车水、润版液等辅助材料的使用量占80%左右，据此估算，我国印刷行业实施绿色印刷后，挥发性有机化合物（VOCs）的年排放量约减少1.5%。

4. 印刷耗材发展趋势

（1）环保性要求

在印刷行业开展绿色印刷环境标志产品认证（以下简称绿色印刷认证）是实施绿色印刷工作的重要途径。绿色印刷认证按照“公平、公正和公开”原则进行，在自愿的原则下，鼓励具备条件的印刷企业申请绿色印刷认证。国家对获得绿色印刷认证的企业给予项目发展资金、产业政策和管理措施等的扶持和倾斜政策。

目前，绿色印刷认证检查的主要依据是《环境标志产品技术要求》和《环境标志产品保障措施指南》，检查的基本原则是以环境标志产品技术要求为核心，以环境标志产品保障措施指南为工具，对产品实现过程实施检查。

（2）安全性要求

汽油、煤油分为含铅型和不含铅型两种。含有大量四乙铅化合物的汽油、煤油可以被皮肤直接吸收，造成操作人员的铅中毒；不含铅型汽油、煤油虽没有此种危害，却含有大量具有麻醉性的挥发油，能够抑制人类中枢神经，非常容易造成操作人员血液中毒；且汽油、煤油的闪点很低，只有二十几度，是极易挥发的可燃性液体，属于对大气环境造成污染的VOCs物质，并容易引发火灾。早在第二次世界大战结束后，世界上印刷业发达和重视环保的一些国家，就着手研究开发新的油墨清洗剂，汽油、煤油类油墨清洗剂逐渐被淘汰。

印刷洗车水的安全性要求应为高闪点和可回收性，以及印刷品中的重金属含量、VOCs含量等要达标。方法是减少高沸点溶剂，降低闪点。符合平版印刷环保技术要求。

（3）功能性要求

胶印所使用润湿液中不得含有甲醇。使用醇类添加量小于5%的润湿液，使用无醇润湿液。应使用水基清洗剂。

（4）其他

润版液、清洗剂都是服务于印刷生产的辅助耗材，必须与使用的胶印机、纸张、油墨、印版、橡皮布、胶辊等设备、材料以及印刷产品形成匹配。所以，满足不同印刷企业的实际要求，并能够建立起适合具体环保印刷工艺、绿色印刷产品的品牌耗材至关重要。不仅要供应耗材，还要帮助企业建立新印刷工艺。

二、无苯型塑料凹印油墨的研究

（一）研究目的与意义

1. 研究目的

本研究的目的是研制出一种新型无苯塑料凹印油墨稀释剂，用来代替目前凹印油墨中常用的甲苯、二甲苯等有毒稀释剂，满足印刷耗材的环保要求。基于无苯型溶剂体系，结合与之相适应的树脂、颜料和添加剂，设计出无苯型塑料凹印油墨配方，并通过油墨制备工艺、技术的研究，取得无苯型塑料凹印油墨研制的相关技术。

凹版印刷油墨的质量首先取决于油墨的配方。改变其中任何一个组分都将对其他组分产生相关影响，也会对油墨整体配比产生影响，进而影响到油墨的自身特性、印刷适性、印后加工和成本等诸多方面。

凹版印刷油墨的质量不仅体现在油墨配方和成本上，而且体现在油墨的印刷适性和印刷、印后加工质量上，只有具备优良的印刷适性和印刷质量，才能保证凹印油墨的使用，才具有实际的应用意义。

凹版印刷油墨的干燥性能是凹版印刷油墨需要具备的重要性质之一。在高速印刷机上，油墨干燥性能的好坏也直接决定印刷品质量的优劣和影响着印刷速度快慢、印刷生产效率。通过改变油墨中稀释剂的成分和各自的比例，可以了解其对油墨干燥性能的影响；或者从对各种稀释剂配比凹印油墨的干燥检测，可以对油墨中稀释剂的成分和各自比例的改变起到指导作用。

2. 研究意义

目前，用于纸张类承印材料的水性凹版印刷油墨已经问世，但由于水性凹印油墨的印刷性能和质量仍达不到溶剂型油墨的标准（主要是光泽度较低），另外由于水的表面张力较高（72 达因 / 厘米），对于塑料薄膜类的承印材料难于润湿，干燥缓慢。因此，塑料凹印油墨仍以溶剂型油墨为主流。

国内塑料凹印油墨仍主要使用甲苯类溶剂油墨。由于甲苯类溶剂毒性较大，对油墨生产人员以及使用该类油墨印刷的印刷品使用者、消费者都会带来潜在的危害，对环境也会造成污染。因此，开发研制环境友好的无苯型塑料凹印油墨，对解决苯类油墨对健康所产生的伤害和稀释剂残留影响包装食品质量等问题具有重大社会意义和经济价值。

在欧洲和美国，无苯型塑料凹印油墨的使用已成为一种发展趋势，亚洲国家如新加坡、韩国等，苯类油墨正在被淘汰。新型溶剂型油墨一般以醇溶型油墨为主流，国外已经大量用于印刷生产，国内部分油墨制造厂商和一些科研机构、高校正在加快研制步伐。可以预见不久的将来，中国包装印刷用凹印油墨将是醇溶型油墨的市场。尤其是中国加入 WTO，对产品包装印刷水平的要求也越来越高，新型凹印油墨稀释剂将会有广泛的市场发展前景。

（二）凹印油墨概述

1. 国内外凹印油墨现状

随着商品经济的发展和人类社会的进步，科学技术的发展，生活水平的提高，人们对生活质量的要求也越来越高。购买商品时，消费者不仅关注商品本身的质量，对商品的包装也更加挑剔，因此，包装印刷市场的前景和发展空间越来越广阔。

（1）凹版印刷应用及发展

就整个市场流通领域来讲，包装印刷是实现商品价值和使用价值的手段。在生产过程中，印刷是最后一道工序。在流通过程中，包装印刷起着保护商品、美化商品、宣传商品的作用，是商品贮藏、保鲜、运输销售、使用之间的桥梁。它对提高商品的附加值，增强商品的竞争力，开拓国内外市场，为国家创汇、节汇等方面，日益起到不可忽视的作用。20 世纪 90 年代以来，我国包装印刷工业已经发生了一场深刻的技术革命，那种“一等产品，二等包装，三等价格”的历史已经一去不复返了。

凹印能够发展到今天，是与众多相关行业的共同努力分不开的，如设备制造、油墨、溶剂、制版行业新技术的应用，印刷行业新工艺的实施无不推动着凹印向着繁荣发展的方向迈进。当然，市场需求也是推动凹印积极发展的重要因素。随着社会经济的发展，越来越多的行业重视商品包装，从某种意义上认识到，商品的包装决定着人们的购买欲望，决定着商品价格，决定着企业和商家的收益。凹版印刷的优势是：

墨层厚实，墨色均匀（不同批次均可达到）。与凸版、平版印刷依靠网点着墨面积大小不同表现层次的手法不同，凹版印刷采用的是网穴结构，即网穴着墨量体积不同来实现印刷。网点多维变化能够真实再现原稿效果，层次丰富、清晰，墨色饱和度高，色泽鲜艳明亮。

广泛采用无毒的水性油墨和醇溶性油墨，达到绿色环保印刷标准。凹印在出版领域已基本采用水性油墨，在软包装印刷领域，虽然使用溶剂型油墨比例还相当大，但人们正在积极探索使用能够达到环保标准的水性油墨和醇溶性油墨，已取得一些成果。

凹印适用介质广泛，有 PVDC、PET、PE、NY、CPP、OPP、BOPP、组合膜以及其他与以上材料有相同特性的薄膜类、铝箔、纸张等。

产品适用范围更广泛。在国外发达国家，软包装在包装类产品所占比重已达 65% 以上，有的已超过 70%，而在我国只占 5% ～ 8%；我国的软包装市场发展潜力主要在奶业、果汁饮料和其他饮料业、蔬菜汁加工业、中药制剂业、保健饮料等。

凹印设备的综合加工能力强。凹版印刷机可附加上光、覆膜、涂布、模切、分切、打孔、横断等加工工序，满足了当今市场上各种各样纸质包装的不断出现，如购物袋、商品袋、垃圾袋、冰箱保鲜袋等应用；工业品包装、家庭日用品包装、服装包装、医药包装也大量采用塑料软包装；各种固体包装盒、液体包装盒、烟包类、酒包类等都需要凹印设备的综合加工能力。

凹印设备维护保养及维修方便，使用周期长。

目前，全国共有包装印刷企业 3 万多家，占全国印刷企业十多万家的 35%。2005 年包装印刷销售额超过千亿元（占整个印刷工业总产值的 50%），年增长率在 12% 以上，职工人数约 100 万人，占全国印刷企业总人数的 1/3。

改革开放 30 多年来，随着市场经济的不断发展，特别是食品、饮料、卷烟、医药、保健品、化妆品、洗涤用品以及服装等工业的迅猛发展，对凹版印刷品的需求越来越多，在质量要求越来越高的趋势下，我国的凹版印刷从无到有、从小到大得到了迅速发展。

由于凹版印刷的迅速发展，我国包装印刷方式的比例已发生了明显变化。即胶印占42%，凹印占22%，凸印占20%，柔印占8%，其他印刷占8%。据统计，我国从日本、瑞士、德国、意大利、法国、韩国、澳大利亚等国家和我国台湾地区已引进了500多条凹印生产线，国产凹印机也有4000多台投入使用。

从地区分布看，凹印机几乎遍及全国各省、自治区、市，凹印比较集中的地区有云南、上海、广东、山东、江苏、浙江等地，仅云南省用于烟盒印刷的纸板凹印机就有40多条线。另外，在广东庵埠、河北雄县和浙江温州的龙港，凹版印刷发展也很快，有的地方有上百家小型凹印企业。

当前，凹版印刷的印刷产品主要是以下几类。

（1）纸包装：如烟盒、酒盒、酒标、香皂盒、药盒、保健品盒等。

（2）塑料软包装，主要有以下几类：

食品包装：如方便面、奶粉、茶叶、小食品（休闲食品等）、饮料、糖果、蒸煮袋、腌制蔬菜及肉类制品、冷冻鱼虾、味精、调味品以及食盐包装等；

化妆品、洗涤用品包装：如洗发用品、润肤膏、洗衣粉等；

医药包装：如PTP铝箔、SP复合膜、铝箔泡罩、中医药片剂、胶囊、丸剂、粉剂等；

种子包装：各种农作物种子和蔬菜、花卉种子等；

工业品包装：如服装、针织内衣、妇女儿童用品及年画、挂历、招贴画等。

此外，我国印刷的钞票、邮票也都是采用雕刻凹印工艺来完成的。

据专家预测，我国加入WTO后，必将带动我国包装市场的发展。同时，党中央十六大提出的全面建设小康社会的目标，为中国印刷工业的发展提供了广阔的市场。目前全国包装工业生产总值近2000亿元人民币，占国民经济总值（GDP）2%，到2020年按国民经济总值翻两番计算，全国包装工业产值将达到6000亿元人民币，约合750亿美元（相当于美国2001年印刷工业产值的一半，外贸出口商品总值将达到3500亿美元）。实际运行中，印刷工业的增长速度还要快于国民经济的增长，如此极具潜力的市场正引起越来越多的国家关注。加入WTO后，随着我国关税的降低乃至逐步取消，外商将会越来越多进入国内投资建厂，并进行本土化的生产，质优价廉的商品必将赢得国内消费者，从而对国内的产品及市场造成冲击，使我国包装市场的竞争日益激烈。

（2）凹印油墨研究现状

至20世纪90年代中期为止，凹印油墨大多采用溶剂型油墨，而且配方中含有大量的苯类溶剂。从油墨制造来看，甲苯、二甲苯是树脂连结料的良好溶剂，在制墨过程中对颜料的润湿性和细粒子颜料分散后在油墨体系中的稳定性起到非常关键的作用，使油墨性能稳定且存储期较长。从凹版印刷过程来看，含苯的油墨体系在墨辊上表现为墨性好；在印版上表现为流动性和稳定性很好；印到涂布纸上后溶剂的挥发速度、墨膜的干燥速度、印刷品的抗粘连性和耐蹭脏性都良好；当溶剂挥发后，残留在纸张上的溶剂含量也较低，因而含苯类溶剂的油墨体系得到广泛的使用。然而，苯类溶剂毕竟对人类身体健康的危害性较大，使油墨制造人员、印刷操作人员和其他相关人员都受到不良影响。因此，在含苯油墨体系广泛应用的同时，无苯型凹印油墨也一直在努力研究和开发进行之中。

长期以来，我国复合包装袋表印油墨多以含苯凹版复合塑料薄膜油墨为主，由于大量的苯释放或残留，无论对环境及生产，还是对人体健康都会造成一定的潜在危害。为此，国内外都在研究开发使用无苯型复合塑料薄膜油墨，但由于该油墨多以聚氨酯或PVB树脂为主连结料，乙醇等为主溶剂，致使成本过高，适印范围窄，推广使用受到局限。

目前，食品软包装大都采用凹版印刷技术，而由于食品包装材质的特殊性和食品包装的特殊要求，如果印刷时使用质量较差的油墨——特别是含苯溶剂型油墨，就会产生大量的甲苯和二甲苯挥发性溶剂。虽然其中的有些有害物质绝大多数都会在制造使用过程中挥发掉，但仍有少量溶剂会残留在复合薄膜之间。随着时间的推移，就会从膜表面渗入食品中，使之变质、变味。

专家特别警示，超标的苯类物质对人体最大的危害是容易引发癌症一类疾病，特别是血液系统疾病，如溶血性贫血、再生障碍性贫血和白血病。

目前大多数凹印油墨中的溶剂连结料本身含苯，也需要用含有苯类的混合溶剂来进行稀释，如果企业在生产食品包装袋时使用了纯度较低的廉价苯溶剂，那么苯残留的问题会更加严重。

据权威机构的调查，近几年以来，食品包装安全性问题已经严重制约我国食品工业的出口发展。特别是欧美国家，对食品包装检测的标准要求很高，对食品包装中有害物质残留限制很严格，我国很多食品包装企业有害物质残留过量这一技术问题一直难以解决，食品出口也因包装问题屡屡受阻。

苯类包装印刷有害物质残留超标已经成为食品二次污染主要原因之一。国家质检总局公布的食品包装（膜）抽查结果表明，专用的食品包装袋抽检不合格率高达15%。在包装印刷时，油墨及其他物质影响则占20%。对此，国家包装产品质量监督检验中心专家认为，食品包装印刷污染已经成为食品二次污染主要原因之一。

在凹印油墨中，大量挥发性有机溶剂几乎占到凹印油墨成分的50%，其中如二甲苯、甲苯、醋酸乙酯、丁酮等低沸点、高挥发性的溶剂含有芳香烃，既有毒又可燃，不利于环保、健康和安全。近年来，随着高效溶剂回收系统的应用，污染相对减轻。随着水溶性凹印油墨及电子束固化油墨在国外的迅速推广，为凹印搭建了环保印刷展示的平台。这类油墨不含挥发性有机化合物，符合环保的要求。研发新的经优化的UV油墨，既可适用于塑料类材料的印刷，也适用于印刷非吸收性的纸张与纸板。

在欧洲，特别在德国，类似甲苯的芳香族稀释剂已被禁止用于食品包装油墨。与欧洲相似，美国有着更严格的环保法规控制挥发性有机化合物的释放。美国、德国、英国、日本等技术先进国家对于食品包装材料的印刷已经完全使用无苯型油墨，取而代之采用水溶性油墨或无苯稀释剂型油墨。在此方面的技术研究已有几十年历史，无苯稀释剂型油墨的研制已较为成熟。

据有关资料，我国凹版印刷油墨仍然以大量使用苯型稀释剂油墨为主流。对于食品包装材料的印刷，我国尽管也要求使用无苯稀释剂型油墨，但国内至今还没有高质量的无苯稀释剂型油墨产品，大量凹印企业仍然使用含苯型稀释剂油墨，精美包装凹印用无苯型油墨仍处于依靠进口的现状，从而大大影响到凹印企业的成长和包装印刷产品的市场竞争力。

为了改变这种现状，充分发挥凹版印刷的优势，扩大凹版印刷在包装印刷领域的市场份额，研制、开发新型无苯型稀释剂的油墨及其油墨稀释剂就成为当前迫切需要解决的课题。

2. 凹印油墨

（1）常规分类

凹印油墨种类繁多，但大致可分为如下几种。

A型油墨：这类油墨通常用于出版凹印。该油墨的稀释剂是能改变干燥速度的脂肪烃，它包括正已烷、印染酒精、稀释剂、乳酰苯胺和矿物酒精。像甲苯和二甲苯这样的脂肪烃，既可单独少量使用获得特殊的性能，也可在生产中混合于油墨中。

B型油墨：B型油墨是A型油墨的改进型，它使用不能直接溶解于芬芳烃的树脂化合物，并需要像甲苯或二甲苯这样的高浓度脂肪烃。一般规律而言，为了使油墨拥有良好的溶解性，稀释剂必须含有 50% 的芬芳烃类。

C 型油墨：C 型油墨中最基本的成分是硝化纤维素。其他的树脂和增塑剂可以依加入连结料中的硝化纤维素来获得特殊的性能。这些化合物需要像乙酸乙酯、异丙酯、一般的丙酯等这样的酯类稀释剂。酮类中，丙酮或甲基乙烯酮可以使用。

为了降低稀释剂成本，酯和酮可以与限量的乙醇和烃类混合。乙醇和烃类并非真正的稀释剂，一个普遍流行的经验配比是一单位的酯或酮与一单位的芳香烃混合，或者是一单位的酯或酮与一单位乙醇混合。有时也用一单位的酯或酮与一单位乙醇和一单位的芳香烃混合。就硝化纤维素而言，乙醇是一种潜藏型稀释剂。当使用等量的醋酸酯稀释剂时，乙醇稀释油墨的效果与酯差不多。

D 型油墨：D 型油墨基于含有聚酰胺树脂的连结料。这类油墨其常用稀释剂是乙醇（比如醋酸醇或异丙醇）和脂肪烃或者是乙醇和芳香烃的混合物。常用的混合液是乙醇和脂肪烃按体积 50∶50 混合或者乙醇和芳香烃按体积 30∶70 混合。这些油墨被称为助溶聚酰胺。能完全溶解于乙醇的聚酰胺树脂称为可溶于乙醇的聚酰胺。

E 型油墨：E 型油墨通常指用乙醇稀释连结料的系统。它通常使用的醇是经过特殊变性处理的醋酸醇和异丙醇。许多 E 型油墨都通过添加少量的乙酸乙酯、MEK 或者是丙基醋酸酯的混合稀释剂来提高性能。E 型油墨中最常用的树脂是 SS 硝化纤维素。

M 型油墨：M 型油墨由芳香烃稀释剂和聚苯乙烯树脂制成。聚苯乙烯树脂用于生成低成本的表面清漆。这些表面清漆具有耐醇性和较好的平滑度，但没有抗热性。

T 型油墨：T 型油墨由含有氯化橡胶的连结料制成。这些氯化橡胶一般都经过其他树脂和增塑剂处理过。虽然其他如二甲苯这样的芳香烃和含有酯或酮的特殊稀释剂也能用来稀释 T 型油墨，但最常用的还是用甲苯这种芳香烃来稀释。

V 型油墨：V 型油墨是指含有氯乙烯和醋酸乙烯酯的油墨。共聚树脂能溶于酮，它以芳香烃为稀释剂。V 型油墨要获得特殊性能，就得使用丙烯醇树脂。

W 型油墨：虽然 W 型油墨的配方中含有其他稀释剂，但它主要还是以水为稀释剂。在有些情况下，可以在水中加少量的乙醇。

X 型油墨：没有确定类型的油墨都归为 X 型油墨。这类油墨稀释剂必须根据油墨具体配方来选择。一般油墨生产商都会给予一定的建议。热转移油墨和升华性油墨都归于 X 型油墨。

发泡印刷油墨：发泡印刷油墨在常态下是液体，当它转移到印刷物上时就变为泡沫。这类水性油墨由多种树脂配成，多用于包装行业中，许多特殊印刷效果都是利用这些易控制的泡沫的特性来实现的。

（2）主要组成

油墨是由作为分散相的颜料和作为连续相的连结料组成的一种稳定的粗分散体系。其中颜料赋予油墨颜色，连结料作为颜料载体提供油墨必要的转移传递性能和干燥性能。油墨中除了颜料和连结料主剂外，还有作为助剂的各种添加颜料。颜料是一种呈细微末状的固体物质，可以呈现球状、片状等不规则形态。一般颜料粒子的直径在几百纳米到几十微米的范围内。颜料可以均匀地分散在介质中，但不溶于介质，且不与介质发生化学反应；颜料是有色体，它既赋予油墨颜色，同时它的分散、聚集又直接影响到油墨的流动性、化学稳定性及干燥性。

连结料。油墨连结料是由高分子物质混溶制成的液状物质，在油墨中作为分散介质使用，是一种具有一定黏度和流动度的液体，但不一定都是油质的。连结料使颜料固体粒子得以良好分散，是颜料粒子的载体，使之通过印刷转移到承印物表面。因此，连结料赋予了油墨流动能力、印刷能力；同时，它又是一种成膜物质，颜料要依靠连结料的干燥成膜性，牢固地附着于承印物表面，并使墨膜能够耐摩擦、有光泽。因此，连结料决定着油墨干燥性和膜层品质。由此可见，连结料是油墨的关键组分。如果说油墨的色相、透明度和耐光性主要由颜料决定的话，那么印刷油墨的流变性质、干燥性质、抗水性、光泽等则主要由连结料的性质决定。

助剂。辅助剂（通常简称为助剂）是在油墨的制造以及印刷过程中使用的为改善油墨本身性能而附加的一些材料。助剂的种类很多，几乎每一种油墨都有与之配套使用的辅助剂，辅助剂加入量很少，却对油墨的性能和印刷适性产生明显和重要的影响。

（3）基本要求

对颜料的要求。颜料的特性对印刷油墨的性质具有直接的影响，所以应根据塑料凹印的工艺特点和要求来选择颜料。对于塑料食品包装印刷用油墨，还要考虑到无毒性。

对树脂的要求。树脂一般是无定形的半固体、固体或假固体的高分子物质，呈透明或半透明乳白色。它无固定熔点但有软化或烧融范围，受热变软逐渐熔化，在力的作用下可流动，大多不溶于水，有的可溶于有机溶剂。树脂为高分子材料，结构比较复杂。树脂连结料的特点是：附着力强，固着快，干燥快，抗水性强，光泽强，耐磨擦，有良好的印刷适性。一般来讲，树脂都是有机化合物，具有复杂的结构、高分子量和能溶解于一些有机溶剂的性质。当溶剂从树脂溶液蒸发时，树脂的浓度会逐渐增大，树脂不像无机盐类那样结晶出来，而是其溶液随溶剂除去而变得黏稠，最终树脂分子相互间紧密地连接在一起，形成凝胶体，表面形成薄而透明的膜层。这个性质在表面涂布所使用的许多树脂中是很重要的。

对溶剂的要求。溶剂在凹印油墨中是用来溶解树脂的。它决定了油墨的黏度、附着性、干燥等性能。另外，溶剂和树脂的互溶性、溶剂对颜料的分散性、溶剂的沸点、溶剂本身的可燃性及毒性等性能对油墨的质量还有着很重要的影响。

在凹印油墨中常选用那些能在常温或不高于沸点的情况下，溶解固体和半固体物质，并形成透明或浅色溶液的液态物质作为溶剂、助溶剂或潜溶剂。

对性能的要求。塑料凹印油墨应具有鲜明的色彩，良好的流变性和均匀的转移特性；当油墨被转移到承印材料的表面后，必须迅速固着，并形成牢固的膜层；油墨的印刷适性与连结料的性质有密切关系，油墨的黏度、光泽度、抗水性、干燥性、流动性、转移性和固着性等特性主要由连结料所决定。油墨的耐酸、耐碱和耐溶剂等性能，与连结料也有一定的关系。从油墨加工角度来看，连结料远比颜料重要。同一种颜料，换了另一种类型的连结料，它就变成另一种类型的油墨。而同一种连结料，即使换另一种类型的颜料，仍不能改变油墨的根本性能。所以，要想制成好油墨，必须先做好连结料。要想获得高质量的油墨，首先应采用高质量的连结料。

（三）无苯型塑料凹印表印油墨的研究

1. 分散技术

（1）分散系的特点

油墨是由作为分散相的颜料和作为连续相的连结料混合形成的一种稳定的粗分散体系。分散系有以下三大特点。

①比表面积大

比表面积指物体总表面积与总质量之比。对立方体粒子而言，比表面积 S 与立方体粒子边长 L、密度 ρ 之间的关系为

$$S=3/(\rho \times L) \tag{3-1}$$

对半径为 r 的球形粒子来说，比表面积 S 为

$$S=3/(\rho \times r) \tag{3-2}$$

由式（3-1）、式（3-2）可以看出，比表面积 S 与粒子尺寸大小成反比。因此，分散粒子颗粒越小，粒子的比表面积越大。

②分散系的物性随分散粒子的大小而改变

对于尺寸较大的物质，具有与该物质相对应的物性。但对于粒子细小的分散系而言，由于分散系中分散粒子颗粒细小，比表面积大，在不同的分散状态下则表现出不同的物性，如分散系的颜色、清晰度等。

③热力学不稳定

分散系中分散粒子作为一个相，与分散介质之间存在界面，当然亦存在界面自由能。界面现象在分散体系中具有充分的体现。其界面自由能 G_S 与比表面积 S、界面张力 γ 之间的关系为

$$G_S=S\times\gamma \tag{3-3}$$

对等式两边取微分，上式变为

$$\triangle G_S=\gamma\triangle S+S\triangle\gamma \tag{3-4}$$

分散粒子一定时，其界面张力 γ 为一定值，由于粒子越小，比表面积 S 增大，因此体系的表面自由能增加，分散系将更加不稳定，分散粒子相互凝聚，以便减小体系的表面自由能。换言之，分散将更加困难。

（2）分散粒子的分散与凝聚

分散系中分散粒子的分散与凝聚取决于粒子与粒子间、离子与分散介质间的相互作用。粒子的分散与凝聚取决于体系的总能量。体系的总能量主要由范德华引力产生的粒子与粒子间的相互吸引作用和由电子二重性产生的粒子与粒子间的排斥作用，如图 3-1 所示。

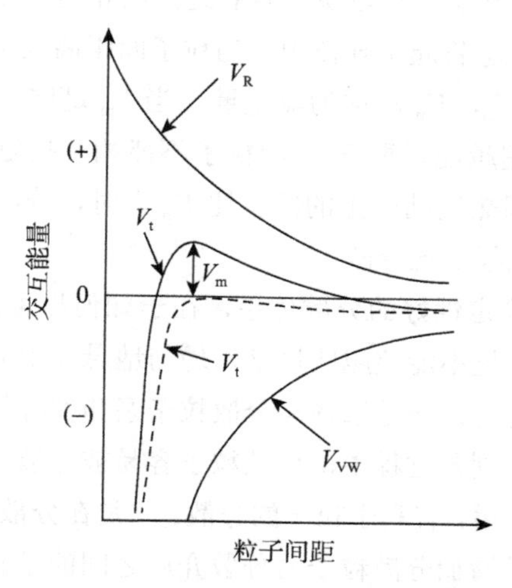

图 3-1　粒子间相互作用与粒子间距离关系示意

假设粒子与粒子间的吸引能量为 V_{VW}，排斥能量为 V_R，则分散体系的总能量 V_t 为

$$V_t=V_{VW}+V_R \tag{3-5}$$

对平行板模型，有

$$V_{VW}=-A/(12\pi H^2) \tag{3-6}$$

$$V_R=\frac{64\pi n_0 kT\gamma_0^2}{\kappa^2}\cdot\exp(-\kappa H) \tag{3-7}$$

式中，

A——Hamaker 常数（$A=\pi^2\rho^2\lambda$，ρ 为粒子密度，$\lambda=3\alpha^2hv/4$）；

H——平行板间的距离（若考虑两个粒子间的作用时，可看成粒子间的距离）；

n——粒子浓度；

k——Boltzmann 常数；

T——绝对温度；

γ——表面张力；

κ——介电常数。

由式（3-6）、式（3-7）可知，粒子间的吸引能量 V_{VW} 与粒子间距离的平方呈反比关系，排斥能量 V_R 与粒子间距离呈指数函数关系。因此，当粒子间距离很小时，吸引能量 V_{VW} 与排斥能量 V_R 都起作用，粒子最终相互吸引形成凝聚体或是相互排斥处于分散状态，将取决于两者之间的相对大小，当粒子间的距离很大时，V_R 趋近于零，V_{VW} 将起主导作用。当粒子间距离处于某一值时，体系总能量 V_t 将出现一极大值 V_m，V_m 常称为能量壁。当 V_m 足够大时，分散粒子由布朗运动产生的热能不能超越能量壁 V_m，则粒子不能相互接触形成凝聚体，粒子处于分散状态。当粒子因热运动产生的能量比 V_m 大时，分散粒子将相互接触而形成凝聚体，粒子将不能很好地分散。

制备分散均匀、稳定性好的分散体系，在于如何尽可能地增大 V_m 值，从而使分散粒子的热运动能量不能超越能量壁，均匀地悬浮于分散介质中。解决这一问题一般从两个方法考虑，一是选择与分散粒子亲和性好的分散介质。分散粒子与分散介质亲和好，在制备过程中，分散粒子容易被分散介质包覆，从而减小了粒子与粒子间的相互作用，有利于粒子的分散。二是在分散系中加入表面活性剂，表面活性剂的作用在于增加分散粒子与分散介质之间的亲和力，使分散介质能够充分地吸附在粒子表面，从而达到减小 V_m 的效果。

（3）表面活性剂的分散作用

固体粒子在液体中的分散可以看作三步过程：

①润湿固体粒子，液体取代固体表面，即分散介质（液体）渗透到粒子表面的过程。

固体粒子分散于一液体中，首先液体必须能完全润湿固体，换言之，液体能在固体表面上铺展，最后把固体表面上的空气驱除，成为液 / 固界面。铺展需要的条件是铺展系数 $S_{l/s}>0$。

$$S_{l/s}=\gamma_{sg}-\gamma_{sl}-\gamma_{lg} \tag{3-8}$$

式中，γ 为界面张力；下标 sg、sl 及 lg 分别表示固 / 气、固 / 液及液 / 气界面。根据此式，液体中加入润湿剂（一般为表面活性剂）可以降低 γ_{sl} 和 γ_{lg}，特别是水为分散介质时。在水介质中，固体表面的接触角越小，则固体粉末越容易分散。

②质点团粒脱聚、分散，或称为聚集块的分离。指通过某种分散手段将由于物理作用聚集在一起的粒子团分离成单个粒子（或更小粒子团）的过程。

液体润湿固体质点团粒后，团粒即可分散于液体中。表面活性剂在此过程中所起的作用可能是：a. 表面活性剂吸附于固体“微裂缝”中，可以减少固体质点分裂（分散）所需的机械功。这种微裂缝被认为是在应力下的晶体中形成的，当应力清除后会自己愈合而消失。表面活性剂吸附于裂缝表面后会加深微裂缝，并降低其“自愈”能力，因而降低了破碎固体质点所需的机械能。b. 离子表面活性剂吸附于团粒质点表面上时，可使团粒中质点获得相同符号的电荷，质点就互相排斥而易于分散于液体中。

③悬浮液的形成、防止分散质点再聚集。指在一定的分散条件下，使分散体系达到相对稳定状态的过程。在此过程中表面活性剂起到了重要的分散作用。

固体质点在液体中的分散体系为一热力学不稳定的体系，质点聚集变大是一自然趋势。固体分散于液体中后，需要采取有效办法以防止固体质点再聚集到一起。降低分散体的热力学不稳定性是可能的，即降低 $\gamma_{sl}\triangle A$（$\triangle A$ 为分散质点的表面积与聚集体表面积之差），虽然不能完全消除。表面活性剂吸附于固体表面上时，$\triangle A$ 值降低，于是 $\gamma_{sl}\triangle A$ 值减少。在以水为分散介质的分散体系中，这种情况意味着表面活性剂吸附时以其亲水基朝向水相，于是质点与水之间的界面张力降低。在非极性固体表面上吸附表面活性剂即为此种情况：表面活性剂两亲性的非极性（疏水）部分与非极性表面相接触而极性部分则定向朝向水中，导致降低。表面活性剂吸附于分散质点表面后，还可能增高或产生防止聚集的势垒。

如前所述，这些势垒可以是电性性质的或非电性性质的。不论何种情况，表面活性剂的亲水头基的溶剂化总是起了稳定分散体的重要作用。

（4）高分子在颜料粒子表面的吸附

在将颜料混入高分子树脂制备油墨分散系的过程中，颜料粒子表面吸附高分子树脂的过程起着决定作用。高分子树脂在颜料粒子表面吸附层的结构模型可以用图 3-2 表示。吸附层可以分为直接与界面相接触的队列部部分和扩张在溶液中的环形部与尾部部分。环形部部分与尾部部分对颜料粒子稳定性具有重大影响。高分子吸附主要受高分子的种类及其分子量、颜料粒子表面性质以及高分子溶解性三个参数的影响，饱和吸附量 A_s 与分子量 M 之间有下列关系：

$$A_s = K_1 M\alpha \tag{3-9}$$

式中，K_1 与 α 是分散系特定常数，与分子量有关，根据吸附层结构的不同，取 0 ～ 1 之间的值。

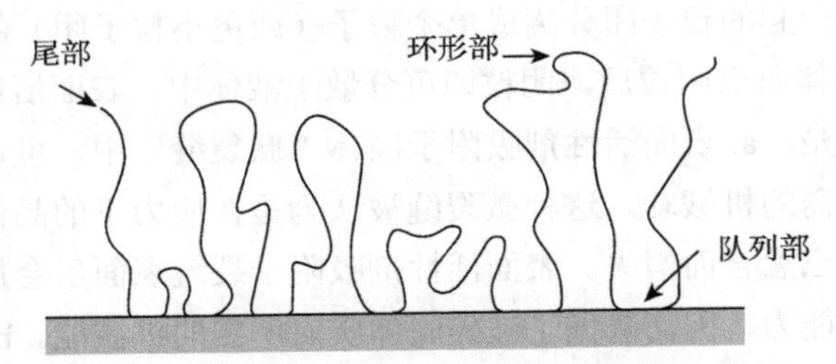

图 3-2　颜料粒子表面吸附高分子树脂的结构模型

当 α=0 时，整个高分子吸附在颜料粒子表面，A_s 与分子量无关，为一定值。实际上能够满足这种条件的分散体系少之又少，与分散粒子表面带有相反电荷的高分子电解质接近这种状态的吸附，如图 3-3（a）所示。这种情况，粒子与高分子的相互作用较强，但由于吸附在粒子表面高分子的数量少，吸附层薄，并不一定能够得到稳定的分散系。

当 0<α<1 时，吸附层由队列部、环形部、尾部三部分组成，大部分分散体系都采取这种吸附方式，如图 3-3（b）所示。一般将吸附在粒子表面的队列部部分与总吸附量的比例称为 p 值，单一组分高分子系取 0.1 ～ 0.7 之间的值。对同种高分子树脂—分散粒子的分散体系，小分子量、低浓度的体系 p 值较大，反之大分子量、高浓度的体系 p 值小。

当 α=1 时，表示吸附在分散粒子表面的只是高分子末端，如图 3-3（c）所示，此时饱和吸附量 A_s 与高分子成膜剂的分子量成正比。在这种分散体系中，作为分散介质的高分子成排列状态，可以形成较厚的吸附层，有着很强的排斥作用。当粒子表面完全吸附有高分子树脂时，从粒子分散的角度来看，可以获得很好的分散效果。通常很难形成这种吸附状态。有实验表明，使用两种性质不同的成分生成的共聚物，或者在分子末端引入特殊的反应性基团，即末端改性高分子，可以实现这种吸附状态。因此，制备分散性、稳定性好的分散系，可以通过改善高分子树脂的性能、结构或者使用有效的分散剂来实现。

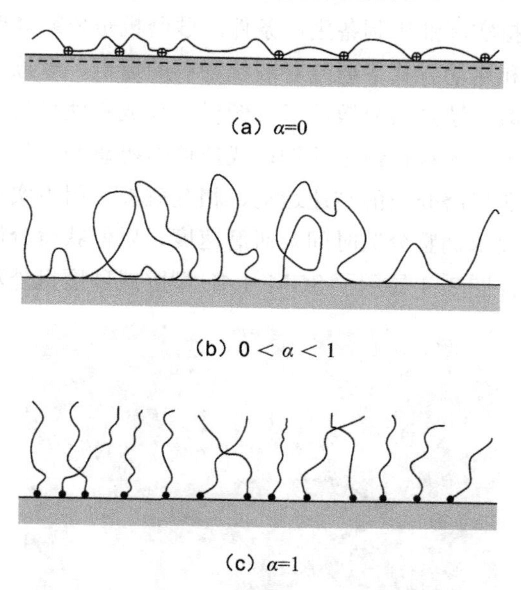

（a）$\alpha=0$

（b）$0<\alpha<1$

（c）$\alpha=1$

图 3-3　高分子吸附形态与 α 值关系

2. 制备方法和设备

分散系的制备从原理上可分为两种方法。一种是凝缩法（Condensation Method）。凝缩法是指从分子、离子溶液出发，利用化学手段使各个分子集合形成为粒子并分散在分散介质中。凝缩法作为实用性胶体制备方法被广泛应用，如金属溶胶（Au、Pt 溶胶等）、金属氧化物溶胶（TiO_2、SiO_2 溶胶等）、离子型结晶微粒（$BaSO_4$、AgI 溶胶等）。另一种是分散法（Dispersion Method）。分散法是指利用各种机械通过粉碎手段将粗大颗粒的粒子变成微粒子，是一种物理方法。常用的分散法有：

- 三辊研磨机。主要用于高黏度的分散系，如平版印刷油墨、高黏度涂料等。
- 震动式研磨机。用于高黏度的分散系，如涂料、磁性粉的分散等。

- 超声波分散器。用于低黏度的分散系。
- 球磨机、砂磨机。适用范围较广，高黏度、低黏度体系均可，如涂料、化妆品、磁性分散系等。

油墨制备实质上是将颜料粒子分散在连结料中的分散过程。制备不同种类的油墨采用不同的分散方法。凹印油墨属于低黏度的分散体系，一般采用砂磨机。本研究使用的砂磨机有 SBM-T 型篮式砂磨机用于少量油墨制备，SGM-1.4L 型卧式砂磨机用于模拟实际油墨制备生产条件。砂磨机是依靠球或砂（包括球状小珠）在不同的容器和运动方式下通过对液状物料的撞击、摩擦和剪切而达到粉碎与分散效果。此分散方法是将分散粒子（颜料）与成膜性材料（树脂体系）进行预混合，在研磨器中加入粒径细小的钢球或玻璃球等研磨介质，当所需的研磨材料通过研磨器时，在研磨介质的高速运动、相互碰撞作用下实现粒子的分散。这种分散方式可根据要求调整分散时间及研磨速度，以便获得分散性及分散稳定性良好的油墨分散系。图 3-4 显示了 SGM-1.4L 型卧式砂磨机外观图。

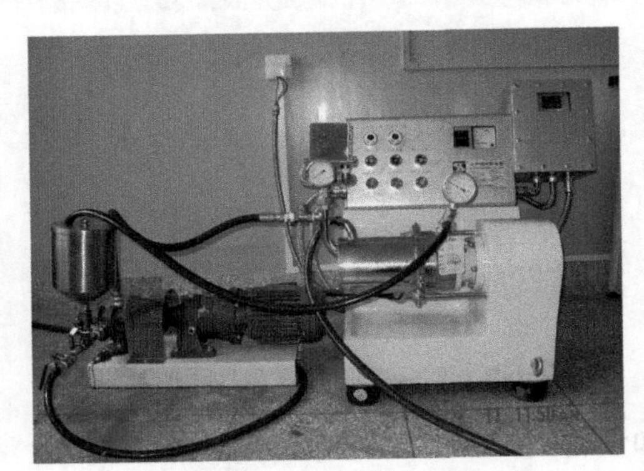

图 3-4　SGM-1.4L 型卧式砂磨机

3. 材料的选定

（1）溶剂

溶剂选择的原则。在凹印油墨中，稀释剂是一种连结料。它既是溶解树脂等高分子物质的真稀释剂，也是起油墨稀释作用的稀释剂和起潜溶作用的助稀释剂。但其作用又是相对的，即对某种树脂是真稀释剂，而对其他种树脂却是助稀释剂，甚至两种稀释剂对某种树脂都不是真稀释剂，而混合在一起却是该树脂的优良稀释剂。稀释剂在凹印油墨中是用来溶解树脂，决定油墨干燥性能，调整油墨黏度的。稀释剂和树脂是否适应，稀释剂对颜料的影响，稀释剂的沸点是否合适，稀释剂本身的可燃性、毒性等性状也将影响油墨的质量。

溶剂的种类。稀释剂需要有良好的溶解性，是指在一定温度下，能充分使溶质达到高度饱和的能力。稀释剂以能较多地溶解树脂，并且制得连结料的黏度相对低的为好。

混合溶剂的组分。溶剂在凹印油墨中主要用于溶解树脂、制备油墨连结料以及调整油墨的黏度，同时，溶剂对油墨的干燥起着决定性作用。单一溶剂一般很难达到理想的印刷效果，通常将几种溶剂按一定的比例混合后使用。混合溶剂的组成主要考虑：a. 混合溶剂体系中各组分能否互溶；b. 对树脂的溶解能力；c. 合适的溶剂沸点以及溶剂本身的可燃性、环保性等。

①溶剂的互溶性

基于以上要求，本研究初步选定 A、B、C、D、E、F 六种溶剂，并对其互溶性进行了考察，其互溶性考察结果如表 3-2 所示。

表 3-2　六种溶剂的互溶性

溶剂	A	B	C	D	E	F
A	○	○	○	○	×	○
B	○	○	○	○	×	○
C	○	○	○	×	○	○
D	○	○	○	○	○	○
E	×	×	○	○	○	○
F	○	○	○	○	○	○

注：○代表互溶性好，× 代表互溶性不好。

从表 3-2 实验结果可知，D、E 与其他溶剂相容性较差。作为印刷油墨使用的溶剂体系中的各种溶剂必须具有良好的互溶性，否则，制备的油墨由于溶剂的影响将出现分层现象，影响使用效果。

②混合溶剂的组分

为了探讨混合溶剂的性能及对油墨制备、油墨性能的影响，首先设计了表 3-3 所示的各种混合溶剂组分，以供研究使用。

表 3-3　混合溶剂组分

溶剂	A	B	C	D	F
1#	40%	40%	20%	—	—
2#	60%	25%	15%	—	—

续表

溶剂	A	B	C	D	F
3#	45%	40%	15%	—	
4#	20%	30%	50%	—	
5#	40%	30%	—	30%	
7#	10%	20%	—	50%	20%
8#	10%	10%	—	40%	40%
9#	10%	10%	—	20%	60%
10#	20%	30%	—	50%	—

③混合溶剂的共沸点

各混合溶剂的共沸点实验结果如下：

1# 升温直至 78℃，开始有液体滴出。然后开始降温直至 50℃（此时无液体滴出）。随之迅速升温至 78℃，这时又有液体滴出。之后温度又开始下降（此时无液体滴出），至 42℃。接着又重复这些过程几次。直到烧瓶内只剩有少量液体后，逐渐冷却。实验结果说明无明显的共沸点存在。

2# 过程与 1# 大致相同，只是其最高温度为 76℃，无明显共沸点存在。

3# 过程与 1# 和 2# 大致相同，其最高温度为 74℃，无明显共沸点存在。

4# 过程与前三种不同，其有三个较为稳定的持续温度。第一个为 43℃，接着是稳定在 80℃左右，最后升温至 92℃左右保持稳定。该过程中始终有液体滴出。

由以上过程相比较，可以得出一个基本结论：溶剂 C 对混合溶剂体系共沸点的影响较大，必须将其量控制在一个限定的范围内。同时可以确定：1#、2#、3# 稀释剂的混合共沸点不稳定。

为了比较 D 与 C 对混合稀释剂共沸点的影响，将 4# 与 5# 进行比较。

5# 实验过程与 4# 有所区别，其温度一直稳定在 75℃左右。从而可以得出一个结论：溶剂 D 较 C 而言，能降低混合稀释剂的共沸点，5# 混合溶剂存在共沸点。

7#、8#、9#、10# 混合稀释剂的共沸点与 5# 大致相同，基本在 70～78℃范围内。目前所用的甲苯稀释剂的共沸点基本在 72℃左右，所以 5#、7#、8#、9#、10# 就共沸点而言，都可以满足实际印刷需求。

（2）树脂

树脂的作用。油墨连结料是颜料粒子的载体，起着分散颜料粒子的作用，赋予油墨流动能力。连结料中的树脂又是一种成膜物质，颜料要依靠连结料的干燥成膜性牢固地附着于承印物表面并使墨膜耐摩擦，有光泽，因此，连结料决定着油墨干燥性和膜层品质。连结料是油墨的关键组成。印刷油墨的流变性质，干燥性质，抗水性，光泽等主要由连结料的性质决定。

溶剂对树脂的溶解能力。

①单一溶剂对树脂的溶解能力

对三种品牌聚酰胺树脂，即天津树脂 DL1330、枣庄树脂和 2400 树脂的溶解性进行了实验研究。实验结果如表 3-4 所示。

表 3-4　树脂与溶剂的互溶性

溶剂 树脂	A	B	C	F
天津树脂 DL1330	○	○	○	×
枣庄树脂	×	×	×	×
2400 树脂	○	○	○	×

注：○互溶性好，× 互溶性不好。

②混合溶剂对树脂的溶解能力

树脂在各混合溶剂中的溶解情况如表 3-5 所示。

表 3-5　混合溶剂中树脂的溶解性

树脂	混合溶剂								
	1#	2#	3#	4#	5#	7#	8#	9#	10#
天津树脂 DL1330	○	○	○	○	○	○	○	○	○
枣庄树脂	△	△	△	△	△	△	△	△	△
2400 树脂	○	○	○	○	○	○	○	○	○

注：○互溶性好，△互溶性一般。

实验结果表明，枣庄树脂在溶剂 A、B、C、F 中溶解性差，溶剂 F 都不能溶解三种树脂。综合以上实验数据，制备油墨的混合溶剂使用 A、B、C 三种溶剂组成，树脂选用天津 DL1330 树脂和 2400 树脂。

（3）颜料

颜料有无机颜料和有机颜料两大类，目前用于油墨的颜料大多为有机颜料。

油墨中的颜料起着决定油墨颜色性能的作用，应选用着色力强、粒度分布尽可能窄、透明度高、遮盖力强、与成膜树脂有较好的亲和性的颜料。

根据上述原则，本研究选用国产颜料和进口颜料进行了对比实验，颜料与树脂连结料亲和性实验结果如表 3-6 所示。

表 3-6　颜料与树脂的亲和性

树脂 颜料	天津 DL1330 树脂	2400 树脂
国产颜料	○	△
进口颜料	○	△

注：○亲和性好，△亲和性一般。

实验结果表明，两种颜料与天津 DL1330 树脂的亲和性较强，与 2400 树脂的亲和性一般。从成本的角度来说，国产颜料比进口颜料要便宜得多。

目前，国内制备普通油墨一般都使用国产颜料。基本四色油墨的颜料一般使用碳黑、酞菁蓝、立索尔宝红和联苯胺黄。

（4）助剂

助剂也叫添加剂，是油墨的辅助成分，其作用在于改善油墨的性能，如分散性、印刷适性等。助剂的种类很多，主要有增塑剂、干燥抑制剂、干燥剂、表面活性剂、分散剂等。

为改善油墨的印刷适性和其他一些指标，油墨中还有其他一些助剂，如蜡、抗氧化剂、防蹭脏剂、防腐剂、撤黏剂、消泡剂等。

本研究针对塑料凹印油墨的特点，选用了以下几种助剂。

增塑剂：邻苯二甲酸二丁酯；

消泡剂：甲基硅油；

润湿剂：500；

分散剂：9076、116、163、161 等；

降表面张力剂：333。

综合以上对油墨组分的实验研究，设计出了各种凹印油墨配方，制备出油墨样品，并对样品油墨进行印刷适性实验，测试各项性能指标。表 3-7 所示为一组油墨配方。

表 3-7　油墨配方

色料	连结料	添加剂				
		分散剂	消泡剂	增塑剂	润湿剂	降表面张力剂
碳黑 14.00+酞青蓝 1.00	84.80	0.20				
颜料黄 5.00	92.30	0.20	1.00	1.00		0.50
颜料蓝 7.00	89.00	1.00		1.00	2.00	
颜料红 7.00	92.00				1.00	

4. 制备工艺

（1）配树脂溶液

将各单一溶剂按一定比例配制成混合溶剂，加入树脂，在 50℃水域条件下机械搅拌，使树脂完全溶解于混合溶剂中，制成连结料。

（2）预分散

准确称量各种原料加入配制好的树脂溶液中，用机械搅拌方式进行预分散，形成凹印油墨粗分散体系。

（3）研磨

将油墨粗分散体系倒入图 3-4 所示的 SGM-1.4L 型卧式砂磨机的入料槽，打开冷却水阀，然后开泵，将要研磨的油墨抽入研磨槽，然后打开主机，开始研磨。在油墨的研磨过程中，采用了两种研磨方法。一种是循环研磨法，即在打开主机的同时，打开泵，让油墨充分循环；另一种方法是间歇式循环研磨法，即每半小时循环一次，其他时间不开泵，只开主机研磨。试验表明：采用后者研磨方法，油墨的分散性及分散稳定性、油墨细度等优于前者。

油墨制备过程中，添加剂的加入方法对分散效果影响很大。添加剂的加入方法有一次加入法和分批加入法两种，实验表明，油墨预分散阶段一次性加入润湿剂，研磨效果不佳，制备的样品油墨打样时容易出现白点和花纹。但采用分批加入法，即分别在研磨开始和研磨结束前半小时各加一半，研磨后样品油墨的分散性及分散稳定性方面都获得比较满意的效果，与薄膜间的润湿效果也大大得到改善。另外，油墨制备过程中还需要注意控制温度基本稳定、注意研磨珠的磨损等。

（四）聚酰胺树脂型凹印油墨性能研究

1. 油墨分散性及分散稳定性

印刷油墨是由颜料粒子、连结料和各种助剂利用各种不同分散技术和手段制成的分散体系。颜料粒子在油墨体系中的分散性和分散稳定性直接影响到油墨的质量品质和印刷适性。评价分散系的分散性和分散稳定性的方法有多种，如目视观察法、电子显微镜观测法、粒度分布测试法、流变学参数测试法、吸收光谱测试法等。

（1）目视观察法

目视观察法是指将制备好的分散系放入透明容器中静置，定时观察分散粒子有无沉淀现象出现或者分散介质与分散粒子间有无分层现象出现。分散性、分散稳定性好的分散系均不会出现沉淀和分层现象。此方法简易方便、直观，对油墨分散系来说，可以初步判定颜料粒子是否能够均匀分散在树脂连结料中。目视观察法一般可以对分散状态进行初步定性评价，但不能进行定量评价。

（2）电子显微镜观测法

电子显微镜观测法是指将制备好的分散系用电子显微镜拍摄成电子显微镜照片，根据电子显微镜照片评价分散粒子在分散介质中的分散状态。此方法可以从电子显微镜照片中直接计算出分散粒子及其聚集体的尺寸及其分布形态。因此，这种方法不但可以直观判断，还可以进行某种程度的定量评价。但由于拍摄电子显微镜照片对样品制作要求较高，不适宜用来评价分散粒子聚集状态随时间而变化的分散系（事实上许多分散系的粒子分散状态随时间的变化而改变）。

（3）粒度分布测试法

粒度分布测试法是指利用粒度分布仪测试分散系中分散粒子或其聚集体的大小以及粒度分布状态。这种方法可以定量评价分散系中粒子的分散状态以及分散粒子及其聚集体的大小和分布。由于其测试原理是利用散射光强度来计算出粒度及其分布，因此，当有色分散系的光谱吸收范围与仪器光源发光波长重叠时，由于形成的散射光强度低，测试结果不可靠，只能作为参考。

（4）流变学参数测试法

流变学是研究物质的流动与变形的一门科学，其理论基于牛顿黏性定律和胡克弹性定律。牛顿黏性定律指对于纯黏性流体，流体的黏度不随外加应力的变化而变化，为一定值。剪切应力、剪切速率、黏度的关系如式（3-10）所示。

物质的黏度实质上是物质在受到外加应力作用时所表现出的流体层与层之

间的摩擦系数，物质在产生变形的过程中，黏度将作为一种阻止流体流动的阻力方式存在。

胡克弹性定律指在弹性限度范围内，物体的形变与外加应力成正比。应力与形变的关系为

$$\sigma = G\gamma \tag{3-10}$$

式中，G 为弹性率。

在现实生活中满足牛顿定律的纯黏性流体和满足胡克弹性定律的理想弹性体很少，大多数情况下，物质表现出既有弹性成分，又有黏性成分。这类物质通常称为“黏弹性体”。分散系是由分散粒子与分散媒介组成，分散粒子通常都以某种方式形成某种结构，因此基本上都表现出黏弹性体的性质。

分散系的流变学参数主要有体系的稳态黏度、应力、动态黏性率、动态弹性率、蠕动变形、触变性等。稳态黏度、应力参数可以用各种黏度计进行测试，动态黏性率、动态弹性率、触变性等参数可以用各种流变仪进行测试。

流变学不仅作为一种测试手段，还作为研究物质的变形与流动的一门学科，在 20 世纪后半期得到了迅速发展。目前已经被广泛应用于各个领域。

（5）吸收光谱测试法

使用诸如颜料、染料类的着色粒子制备的分散系，当对其进行光照射时，体系对照射光将产生吸收和散射。设入射光强度为 I_0，透射光强度为 I，则有：

$$\ln(I_0/I) = (\varepsilon+\tau)L \tag{3-11}$$

式中，ε 为吸收系数，τ 为浑浊度，L 为光路长。当 $\varepsilon=0$ 时为 Tyndall 公式，当 $\tau=0$ 时为 Lambert 定律。若粒子半径为 a、粒子数为 N，则吸收系数 ε 和浑浊度 τ 可用下式表示：

$$\varepsilon=\pi Na^2\mathrm{Q}_{abs} \tag{3-12}$$

$$\tau=\pi Na^2\mathrm{Q}_{sca} \tag{3-13}$$

Q_{abs} 为吸收因子，Q_{sca} 为散射因子。吸收因子 Q_{abs}、散射因子 Q_{sca} 是 α（$a=2\pi a/\lambda$，λ 为入射光波长）、n（折射率）、k（吸收率）的函数。当入射光波长一定时，α 与粒子径 a 成正比关系。当分散系中分散粒子在小尺寸范围，散射因子 Q_{sca} 和吸收因子 Q_{abs} 都随 α 的增大而增加。当 α 达到某一值时，吸收因子 Q_{abs} 出现极大值，然后随 α 的增大而减小。散射因子 Q_{sca} 则多次出现极大值。因此测试分散系的吸收光谱，根据吸收峰的大小，可以评价分散系中分散粒子的分散状态。

对所制备的凹印油墨分散性的评价采用目视观察法和电子显微镜观测法相结合的方式。用目视观察法观察油墨有无沉淀和分层现象，初步判定其分散性和分散稳定性，可以定性判断具有良好分散性和分散稳定性的油墨样品。再用电子显微镜观测法观测油墨分散体系中颜料粒子的分散状态，如图 3-5 和图 3-6 所示。

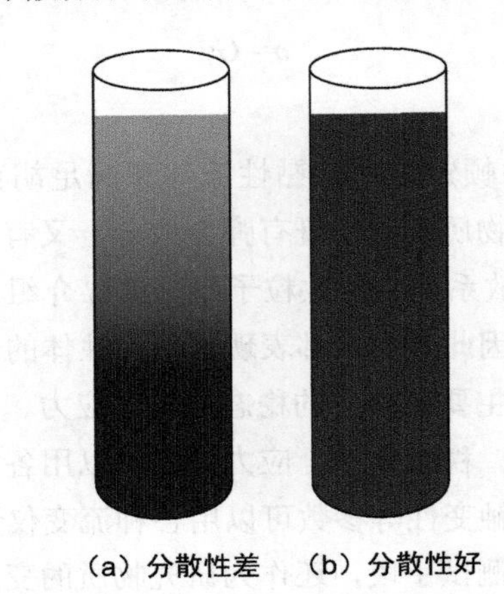

（a）分散性差　（b）分散性好

图 3-5　目视观察法

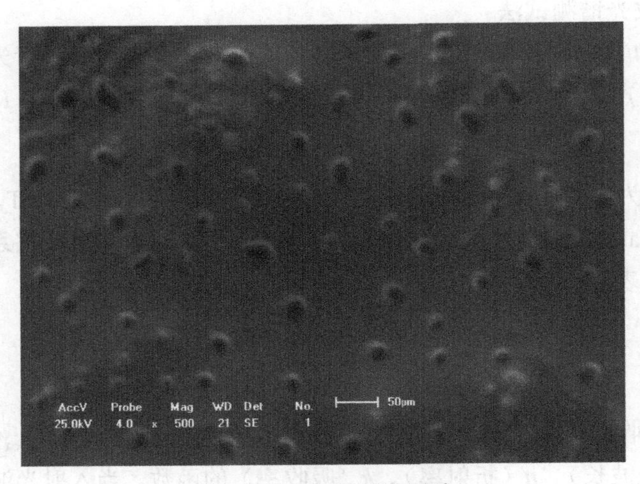

图 3-6　电子显微镜照片

观测结果若出现如图 3-5（a）显示的现象，表明分散性及分散稳定性都不好，保持如图 3-5（b）显示的现象，则可初步判断该油墨体系分散性及分散稳定性均较好，并进一步通过显微镜观测颜料粒子的分散状态。图 3-6 所示为油墨样品电子显微镜照片。从照片显示结果可以看出，所示油墨体系具有良好的分散状态，颜料粒子分散得比较均匀，颜料粒子凝聚体的大小大约为 20μm。通常用于印刷的油墨颗粒大小达到 25μm 即可实际上机印刷。

2. 油墨的流变曲线及黏度

（1）黏度

黏度是阻止流体流动的一种性质，是度量流体分子相互作用而产生阻碍其分子间相对运动能力的尺度，即流体流动的阻力。印刷油墨的黏度是油墨物性的重要参数之一。

如果在两块平行板之间填充满流体，固定下部平板，用作用力 σ（dyn/cm^2，通常称为剪切应力，$\sigma=f/$ 受力面积）作用于上部平板。假设，流体是由许多薄层构成，则可用如图 3-7 所示的流动示意图表示。设两板间的距离为 h（cm），上部平板运动速度为 v（cm/s），则两板间各层流体出现速度差，速度梯度 $D=dv/dh$，通常被称为切变速率，也称剪切速度（率），其量纲为 s^{-1}。

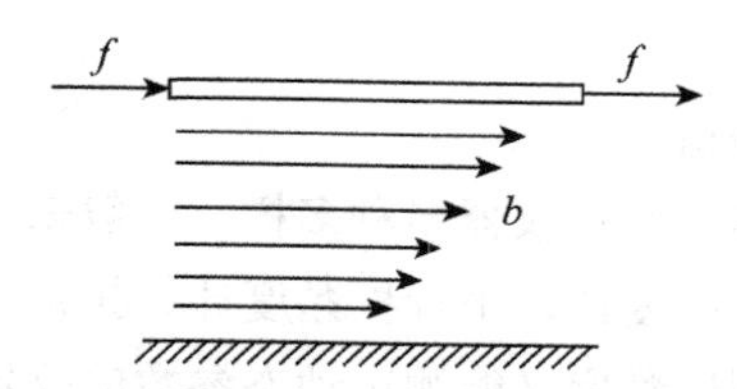

图 3-7　平板间流体流动示意

剪切应力与剪切速率之间的关系称为流动曲线。流动曲线随流体的流变学性能表现出不同的形态，一般有如图 3-8 所示的几种情形。

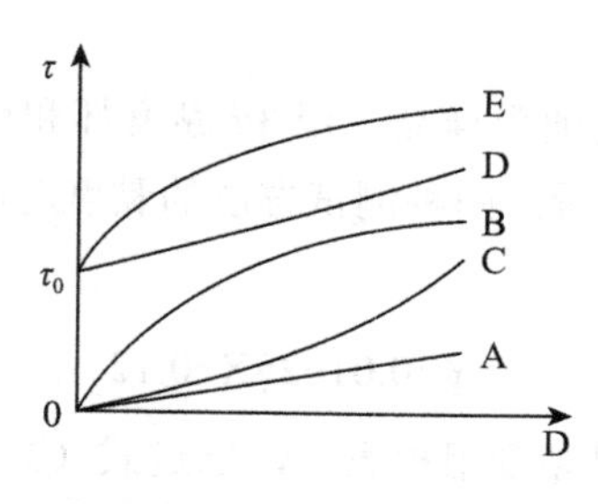

图 3-8　流动曲线种类示意

图中，

A：牛顿流体（纯黏性流体）。黏度为应力 σ 与剪切速度 D 的比值，为一常数。

B：触变性流体：流体的黏度 η 随应力 σ 的增大而减小。

C：胀流体：流体的黏度 η 随应力 σ 的增大而增大。

D：塑性流体：当应力 σ 达到一定值后，流体才会开始流动，这种使流体开始产生流动的最小应力称为屈服值，一般用 σ_0 表示，可用下式表示：

$$\sigma-\sigma_0=\eta D \quad (3-14)$$

E：假塑性流体：低剪切速度领域表现为触变性流体的性质，高剪切速度领域表现为塑性流体的性质。

用于印刷的油墨，由于其组成、制备方法不同，表现出不同的流动方式，但一般都表现为非牛顿流动方式。由于塑料凹印油墨属于低黏度油墨，尽管颜料粒子能够形成一定的内部结构，但其流动行为近似于牛顿曲线，即流动曲线为通过原点的直线。

中、高黏度的油墨（如胶印油墨）一般都表现出非牛顿流动的特性（除了牛顿流动以外的流动方式，均称为非牛顿流动）。即流动曲线为通过原点（或不通过原点）的曲线。非流动流体的流变学行为很复杂，通常流变学参数都是时间的函数。

（2）黏度的测试与分析

黏度的测量方法很多，测试仪器多种多样。一般来说，只能测试流体黏度的仪器称为黏度计，如落球黏度计、平行板黏度计、拉雷黏度计、旋转黏度计、毛细管黏度计等。而既能测试黏度又能测试动态参数的仪器称为流变仪。本书研究分别采用 3# 黏度杯和 ARES 流变仪对制备的凹印油墨黏度进行测试。黏度杯是用通过一定体积的液体在固定的温度下，全部通过小孔流完所需要的时间来表示黏度，单位为秒（s）。流变仪是在 25℃下用同心圆筒夹件进行黏度测试，测得的黏度单位为泊（P）。

图 3-9 显示了对制备的油墨样品，用 3# 黏度杯和用流变仪进行测试的对应关系。由图示测试结果可以看出两种测试方法的黏度对应关系近似于一条直线，直线方程为

$$Y=0.01625X-0.12 \quad (3-15)$$

由于黏度杯测试的油墨黏度用秒表示，通过式（3-15），将黏度换算成标准单位。

（3）影响黏度的因素

油墨的黏度是衡量油墨流动难易程度的度量方法，对各种类型的油墨来说都是一项重要的指标。影响油墨黏度的因素很多，可以从两个层面进行分析。一是油墨制备过程中的影响因素；二是油墨使用过程中的影响因素。使用过程的影响

因素为：与印刷机的印刷速度、纸张结构松软程度、环境温度的变化相关联。每一种类型的油墨都有一定的黏度范围，但是对于同一类油墨来说，要求是相同的，即印刷速度越快，要求油墨的黏度越低。黏度对印刷品的质量有一定影响。黏度过大，印刷过程中油墨转移不易均匀，并发生对纸张拉毛现象，使版面发花；黏度过小，油墨容易乳化，起脏，影响产品质量。另外，黏度能够决定油墨的转移率，黏度大，油墨转移率有所下降。

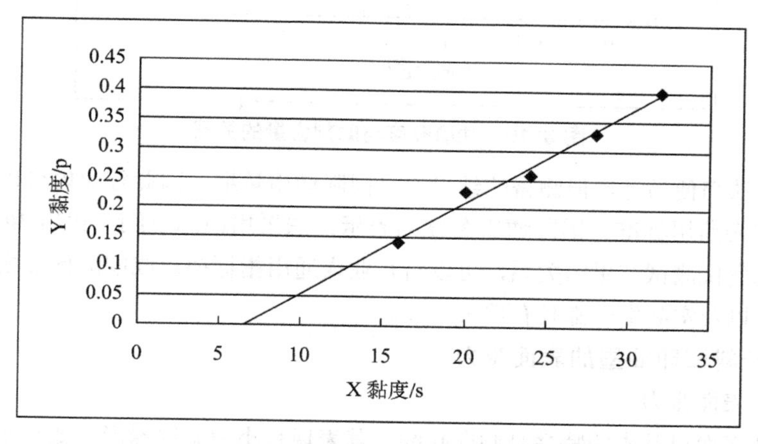

图 3-9　3# 黏度杯与流变仪测得黏度的对应关系

油墨制备过程中，影响油墨黏度的因素很多，主要有：

①连结料的黏度。对于使用同种颜料配制的油墨产品来说，连结料的黏度越大，其油墨的黏度也越大。

②颜料浓度（含量）。对于同一种连结料来说，油墨组分中的颜料含量越多，油墨的黏度也越大。

③颜料的颗粒大小。对同一种连结料来说，其颜料用量相同，所用颜料的颗粒越大，油墨的黏度越小；颗粒越小，黏度越大。

④颜料粒子的分散状态。颜料粒子在连结料中分散性越好，油墨的黏度越小，反之，油墨的黏度就越大。

⑤助剂的使用。使用助剂是为了改善油墨的印刷适性。助剂种类很多，影响油墨黏度的助剂主要是分散剂。分散剂的使用可以改善油墨的分散性，从而影响到油墨的黏度。图 3-10 显示了油墨制备中，助剂的含量对油墨黏度的影响。

目前油墨制造企业和印刷企业测试塑料凹印油墨类的低黏度油墨，一般都采用 4# 杯进行测量（我们采用的 3# 杯，与其相似，只是承载的油墨量不同），这

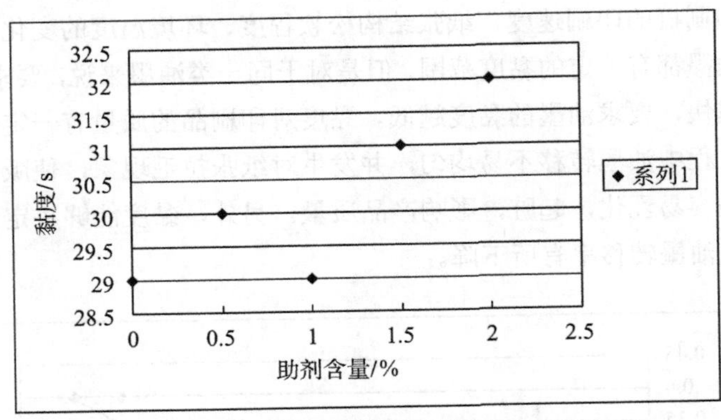

图 3-10　油墨黏度与助剂含量的关系

种测试方法简便易行，但测得的结果不是国际通用量纲。因此行业内可以应用，但不能作为通用标准。国际通用黏度的表示方法采用国际量纲。找出 3# 杯测试结果与流变仪测试结果的关系，可以将行业内通用指标换算成国际标准指标，对扩大交流以及实际生产都具有重大意义。

3. 塑料凹印油墨的表面张力

（1）表面张力

液体表面最基本的特性是倾向收缩，其表现是小液滴取球形，如小水银珠和荷叶上的水珠那样，以及液膜自动收缩等现象。这是表面张力和表面自由能作用的结果。

任何两相界面上的分子与相的本体中的分子的处境是不一样的。图 3-11 为气 - 液表面分子受力情况示意图，对处于液体内部的分子 A 来说，四周分子对它的作用是相等的，彼此互相抵消，所以分子 A 在液体内部移动时无须做功。处在表面层的分子 B 及 C 则不同，液体内部分子对它们的引力大，而气体分子（一般情况下时空气）对它们的吸引力小，总的来说，表面层的分子受到垂直指向内部的引力，所以液体表面都有自动缩小的趋势。如果要扩大表面就要把内层分子移到表面上来，这就要与分子的引力相对抗而消耗一定量的功，所消耗的功就变成表面层内分子的位能，因而增大了表面积，使体系总能量增加。所以表面层的分子比其内层分子要多出一定的能量，这个多出的能量就称为表面能。若在等温等压条件下，就称为表面自由能，通常把在此条件下，单位表面上所多出的能量称为比表面自由能，以 σ 表示，其单位是 $J \cdot m^{-2}$ 或 $erg \cdot cm^{-2}$。

根据热力学观点，当增加的表面积为 A 时，环境所消耗的功为

$$-W' = \sigma \triangle A \quad (3\text{-}16)$$

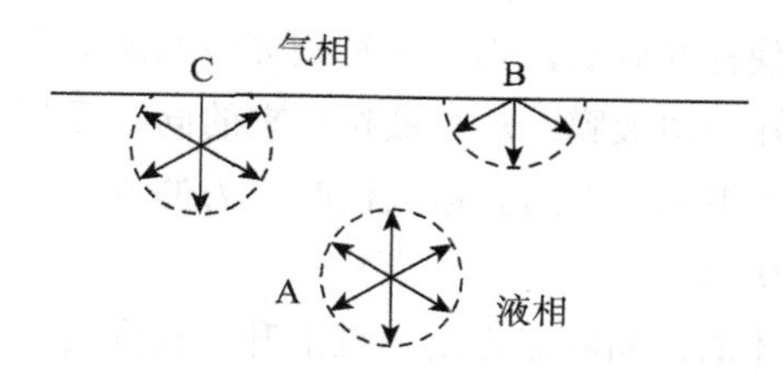

图 3-11　气 - 液表面分子受力情况

若在等温等压组成不变的可逆条件下，则这时体系表面自由能增加应为

$$G = -W' = \sigma \triangle A \quad (3\text{-}17)$$

当微小变化时：

$$dG = \sigma dA \text{ 或 } \sigma = (\partial G/\partial A)\ T,\ P,\ n_1,\ n_2\cdots \quad (3\text{-}18)$$

由式（3-18）可以看出，表面自由能的物理意义为：在一定条件下，体系单位表面积的自由能。20℃纯水的 $\sigma = 72.75erg \cdot cm^{-2} = 7.275 \times 10^{-2} J \cdot m^{-2}$。

因为 $J = N \times m$ 或 $erg = dyn \times cm$；所以 σ 的单位也可以用 $N \cdot m^{-1}$ 或 $dyn \cdot cm^{-1}$ 表示。因牛顿或达因是力的单位，因此比表面自由能也可以看作是作用于单位长度相表面上的力。这个力的方向是沿着相的表面与相的界面相切，并促使其表面积缩小的方向，所以物理学上把它称为表面张力。

（2）K100 表面张力仪的测试原理

流体（液体）表面张力的测试方法主要有吊环法和接触角换算法。本研究的表面张力采用 K100 表面张力仪进行测试，如图 3-12 所示。它借助于一个悬挂在精确天平上的具有最佳润湿性的探针来确定表面张力，这个探针可以是环形或板状。用一个高度可变的样品托架载着待测液体与探针接触，探针一接触到液面就有力作用在天平上。如果探针的长度已知（环的周长或板的长度），测到的力可以被用来计算表面张力。

图 3-12　K100 表面张力仪

在吊环法中，先使样品升高，当它接触到环液面就上升。接着样品又降下来以便在环的下方铺展开一层液膜。液膜被拉出来的同时受到了一个最大的力，这种情况在测试中被记录下来。在达到最大值时，力的方向与运动方向是完全平行的，此刻接触角 θ 为 0°。

实际上，盛着液体的样品容器先是一直上升，直到通过最大点，随后返回以便第二次通过最大点。最大力只能由这个回程来完全确定，并用来计算表面张力。

计算依据下面的公式：

$$\sigma = (F_{max}-F_V) / (L\cos\theta) \tag{3-19}$$

式中，σ 为表面张力；F_{max} 为最大力；F_V 为上升液体所受重力；L 为润湿长度；θ 为接触角。

接触角 θ 随着液面铺展而减小，且在最大力处值为 0°，即 $\cos\theta$ 这一项的值为 1。

（3）表面张力的测试

油墨表面张力直接影响着油墨在承印材料表面的润湿效果。塑料凹印油墨的承印材料为塑料薄膜，塑料薄膜的表面能低，在印刷时会遇到油墨附着不良的问题，印刷效果和黏附牢度难以达到要求，因此，薄膜要经过电晕处理，破坏塑料表面分子结构，提高薄膜表面张力，使其大于油墨的表面张力，以保证黏附牢度，提高印刷质量。

图 3-13 显示了油墨稀释过程中，黏度的降低对表面张力的影响。随着黏度的降低，表面张力也呈现下降趋势，这是由于溶剂的表面张力相比于油墨要低，随着油墨的稀释，不断加入溶剂，表面张力必然下降，但总体变化不是太大。如果油墨的表面张力大于薄膜的表面张力，可以通过加入降表面张力剂来解决。

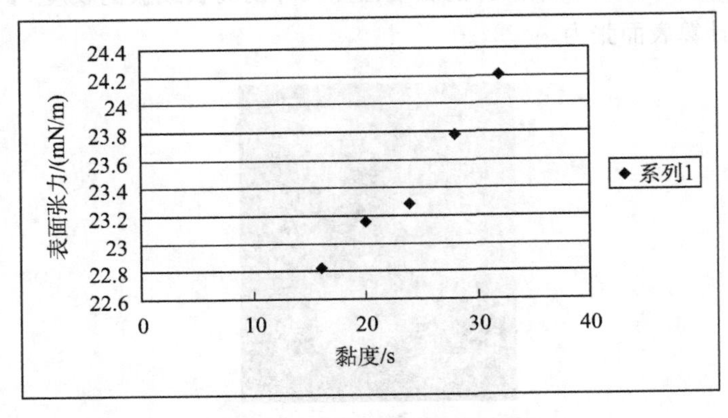

图 3-13 表面张力随黏度变化

4. 塑料凹印油墨的附着力

凹印油墨在塑料薄膜承印材料表面的附着力受多种因素的影响，主要有：组成油墨主要成分的树脂、颜料以及改善油墨性能的各种助剂。

（1）树脂对油墨附着力的影响

固定油墨的其他组分，改变树脂的种类配制黄油墨、品红油墨、青油墨，测量所配油墨的附着力，如表 3-8 所示。

表 3-8　不同树脂对油墨附着力的影响

油墨类型 / 薄膜类型		树脂 A	树脂 B	树脂 C
黄油墨	PET 膜	好	好	—
	BOPP 膜	好	稍差	—
品红油墨	PET 膜	好	好	好
	BOPP 膜	好	差	差
青油墨	PET 膜	好	好	好
	BOPP 膜	较好	差	差

由以上的实验结果可以看出，树脂种类会对油墨附着力产生影响。不同种类树脂配制的油墨在不同的承印物上的附着力不同。在 PET 膜上，树脂 A、树脂 B、树脂 C 的附着力都好。但在 BOPP 膜上，三种树脂的附着力就有所不同，树脂 A 附着力较好，树脂 B 和树脂 C 的附着力却差。由此可见，树脂 A 在附着力方面优于其他两种树脂。

（2）颜料对油墨附着力的影响

固定油墨的其他组分，改变颜料的种类配制黄油墨、品红油墨、青油墨，测量所配油墨的附着力，如表 3-9 所示。

表 3-9　不同颜料对油墨附着力的影响

油墨类型 / 薄膜类型		颜料 A	颜料 B
黄油墨	PET 膜	好	较好
	BOPP 膜	较好	较好
品红油墨	PET 膜	好	较好
	BOPP 膜	好	较好
青油墨	PET 膜	好	好
	BOPP 膜	较差	很差

由以上的实验结果可以看出，颜料种类会对油墨附着力产生影响。不同种类颜料配制的油墨在不同的承印物上的附着力不同。在PET膜上，颜料A的附着力好，而颜料B相对来说附着力稍差。在BOPP膜上，两种颜料的附着力都稍差，颜料A比颜料B稍好些。由此可见，颜料A在附着力方面优于颜料B。

（3）助剂对油墨附着力的影响

不同种类基材润湿剂对附着力的影响。固定油墨的其他组分，改变基材润湿剂的种类配制品红油墨，测量所配油墨的附着力，如表3-10所示。

表3-10 不同种类基材润湿剂对品红油墨附着力的影响

附着力	基材润湿剂A	基材润湿剂B
PET膜	好	差
BOPP膜	好	差

由表3-10可见，采用不同种类的基材润湿剂配制的油墨的附着力是不一样的，采用基材润湿剂A的油墨在附着力方面要优于基材润湿剂B。

分散剂的量对附着力的影响。固定油墨的其他组分，改变分散剂的量配制黑油墨，测量所配油墨的附着力，如表3-11所示。

表3-11 分散剂的量对黑油墨附着力的影响

分散剂量	1%	0.2%
PET膜	较好	好
BOPP膜	较好	好

由表3-11可以看出，分散剂的用量对油墨的附着力有较大的影响，分散剂的用量过大，会降低油墨的附着力。

5. 塑料凹印油墨的干燥性

凹印油墨对初干和彻干的性能要求是：初干为20～40毫米，彻干不超过100秒。

（1）树脂对油墨干燥性的影响

固定油墨的其他组分，改变树脂的种类配制黄油墨、品红油墨、青油墨，测量所配油墨的初干性和彻干性，如表3-12所示。

表 3-12　不同树脂对油墨干燥性的影响

油墨类型		树脂 A	树脂 B	树脂 C
黄油墨	初干 /mm	22	27	—
	彻干 /s	52	43	—
品红油墨	初干 /mm	25	29	38
	彻干 /s	62	58	43
青油墨	初干 /mm	28	30	31
	彻干 /s	80	72	51

根据表 3-12 作出直方图，如图 3-14 所示。

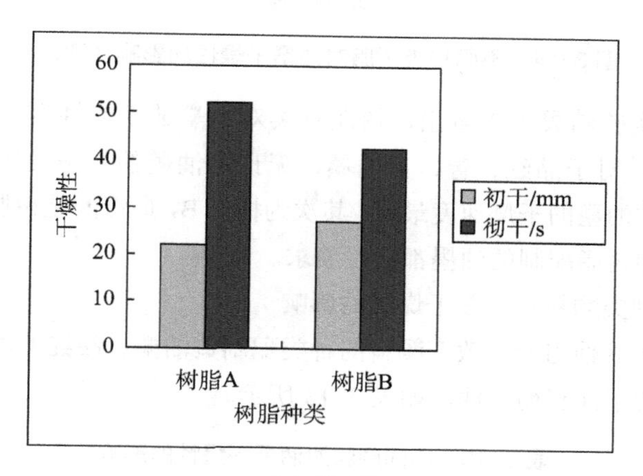

（a）黄油墨

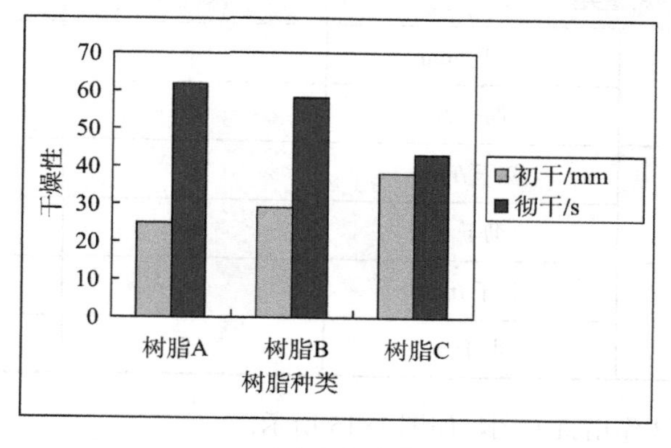

（b）品红油墨

图 3-14　不同种类树脂对油墨干燥性的影响

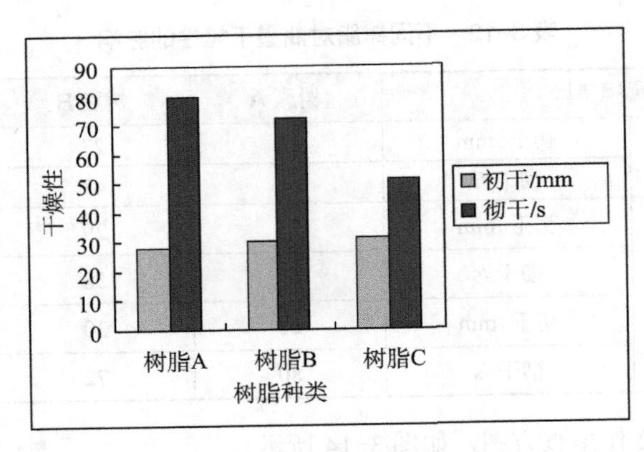

（c）青油墨

图 3-14　不同种类树脂对油墨干燥性的影响（续）

由以上的实验结果可以看出，树脂种类对油墨的干燥性有一定影响。由图 3-14 可以看出，对于品红、青、黄油墨，无论是油墨的初干性还是彻干性，采用树脂 C 配制的油墨的干燥速度最快，其次为树脂 B，最慢的是树脂 A。由表 3-12 可以看出，三种树脂配制的油墨都满足要求。

（2）不同种类颜料对油墨干燥性的影响

固定油墨的其他组分，改变颜料的种类配制黄油墨、品红油墨、青油墨，测量所配油墨的初干性和彻干性，如表 3-13 所示。

表 3-13　不同颜料对油墨干燥性的影响

油墨类型		颜料 A	颜料 B
黄油墨	初干 /mm	30	27
	彻干 /s	40	43
品红油墨	初干 /mm	35	29
	彻干 /s	42	58
青油墨	初干 /mm	34	30
	彻干 /s	65	72

根据表 3-13 作出直方图，如图 3-15 所示。

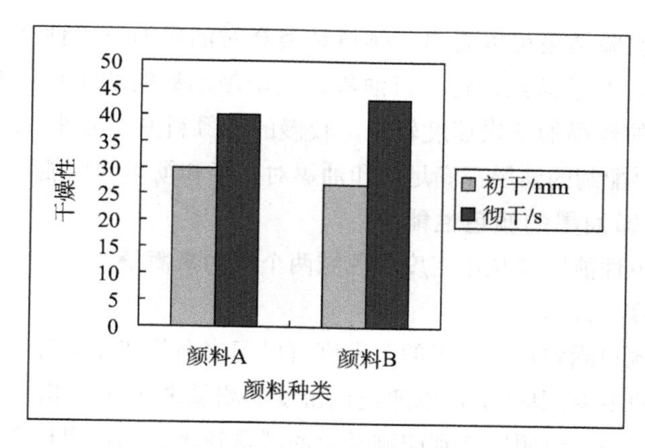

（a）黄油墨

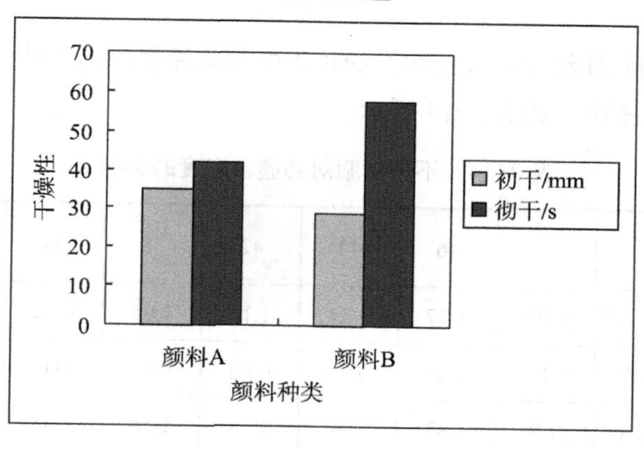

（b）品红油墨

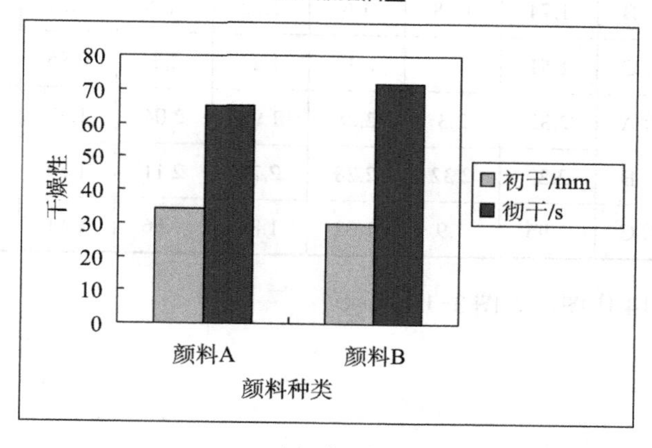

（c）青油墨

图 3-15　不同种类颜料对油墨干燥性的影响

由以上的实验结果可以看出，颜料种类会对油墨的干燥性产生影响。由图3-15可以看出，对于品红、青、黄油墨，无论是油墨的初干性还是彻干性，采用颜料A配制的油墨的干燥速度较快，较慢的是颜料B。另外，由表3-13可以看出，两种颜料配制的油墨都满足凹印油墨对初干和彻干的性能要求。

6. 塑料凹印油墨的颜色性能

油墨的颜色性能主要从色密度和色域两个方面来衡量。

（1）色密度

当油墨中颜料固定后，油墨的色密度可以用来衡量在印刷过程中转移到承印物上的油墨量的多少。因此，可以通过色密度的测量来衡量凹印油墨的转移特性。油墨的色密度越高，说明转移到印刷品上的墨量较多，则油墨传递和转移的性能较好。

固定油墨的其他组分，改变树脂的种类配制黄油墨、品红油墨、青油墨，测量所配油墨的色密度，如表3-14所示。

表3-14　不同树脂对油墨色密度的影响

网穴深度/μm		48	46	44	42	38	34	30	22
黄油墨色密度	树脂A	1.23	1.17	1.24	1.16	1.05	0.92	0.76	0.4
	树脂B	1	1.03	0.96	0.88	0.78	0.6	0.41	0.19
品红油墨色密度	树脂A	1.9	1.87	1.8	1.73	1.56	1.35	1.07	0.53
	树脂B	1.74	1.68	1.6	1.52	1.35	1.14	0.9	0.45
	树脂C	1.51	1.4	1.37	1.24	1.1	0.86	0.77	0.39
青油墨色密度	树脂A	2.32	2.3	2.28	1.98	2.04	1.77	1.41	0.62
	树脂B	2.22	2.32	2.28	2.23	2.11	1.86	1.42	0.56
	树脂C	1.96	1.9	1.92	1.84	1.66	1.41	1.13	0.52

根据表3-14作图，如图3-16所示。

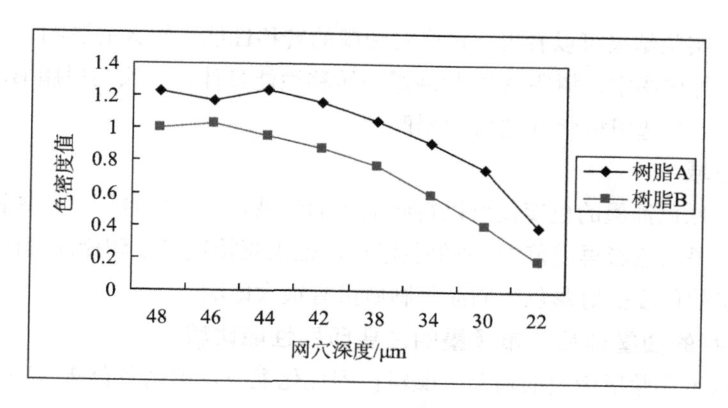

（a）黄油墨

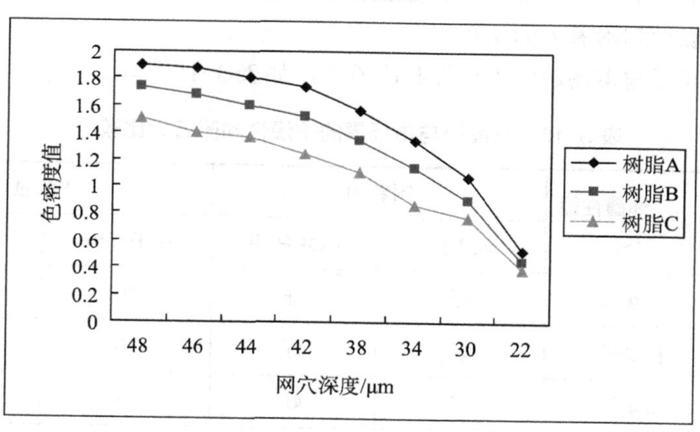

（b）品红油墨

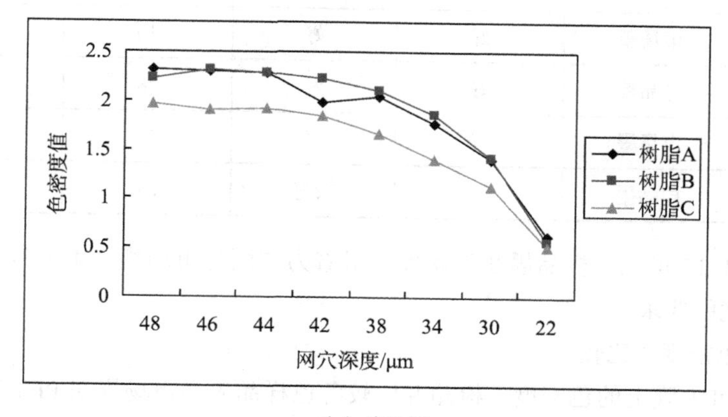

（c）青油墨

图 3-16　不同种类树脂对油墨色密度的影响

由以上实验结果可以看出，树脂对油墨的转移性能有较大的影响。在本实验所采用的三种树脂中，树脂A配制油墨的转移性能最佳，其次为树脂B，最差的是树脂C。因此选用树脂A进行油墨配制。

（2）色域

根据三原色油墨的色度值可以得到油墨的色域，画出色域图。色域图可以直观地表现油墨的色彩再现范围。油墨色彩再现范围直接决定了印刷品的印刷质量。因此，油墨的色度值对彩色印刷品复制质量有很大影响。

7. 研制的油墨样品与市场墨的主要印刷性能比较

根据以上实验所确定的树脂、颜料得到优化配方，配制各色塑料凹印表印油墨，将其与苯型塑料凹印油墨即市场墨进行性能比较。

（1）干燥性和附着力的比较

检测样品墨与市场墨的干燥性和附着力，如表3-15所示。

表3-15　样品墨与市场墨的干燥性和附着力比较

油墨种类 \ 油墨性能		附着力		干燥性	
		PET膜	BOPP膜	初干/mm	彻干/s
黄油墨	市场墨	好	好	30	64
	样品墨	好	好	33	52
品红墨	市场墨	好	好	28	82
	样品墨	好	好	34	86
青油墨	市场墨	好	好	30	74
	样品墨	好	好	28	80
黑油墨	市场墨	好	好	25	64
	样品墨	好	较好	27	60

由表3-15可见，样品墨在干燥性和附着力方面与市场墨基本一致，能够满足印刷性能的要求。

（2）色密度的比较

①在PET膜上的色密度。检测并比较各色样品墨和市场墨在PET膜上的色密度，如表3-16所示。

表 3-16　样品墨色密度与市场墨色密度在 PET 膜上的比较

油墨种类	网穴深度 /μm	48	46	44	42	38	34	30	22
青油墨	市场墨密度	1.64	1.64	1.64	1.63	1.59	1.51	1.27	0.61
	样品墨密度	2.1	2.05	2.05	1.99	1.8	1.63	1.28	0.65
品红油墨	市场墨密度	1.54	1.55	1.53	1.52	1.49	1.39	1.18	0.53
	样品墨密度	1.61	1.55	1.5	1.42	1.26	1.09	0.9	0.44
黄油墨	市场墨密度	1.19	1.18	1.17	1.15	1.08	1.01	0.89	0.45
	样品墨密度	1.23	1.21	1.19	1.14	1.04	0.93	0.78	0.4
黑油墨	市场墨密度	1.49	1.39	1.37	1.37	1.34	1.26	1.09	0.52
	样品墨密度	1.57	1.5	1.44	1.35	1.35	1.16	0.96	0.45

根据表 3-16 作图，如图 3-17 所示。

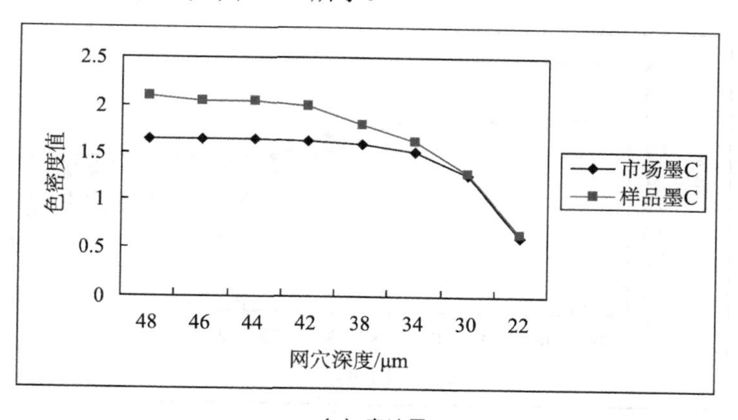

（a）青油墨

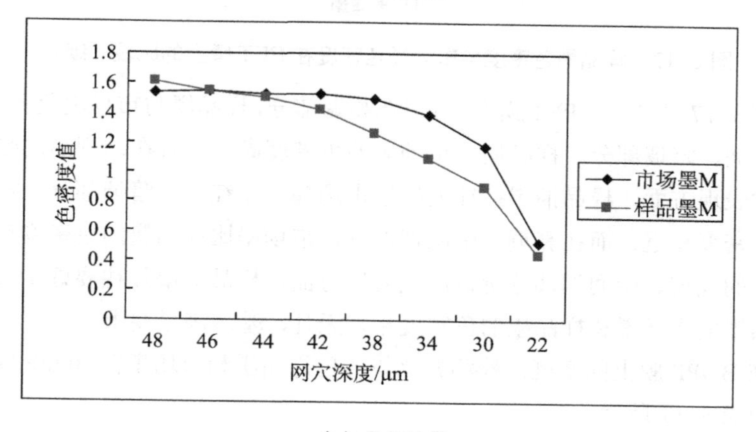

（b）品红油墨

图 3-17　样品墨色密度与市场墨色密度在 PET 膜上的比较

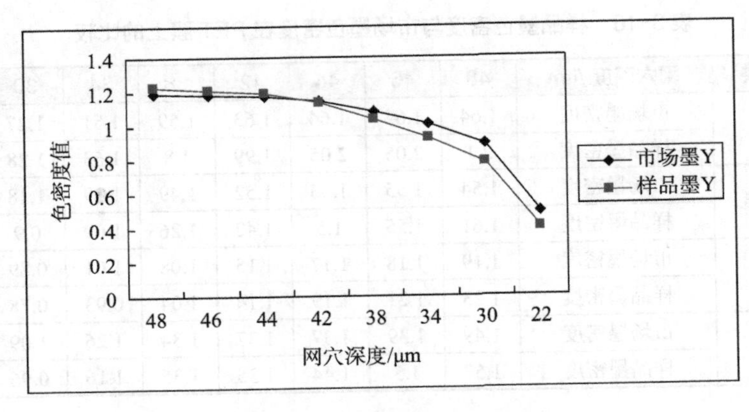

（c）黄油墨

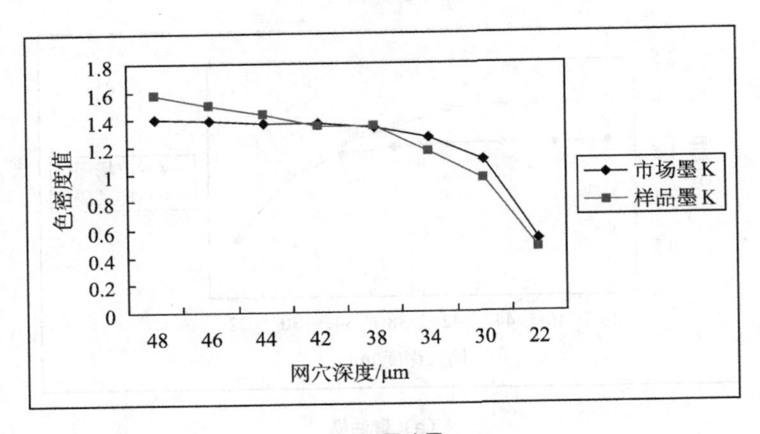

（d）黑油墨

图 3-17　样品墨色密度与市场墨色密度在 PET 膜上的比较（续）

由图3-17可见，在PET膜上，青墨在亮调部分，样品墨与市场墨色密度相近，而在中间调、暗调部分，样品墨比市场墨的色密度高，并且在印刷品的暗调部分阶调层次表现方面，样品油墨往往要好于市场墨。品红墨在暗调部分，样品墨与市场墨色密度相近，而在亮调、中间调部分，市场墨比样品墨的色密度略高，但在印刷品的亮调、中间调部分阶调层次表现方面，样品油墨往往要好于市场墨。黄墨与黑墨的市场墨和样品墨的色密度相差无几，基本满足要求。

②在 BOPP 膜上的密度。检测并比较各色样品墨和市场墨在 BOPP 膜上的色密度，如表 3-17 所示。

表 3-17　样品墨色密度与市场墨色密度在 BOPP 膜上的比较

油墨种类	网穴深度 /μm	48	46	44	42	38	34	30	22
青油墨	市场墨密度	1.65	1.65	1.66	1.66	1.65	1.59	1.31	0.38
	样品墨密度	1.93	1.84	1.72	1.71	1.5	1.31	1.07	0.62
品红油墨	市场墨密度	1.52	1.48	1.41	1.33	1.16	0.98	0.75	0.43
	样品墨密度	1.52	1.52	1.52	1.51	1.46	1.34	1.12	0.59
黄油墨	市场墨密度	1.21	1.21	1.19	1.17	1.11	1.09	0.89	0.5
	样品墨密度	1.21	1.15	1.13	1.06	0.95	0.84	0.67	0.37
黑油墨	市场墨密度	1.4	1.39	1.39	1.38	1.36	1.3	1.13	0.57
	样品墨密度	1.68	1.6	1.62	1.46	1.33	1.12	0.83	0.49

根据表 3-17 作图，如图 3-18 所示。

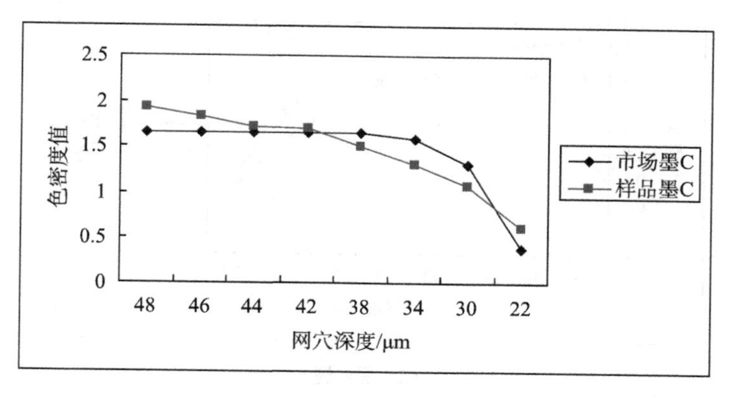

(a) 青油墨

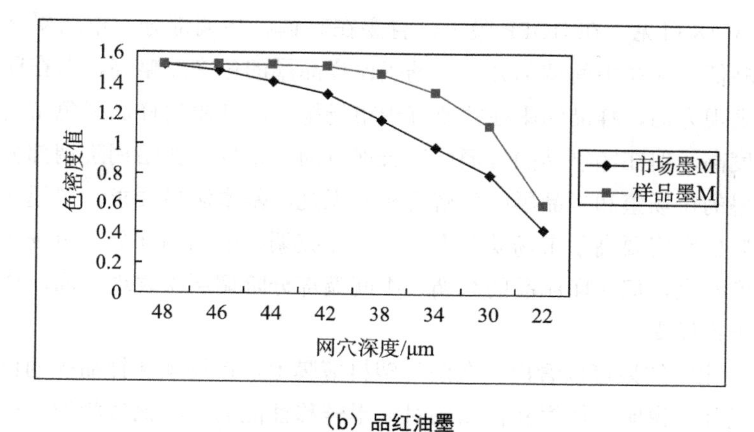

(b) 品红油墨

图 3-18　样品墨色密度与市场墨色密度在 BOPP 膜上的比较

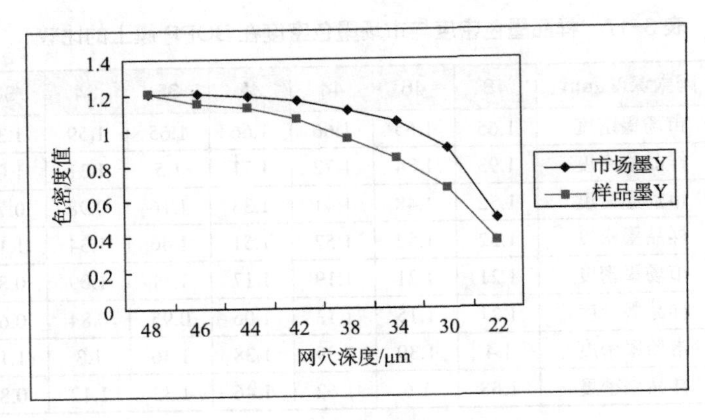

（c）黄油墨

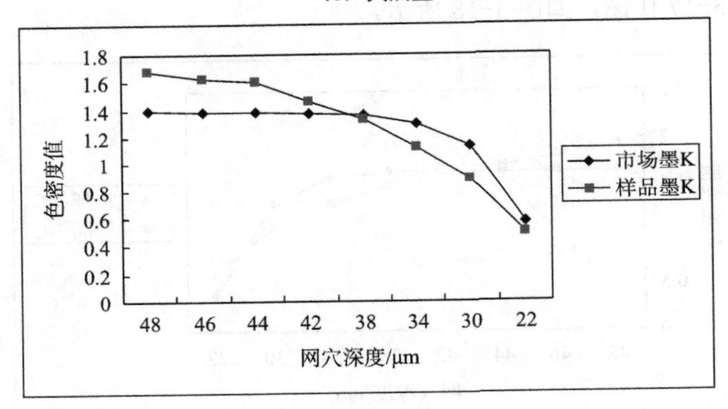

（d）黑油墨

图 3-18 样品墨色密度与市场墨色密度在 BOPP 膜上的比较（续）

由图 3-18 可见，在 BOPP 膜上，青墨在暗调、亮调部分，市场墨比样品墨的色密度略低，而在中间调部分，市场墨比样品墨的色密度略高，但在印刷品的阶调层次表现方面，样品油墨往往要好于市场墨。品红墨的样品墨色密度比市场墨的色密度高，但在印刷品的阶调层次表现方面，市场墨在暗调阶调部分表现性稍差。黄墨的市场墨和样品墨的色密度相差无几，基本满足要求。黑墨在暗调部分，样品墨色密度要高于市场墨色密度，而在亮调、中间调部分，市场墨比样品墨的色密度略高，但在印刷品的亮调、中间调部分阶调层次表现方面，样品油墨往往要好于市场墨。

由以上比较结果可以看出，在两种塑料薄膜上，市场墨和样品墨的色密度大部分相差无几，说明市场墨和样品墨对油墨转移性能的影响比较相似，但在对印刷品的阶调层次表现方面，样品油墨往往要好于市场墨。

（3）色度与色域图

将所研制样品墨在凹版印刷适性仪上对塑料薄膜进行打样，测量样条上网穴深度最深处色块的色度值，并进行叠印实验，测量样条上网穴深度最深处叠印色块的色度值，根据测量结果画出油墨的色域图，并与市场墨的色域图相比较。

检测 PET 膜上样品墨的色度值，作出色域图并与市场墨比较，如图 3-19 所示。

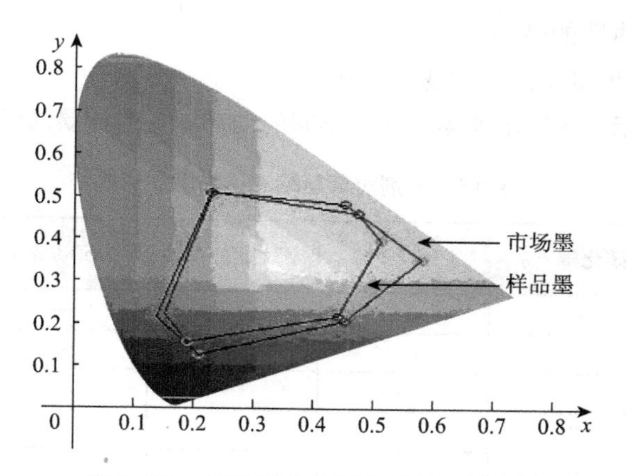

图 3-19　PET 膜上油墨色域范围的比较

由图 3-19 可见，在 PET 膜上样品墨的色域范围虽然略小于市场墨，但能够满足印刷要求。

检测 BOPP 膜上样品墨的色度值，作出色域图并与市场墨比较，如图 3-20 所示。

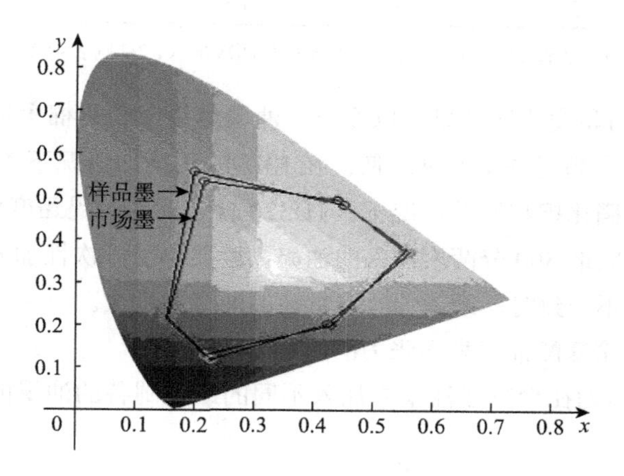

图 3-20　BOPP 膜上油墨色域范围的比较

由图 3-20 可见，在 BOPP 膜上样品墨的色域范围还要略大于市场墨，色彩再现效果相当好。

由图 3-19、图 3-20 可见，所研制的塑料凹印油墨在色域范围方面基本符合要求，能够用于实际印刷。

（五）聚氨酯树脂凹印油墨性能研究

1. 聚氨酯油墨的性能

（1）助剂对聚氨酯油墨黏度的影响

表 3-18 显示在聚氨酯油墨中加入不同的助剂制备的油墨的黏度变化情况。

表 3-18　助剂对聚氨酯油墨黏度的影响

编号＼助剂	硝化棉 /%	EK340/%	TU320/%	500/%	黏度 /s
B01	—	0.5	—	—	132.03
B02	—	0.8	—	—	33.74
B03	3	—	—	—	51.22
B04	7	—	—	—	27.07
B05	—	—	—	1/1	45.0
B06	—	—	—	1/2	23.03
B07	—	—	—	2/2	28.53
B08	—	0.5	1	—	24.78
B09	—	0.5	1.5	—	22.50
B10	3	—	1	—	21.25
B11	3	—	1.5	—	32.81

注：1/1 表示 1% 的含量一次性加入，1/2 表示 1% 的含量分两次加入，2/2 则表示 2% 的含量分两次加入。

从表 3-18 的黏度测试结果可以看出，油墨体系中硝化棉含量高时油墨的黏度低；EK340 含量高时油墨的黏度低；在 EK340 相同的情况下 TU320 含量高的油墨黏度低；在硝化棉相同的情况下，TU320 含量高的油墨黏度大；当助剂 500 的含量一致时，助剂 500 分两次加入的油墨黏度要小于一次性加入的油墨黏度；当助剂 500 含量不一致时，助剂 500 含量高的油墨黏度大。

（2）助剂对聚氨酯油墨表面张力的影响

表 3-19 所示为在聚氨酯油墨中加入不同的助剂制备的油墨的表面张力测试结果。

表 3-19　助剂对聚氨酯油墨表面张力的影响

助剂	硝化棉 /%	EK340/%	TU320/%	500/%	表面张力 /（mN/m）
B04	7	—	—	—	22.11
B06	—	—	—	1/2	23.44
B07	—	—	—	2/2	23.96
B08	—	0.5	1	—	22.86
B09	—	0.5	1.5	—	22.82
B10	3	—	1	—	22.36
B11	3	—	1.5	—	22.87

从表 3-19 的测试结果可以看出，对含有不同助剂的聚氨酯油墨而言，表面张力的变化不大，基本上都在 22 ～ 24mN/m 的范围。这一测试结果说明助剂对油墨的表面张力几乎没有太大影响。助剂 500 含量高时，油墨的表面张力略有增加。

2. 聚氨酯油墨的印刷适性

（1）聚氨酯油墨的干燥性

①初干性

• 树脂含量对初干性的影响

图 3-21 为改变油墨组成中的树脂含量，测试油墨的初干性结果。可以看出，随着树脂含量的降低，油墨初干性数值增大。

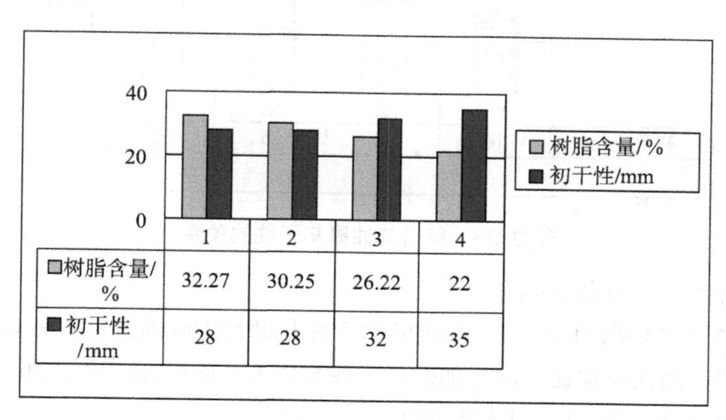

图 3-21　树脂含量与油墨初干性的关系

• 溶剂含量对初干性的影响

图 3-22 为改变油墨组成中的溶剂含量，测试的油墨初干性结果。可以看出，随着溶剂含量的增多，油墨初干性数值增高。

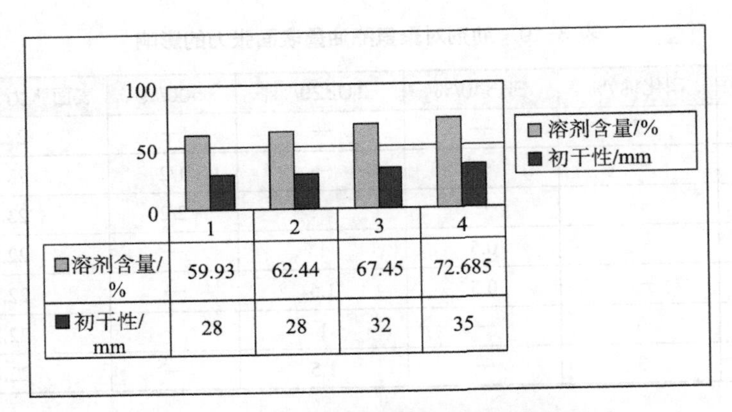

图 3-22　溶剂含量与聚氨酯油墨初干性的关系

• 颜料对初干性的影响

根据图 3-23 所示的测试结果，聚氨酯油墨的颜色不同，其初干性也不同。初干性数值由大到小的顺序为：黑墨 > 蓝墨 > 黄墨 > 红墨。

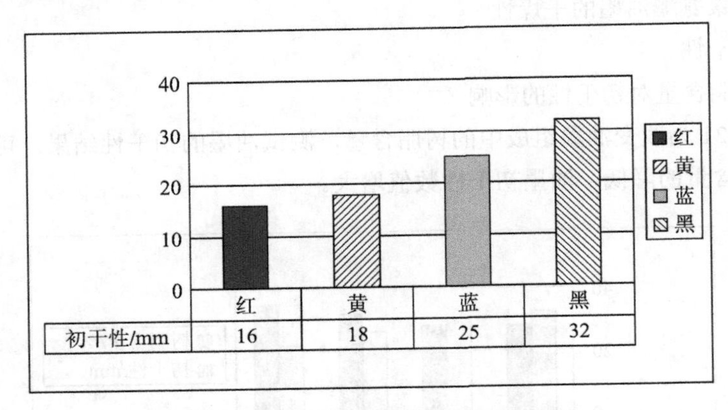

图 3-23　颜料与油墨初干性的关系

• 助剂对初干性的影响

根据图 3-24 所示的结果，油墨的初干性与助剂 500 的添加方式有关，总含量为 1% 时，两次添加比一次添加的初干性数值大；同样分两次添加时，总含量为 1% 比总含量为 2% 的初干性数值大。

• 时间和研磨珠对初干性的影响

油墨分散方法对油墨中颜料粒子的分散状态有较大影响，从而影响到油墨的干燥性。表 3-20 为不同分散条件下制备的油墨样品的初干性测试结果。

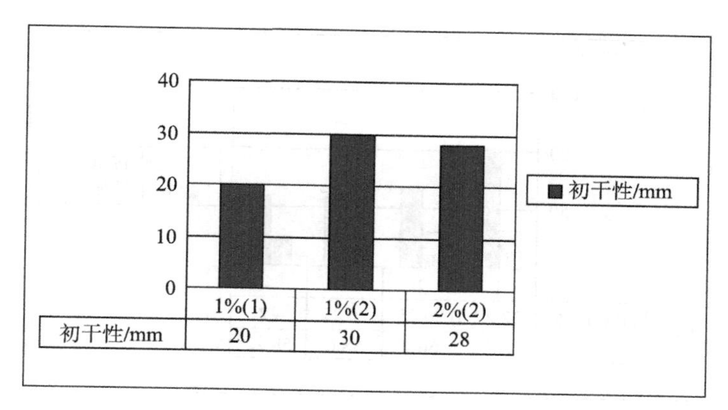

图 3-24　助剂 500 与油墨初干性的关系

注：括号后面的数字，1 表示一次性加入，2 表示分两次加入。

表 3-20　不同分散条件下油墨样品的初干性

研磨珠		时间 /h	初干性 /mm
大小	用量		
各半	略低	2	25
各半	略低	1	28
各半	1/3	2	23
各半	1/2	2	27
全大	略低	2	22
全小	略低	2	28

比较表 3-20 所示测试结果，研磨时间长的油墨样品初干性数值较低；研磨珠用量少的油墨初干性较低；使用大小不同的研磨珠研磨时，全部为大研磨珠时的初干性＜大小各半混合时的初干性＜全部为小研磨珠时的初干性。

②彻干性

• 树脂含量对彻干性的影响

图 3-25 显示了树脂含量对油墨样品彻干性的影响。从测试结果可以看出，随着树脂含量的增加，油墨达到彻干的时间增长。其原因主要是油墨中的树脂对溶剂释放产生影响，塑料凹印油墨属于挥发干燥型，树脂含量增大，溶剂的含量虽然减少，但由于树脂的作用影响了溶剂的挥发速度，同时，树脂自身在塑料薄膜表面的固着需要一定的时间。

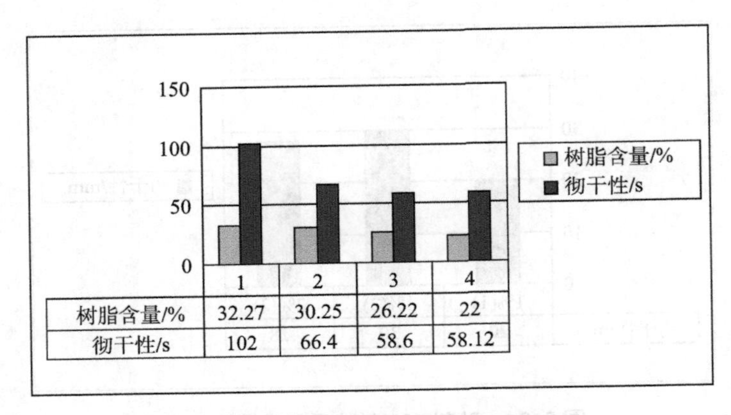

图 3-25　树脂含量与油墨彻干性的关系

- 溶剂含量对彻干性的影响

图 3-26 显示了油墨中溶剂含量对油墨样品彻干性的影响。溶剂含量增多，油墨彻干需要的时间增加。其他油墨样品的测试结果基本表现出相同的趋势。

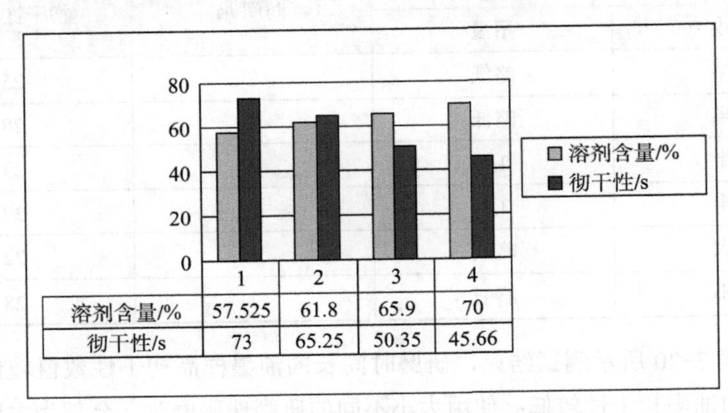

图 3-26　溶剂含量与油墨彻干性的关系

- 颜料对彻干性的影响

不同颜色的油墨具有不同的干燥性能，主要是由不同颜色的颜料与连结料的相互作用的差异所导致。对黄、品红、青、黑四色聚氨酯塑料凹印油墨进行彻干性研究，其结果如图 3-27 所示。测试结果表明，黑色油墨彻干最快，所需时间最短。四色油墨彻干性由快到慢的顺序为：黑墨＞青墨＞黄墨＞品红墨，彻干需要的时间长短顺序与此相反。

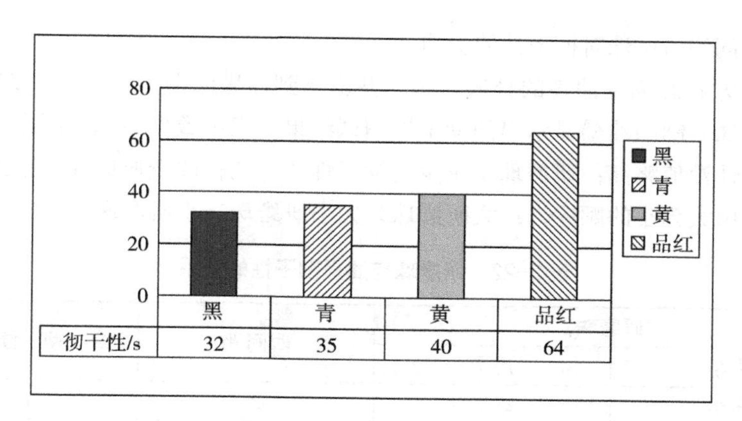

图 3-27　四色油墨的彻干性

- 助剂对彻干性的影响

油墨研磨制备过程中加入各种助剂，可以改善油墨的分散性能、印刷适性以及油墨的颜色性能。从根本上来说，是由于油墨中的助剂改变了颜料粒子间、颜料粒子与连结料间的相互作用，因此，不可避免地对溶剂的挥发性会产生影响，进而影响到油墨的彻干性。表 3-21 为不同助剂对油墨彻干性的影响。

表 3-21　助剂与油墨彻干性的关系

编号 \ 助剂	硝化棉 /%	EK340/%	TU320/%	500/%	彻干性 /s
1	—	0.5	—	—	102
2	—	0.8	—	—	51
3	3	—	—	—	56
4	7	—	—	—	70
5	—	—	—	1/1	64
6	—	—	—	12	88
7	—	—	—	2/2	77
8	—	0.5	1	—	64
9	—	0.5	1.5	—	45

从表 3-21 所示的测试结果可以看出，硝化棉含量增加，油墨的彻干较慢；EK340 含量高的油墨总体上彻干较快；TU320 的加入将影响到油墨的彻干性；助剂 500 的含量及加入方式对油墨的彻干性有影响，助剂 500 含量高，彻干较慢，分批加入比一次性加入彻干要慢。

• 时间和研磨珠对彻干性的影响

研磨方式影响到油墨的分散状态，并影响到油墨的彻干性。表 3-22 为使用不同研磨珠研制的油墨显示出的彻干性测试结果。表中数据显示：研磨时间长的油墨彻干性数值略高；研磨珠用量少的彻干性数值高；改变研磨珠大小配比，彻干性数值由大到小的顺序为：大研磨珠＞大小研磨珠＞小研磨珠。

表 3-22 研磨珠与油墨彻干性的关系

研磨珠		时间 /h	彻干性 /s
大小	用量		
各半	略低	2	64
各半	略低	1	52
各半	1/3	2	51
各半	1/2	2	32
全大	略低	2	69
全小	略低	2	61

比较初干性与彻干性的测试结果，初干性数值大的油墨样品，其彻干性数值小。这一结果与初干性、彻干性的测试方法有关，符合一般规律。

（2）聚氨酯油墨的附着力

①助剂对附着力的影响

油墨的附着力是衡量油墨使用性能的一项重要指标。附着力测试方法为：先用印刷适性仪进行打样获取测试样张，待样张完全干燥后，用规定的胶条粘贴样品凹版空穴标记 45 处，测试干燥后的墨膜被剥离的长度。标记 45 处的总长度为 4.5cm。表 3-23 为聚氨酯油墨样品对 BOPP、PET 的附着力测试结果。

从测试数据可以看出，油墨样品在 BOPP 表面的附着力较好，基本上没有被剥离的现象发生。以 PET 作为承印材料时，附着力与多种因素有关。硝化棉的加入导致附着力变差，出现完全被剥离的现象；其他如 EK340、TU320、500 等助剂，对附着力有一定的影响，但总体来说影响不是太大。

表 3-23 聚氨酯油墨对 BOPP、PET 的附着力

编号＼助剂	硝化棉 /%	EK340/%	TU320/%	500/%	附着力 /cm	
					BOPP	PET
1	—	0.5	—	—	0	0
2	—	0.8	—	—	0	0.5

续表

编号＼助剂	硝化棉 /%	EK340/%	TU320/%	500/%	附着力 /cm	
					BOPP	PET
3	3	—	—	—	0	4.5
4	7	—	—	—	0	4.5
5	—	—	—	1/1	0	0.7
6	—	—	—	1/2	0	0.1
7	—	—	—	1/2	0	0
8	—	0.5	1	—	0	0.3
9	—	0.5	1.5	—	0	0.2
10	3	—	1	—	0	0
11	3	—	1.5	—	0	4.5
12	—	0.5	—	1/2	0	4.5
13	3	—	—	1/2	0	4.5
14	—	0.5	1	1/2	0	0
15	3	—	1	1/2	0	4.5

②研磨方式对附着力的影响

表 3-24 为不同研磨方式制备的油墨对 BOPP、PET 的附着力。测试结果表明，各种研磨方式制备的油墨样品在 BOPP 的附着力均很好，研磨时间和研磨珠大小配比对附着力没有影响。对于 PET 薄膜承印材料，延长研磨时间可以提高油墨的附着力；增加研磨珠用量可以提高附着力；改变研磨珠大小配比，附着力的顺序为：大研磨珠＞大小混合＞小研磨珠。

表 3-24　研磨方式对附着力的影响

研磨珠		时间 /h	附着力 /cm	
大小	用量		BOPP	PET
各半	略低	2	0	0.3
各半	略低	1	0	3.0
各半	1/3	2	0	4.5
各半	1/2	2	0	1.5
全大	略低	2	0	0
全小	略低	2	0	3.0

（3）聚氨酯油墨的色密度

①颜料对色密度的影响

图 3-28 显示了黄、品红、青、黑四色油墨在 BOPP、PET 表面打样后测试的样条色密度。黑色油墨色密度最大，黄色油墨最小。除黑色油墨 BOPP 的色密度高出较多之外，其他颜色的油墨在两种塑料薄膜上打样后的色密度差别不大。测试的色密度值达到了实际使用的标准。

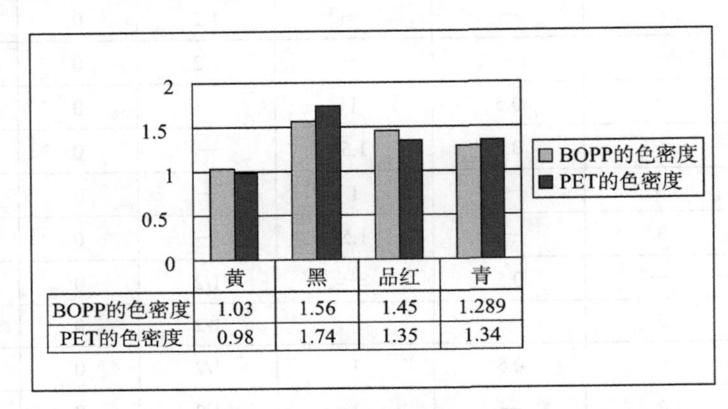

图 3-28 四色油墨对 BOPP、PET 的色密度的影响

②助剂对色密度的影响

表 3-25 为使用不同助剂研制的黑色油墨在 BOPP、PET 上打样后，测试的样条的色密度。测试数据表明，硝化棉含量增大，色密度严重下降，这与硝化棉影响油墨的附着力有关；EK340 含量增多导致色密度有所下降；增加 TU320 的含量可以提高样条的色密度；增加助剂 500 的含量、分批加入都造成色密度有所下降。

表 3-25 不同助剂对黑色油墨色密度的影响

助剂 编号	硝化棉 /%	EK340/%	TU320/%	500/%	色密度	
					BOPP	PET
1	—	0.5	—	—	1.700	1.661
2	—	0.8	—	—	1.309	1.133
3	3	—	—	—	1.868	1.628
4	7	—	—	—	0.617	0.371

续表

编号＼助剂	硝化棉 /%	EK340/%	TU320/%	500/%	色密度	
					BOPP	PET
5	—	—	—	1/1	1.730	1.595
6	—	—	—	1/2	1.134	0.903
7	—	—	—	2/2	1.101	1.134
8	—	0.5	1	—	1.289	1.340
9	—	0.5	1.5	—	1.571	1.515

③研磨方式对色密度的影响

由于研磨方式对油墨颜料粒子的分散状态具有较大影响，不同研磨方式制备的油墨样品中颜料的凝聚体大小及分布状态有所差异，将影响到打样样条的色密度。表 3-26 为测试结果。可以看出，油墨制备时延长研磨时间可以提高油墨的色密度；增加研磨珠用量能够提高油墨的色密度；改变研磨珠大小配比时，色密度的变化趋势为：大研磨珠＞大小混合＞小研磨珠。

表 3-26　研磨方式对色密度的影响

研磨珠		时间 /h	色密度	
大小	用量		BOPP	PET
各半	略低	2	1.289	1.340
各半	略低	1	0.710	0.592
各半	1/3	2	0.566	0.485
各半	1/2	2	0.290	0.213
全大	略低	2	1.645	1.376
全小	略低	2	0.721	0.557

总体来说，在同样条件下，油墨在 BOPP 薄膜上的附着力大于在 PET 薄膜上的附着力，以 BOPP 为承印材料打样的样张色密度均高于 PET 承印材料。

（六）结论

通过对各种原材料以及样品墨的测试，得到了聚酰胺和聚氨酯两类无苯型塑料凹印油墨的优化配方，利用优化配方并结合研磨工艺，制备的油墨的印刷适性良好，能够满足实际印刷生产的要求。通过对油墨样品印刷性能的测试，得出如下结论：

（1）采用目视观察法和电子显微镜观测法，测得油墨样品具有良好的分散性和分散稳定性。

（2）利用 3# 黏度杯测试的黏度（度量单位为 s）与使用流变仪测试的结果呈直线关系，直线方程为 Y=0.016X−0.12，Y 为国际标准单位的黏度（Poise），X 为 3# 黏度杯黏度（s）。利用此方程可以将行业内通用的黏度指标换算成国际标准单位。

（3）配置了不含苯类溶剂的混合溶剂，该混合溶剂对凹印油墨常用的聚酰胺树脂和聚氨酯树脂具有良好的溶解能力，可以同时用于溶解树脂制备油墨连结料及印刷生产时作为稀释油墨的稀释剂。黏度降低的过程中，表面张力呈下降趋势，但变化不大。

（4）无苯型凹印油墨的表面张力与油墨黏度有一定的关系，随油墨黏度增加，其表面张力有所上升，但总体变化不大。

（5）树脂、颜料和助剂对油墨的附着性能有一定的影响。三种聚酰胺树脂中，使用树脂 A（天津 DL1330 树脂）制备的油墨附着力最好，聚氨酯树脂油墨具有较强的附着力；使用国产联苯胺黄、立索尔宝红、酞菁蓝和碳黑颜料制备的油墨具有良好的附着力；添加适量的润湿剂可以提高油墨的附着力，过量的分散剂将会降低油墨的附着力。

（6）树脂和颜料种类对凹印油墨的干燥性能有一定的影响。本书采用的三种聚酰胺树脂、聚氨酯树脂和两种颜料制备的油墨在干燥性方面都满足了实际使用要求。

（7）树脂对油墨色密度有一定的影响，即影响了油墨的转移性能。在本书的实验条件下使用树脂 A 配制的油墨色密度最高，即油墨的转移性能最好，其次为树脂 B，树脂 C 最差。

（8）通过对油墨性能、油墨印刷适性的研究，使用如下所列配方制备塑料凹印油墨，可以在现有印刷工艺条件下，获得具有良好印刷质量的塑料薄膜印刷品。印刷品颜色再现范围与含苯类溶剂油墨的色域范围基本一致。

具体配方如下：

①混合溶剂：5#、7#、8#、9#、10#。

②聚酰胺树脂油墨配方：如表 3-27 所示。

表 3-27　聚酰胺树脂油墨配方

色料	连结料	添加剂				
		分散剂	消泡剂	增塑剂	润湿剂	降表面张力剂
碳黑 14.00+ 酞菁蓝 1.00	84.8	0.2	—	—	—	—
联苯胺黄 5.00	92.3	0.2	1.0	1.0		0.5
酞菁蓝 7.00	89.0	1.0	—	1.0	2.0	—
立索尔宝红 7.00	92.0	—	—	—	1.0	—

③聚氨酯树脂油墨配方：如表 3-28 所示。

表 3-28　聚氨酯树脂油墨配方

色料	连结料	添加剂			
		分散剂	消泡剂	增塑剂	润湿剂
碳黑 14.00+ 酞菁蓝 1.00	82.2	0.8	—	1.0	1
联苯胺黄 5.00	92.5	0.5	1.0	1.0	—
酞菁蓝 7.00	91.5	0.5	—	1.0	—
立索尔宝红 7.00	91.5	0.5	—	1.3	—

第4章

印刷企业转型升级研究

通过对我国提供资金支持的古巴党报印刷技术改造项目和国内两家印刷设备制造企业技术改造项目的研究，分析了企业进行技术改造的必要性和可行性，进行了产品和市场分析，提出了可行的改造方案和建设意见，为技术改造项目的顺利实施提供了保证。调研和汇总了北京市部分印刷企业在企业升级改造建设中的实施方案，分析和阐述了当前较为可行的节能、降耗、减排、增效的印刷行业新技术，为政府部门制定相关政策提供了依据，为印刷企业进行技术和设备改造提供了选择和借鉴。

一、古巴党报印刷厂技术改造项目研究

为了支持古巴党报印刷厂的技术改造，2015年5月受国家进出口银行和中国国际工程咨询公司委托，对古巴报业集团下辖的位于哈瓦那、圣克拉拉和奥尔金的党报印刷厂进行了调研，现场查勘了印刷厂的设备和技术现状、升级改造的建设条件，进行了建设可行性技术分析，提出了建设内容、产品规模及配套设施条件、工艺技术方案、设备选型和原辅材料来源、环保及投资风险分析，为中国政府决策援建古巴党报印刷厂建设项目提供了参考依据。

（一）项目概况

1. 国家基本情况

古巴位于加勒比海西北部墨西哥湾入口，海岸线长5746公里。东北距巴哈马21公里，北隔佛罗里达海峡距美国基韦斯特150公里，东靠向风海峡距海地77公里，南连加勒比海距牙买加140公里，西临墨西哥湾距墨西哥210公里。古巴国土面积约10.99万平方公里，国内常住居民人数约1124万，其中城镇人口约占总人口数的77%；全国分为15个省和168个直辖市，首都为哈瓦那；古巴是一个潮湿的热带气候国家，平均湿度为81%，平均温度为25℃，年降水量在1000毫米以上。

古巴是主权独立的社会主义国家，政局稳定。古巴共产党是古巴的唯一合法政党，成立于1961年；全国人民政权代表大会为古巴最高权力机关，享有修宪和立法权；宪法规定，古巴共产党是巴蒂思想和马列主义先锋组织，是古巴社会和国家的领导力量；2013年2月，在国家第八届全国人大会议上，劳尔·卡斯特罗主席获得连任，任期为5年。

古巴坚持走可持续发展道路，注重保护和合理开发利用本国资源，关注气候变化和环境保护，强调发展生物技术、医药产品、软件工业、信息技术、基础和自然科学、可再生能源的开发和利用等；古巴政府重视发展教育，目前古巴是拉美和加勒比地区识字率和平均受教育水平最高的国家，教育水平也居世界前列；古巴实行全民免费医疗制度，具有完整的医疗卫生体系。

根据官方数据，2013年，古巴GDP总额约为658亿美元，人均GDP约为5880美元（由于古巴执行货币双轨制，GDP统计数据不具有完全的对比参考意义）。2009—2014年，古巴GDP平均增长率为2.4%，在整个拉丁美洲和加勒比地区的33个国家中名列第六位。

2. 项目基本情况

本项目业主为古巴报业集团，隶属于古巴工业部，负责古巴报纸（含党报）、学生书本及商业刊物等的印刷和发行。党报印刷厂是其重要组成部分，是古巴共产党重要的舆论宣传阵地，主要印刷《格拉玛报》（古巴共产党机关报）、《起义青年报》（共青盟中央机关报）、《劳动者报》（中央工会机关报）、各省级报刊和其他期刊。

古巴报业集团下辖哈瓦那、圣克拉拉和奥尔金3家印刷厂，日生产报纸能力达到100万份。本项目建成后，报纸印刷时间将从目前的5～6个小时缩短至3.5个小时，3家印刷厂的生产能力将提高至440万份。

项目建设内容是为哈瓦那、圣克拉拉和奥尔金3个印刷厂提供成套设备的采购、供应、安装和调试，厂房改造用主材，编辑和生产用信息产品及软件，印刷厂及报纸全国发行用运输工具，机修车间设备，实验室设备，印刷厂用家具以及安装调试用耗材的采购、供应，培训及售后服务等。

（二）项目建设必要性

1. 古巴共产党加强政治宣传和稳固意识形态的需要

作为社会主义国家，古巴十分重视政治宣传、人民教育和文化建设，并将党报宣传作为意识形态领域引导人民奋发向上的重要途径。在古巴党和国家方针、政策的宣传手段中，报纸仍然是较为重要的方式之一。

古巴在发展国民经济，提高人民群众生活水平的同时，始终面临着意识形态被颠覆的风险，因此加强意识形态领域的斗争是古巴共产党的重要任务之一。2016年4月19日，在古共第七次全国代表大会上，古巴国务委员会主席劳尔·卡斯特罗强调："未来，古巴还将坚定不移地在社会主义旗帜下深化'经济模式更新'进程，要把古巴建设成一个'繁荣、稳定的社会主义国家'。"本项目在此次会上还被列为国家战略发展项目之一。因此，本项目建设已超越了单纯的企业行为而上升到国家政治层面，成为古巴国家政治、经济和社会发展的主要规划建设目标。

2. 古巴印刷业技术改造升级的需要

据现场调研了解，古巴政府对包括党报印刷在内的信息、教育、文化和商业出版物的印刷现状是不满意的，认为目前国家印刷设备过于陈旧（现有3个印刷厂仍在采用前东德援助项目的印刷生产设备，距本项目实施时已有约三十年历史)，存在印刷耗时长、生产浪费大、设备维修困难、生产成本高等问题，使得报纸、书刊、教材等印刷品的生产能力不足、印刷品质量低下，不能满足国家对于现有报纸印刷的总印数、印刷周期、印刷质量和印刷生产总量的要求，需要对既有的印刷生产线进行技术改造。

印刷厂的印前系统仍为20世纪70～90年代使用的激光照排技术，采用胶片，不环保且耗时较长；印刷设备为前东德Plamag公司生产的单、双幅卷筒纸印报机，仅能双色印刷，无法满足行业彩报（四色）印刷发展的需要，且设备老旧，一些卷筒纸轮转印刷设备已部分或全部失去生产能力或印刷质量低下；印后邮发系统除有部分使用堆积机外，主要还依靠人力进行计数、堆垛和打包，劳动强度大，生产效率低。

近年来，国际印刷设备技术发展迅速，特别是满足报纸、书刊印刷需求的印前技术（Prepress）、印刷技术（Press）和印后邮发技术（Despatch）取得了巨大的进步。国际报业印刷早已进入彩色报纸印刷阶段，印前全面数字化、印刷高速自动化、印后邮发物流化、信息传输网络化、印刷多版面等已成为报纸印刷的基本发展趋势，数字化编辑排版加快报纸出版实时性，网络化传版确保异地印刷一致性，计算机直接制版技术缩短制版时间，多塔印刷机实现彩色报纸印刷，联机邮发系统加快报纸发行，无轴驱动印刷技术降低了生产能耗。古巴党报印刷技术改造项目拟全面采用国际现有的高水平印刷设备生产线，不仅对于提升原有落后的印刷生产能力非常必要，也与古巴国家政治、经济和社会发展相配套，是古巴印刷技术与国际印刷技术接轨的良好机遇。

新印刷技术改造升级后，将加快报纸印刷的印前、印刷和邮发周期，提高印刷企业生产能力和生产可靠性，扩大国家级和省级报纸的发行范围，可以完成日报、周报和月报等各种类型报纸印刷生产，也将涉及信息、教育、文化、体育等众多领域。

3. 支持中资企业“走出去”，带动设备、原料和技术服务出口

中国印刷业经历近40年的改革开放后，印刷技术已基本达到国际先进水平，具备援助古巴印刷业技术升级改造的能力，特别是我国一些大型中资企业，如北大方正、北人集团等印刷设备与软件供应商，在设备设计、制造、服务和出口能力上基本达到国际水平，能够承担起大型成套印刷设备生产线的技术改造工作。

基于上述国内大型印刷设备生产和集成供应商所具备的能力，中资企业更加

需要扩展国际市场，走出国门，将我们的先进技术推向全球，带动设备、原料和技术服务出口，同时也有助于进一步促进国内印刷设备生产线的集成水平。

综合上述分析，本项目建设有助于古巴共产党加强政治宣传和稳固国民的意识形态，可以满足古巴印刷产业技术改造升级的需要，同时也可带动中资企业相关设备、原料和技术服务的出口，项目的建设是必要的。

（三）建设内容、产品规模及配套设施条件

1. 建设内容及规模

本项目确定的建设内容为哈瓦那、奥尔金和圣克拉拉 3 家印刷企业的胶印生产线技术设备改造升级，产品方案为全新引进三条彩报印刷生产线、邮发系统和发行系统，以及书刊彩色印刷平张纸胶印生产线、印后书刊装订线。项目建成后，能够满足古巴国家级、省级彩报印刷和部分书刊印刷的生产需求，提高古巴书报刊印刷生产的质量水平、生产效率和经济效益。

本项目建成后实现的产品规模如表 4-1 所示。

表 4-1　项目建成后的产品规模

类型	一期（2016—2020 年）	二期（2021—2025 年）	三期（2026—2030 年）	四期（2031—2035 年）
报纸 / 千份	278190	341308	511963	511963
书籍 / 千本	3200	4600	6000	7500
杂志 / 千本	6764	6764	10146	10146
练习簿 / 千本	13500	15000	22500	29634

据现场调研了解，本项目涉及的 3 个印刷厂的技术改造方向各有侧重。哈瓦那印刷厂主要为彩色报纸印刷生产改造升级，奥尔金印刷厂主要为彩报印刷和胶装书刊印刷生产线的技术改造升级，圣克拉拉印刷厂主要为彩报印刷和书刊印刷生产线的技术改造升级。

在彩色报纸印刷生产线改造方面，3 个印刷厂均将原有的双色印刷升级为双面四色彩色印刷，印刷幅面不变。印刷版数增加，从原来的 8 ～ 16 页印刷扩展到可以完成 64 ～ 128 页印刷，印刷速度达到每小时 80000 份报纸，印刷产能显著提高。全联线的印后加工设备，使邮发能力提高，胶装书刊装订能力大幅度提高；配置了原材料输送和印刷品输送的多维输送系统，并且为了达到快速发行而添置了各种类型的运输车辆。

本项目建设内容及产品规模主要考虑了古巴国家政治宣传、政府党报印刷需求量、未来印量增长幅度、彩报印刷与出版周期配合度、3个印刷厂的印刷品种类、印刷生产周期要求、印刷生产总量、设备单产能力、印刷生产质量、印刷发行速度、企业之间生产互补性、印刷生产能力冗余等各方面因素，建设规模基本合适。根据当地政府及市场需求，本项目产品方案基本合理。

2. 配套设施条件

（1）建筑荷载

本项目3个印刷厂均为20世纪80年代初由前东德援助建设。经对哈瓦那和圣克拉拉工厂的现场考察，厂房均为现浇钢筋混凝土柱预制梁板的多层框架结构，其中，哈瓦那工厂是6层框架，E轴—F轴为单层，层高15.60米，建筑总高25.80米，建筑面积14518平方米；圣克拉拉工厂是2层框架，1层层高4.65米，2层层高8.35米，建筑面积7244平方米；奥尔金工厂是2层框架，1层层高4.80米，2层层高8.20米，建筑面积7969平方米。

由于各厂房原设计使用荷载即按印刷厂考虑，而本项目技术改造是以工艺设备更新为主，仅对厂房的内外装修和管线进行更新改造，使用功能并未改变，其使用荷载总体没有变化，建筑物的结构承载力应能满足使用要求；且各工厂均在正常运转使用，未发现结构体有异常，总体可以满足改造后的使用要求；对于更新设备所处部位的基础或楼板的构件承载力需要进行复核，经与古巴方设计公司沟通，他们已经对该部位基础和楼板构件进行了复核。

（2）建设期供电

根据古巴报业集团提供的资料，哈瓦那印刷厂有两路13.8kV城市供电，工厂变电所装机容量为2×1000kVA，并备有2台柴油发电机，功率为600kW；圣克拉拉印刷厂有一路35kV城市供电，工厂变电所装机容量为1×1600kVA，并备有1台柴油发电机，功率为500kW；奥尔金印刷厂有一路33kV城市供电，工厂变电所装机容量为2×1000kVA，并备有1台柴油发电机，功率为150kW。根据上述资料，3个工厂的城市供电可以满足本项目技术改造阶段的用电量。

（四）工艺技术方案、设备选型和原辅材料来源

1. 工艺技术方案

本项目采用国际通用的数字制版、胶印和书刊胶订生产工艺，主要生产过程分为印前处理与制版、印刷、邮发和印后装订等环节。

本项目采用的彩报制版、印刷、邮发工艺，以及书刊制版、印刷、装订工艺

技术方案合理，达到国际先进水平，满足报纸和书刊印刷关于数量、质量和时间方面的要求。考虑本次改造在工艺技术层面跨越幅度较大，生产人员需要花费时间来掌握设备的有关操作和运行管理，而原有企业生产人员年龄老化，建议延长和加强生产技术人员的培训时间，使当地技术和管理人员能够尽快掌握彩色印刷品生产工艺技术，掌握彩色印刷生产管理流程，以充分发挥新建印刷生产线的产能和提高印品质量。

2. 设备选型

本项目主要生产设备为 CTP 制版设备、报业轮转印刷机、多维输送系统、邮发系统、单张纸胶印机、印后装订设备、数字印刷设备、印刷质量检测设备、印刷生产辅助设备和印刷生产维修设备等。

（1）设备选型依据

根据古方提供的生产需求，进行过多次方案研究和论证，并参观了国内不同类型的报纸印刷厂 3 ～ 4 家，先后对方正雕龙 DL8500 和爱克发的报业 CTP 方案，及方正畅流、爱克发 Arkitex 流程系统进行了多轮沟通讨论，重点考虑以下因素：

①目前客户实际技术情况

国内报纸印刷厂在 CTP 应用方面已进入成熟期，对 CTP 系统的应用有成熟的应用环境和使用经验。古巴方面报纸印刷厂目前尚未有应用 CTP 系统的先例，原有印前系统比较陈旧，引进先进的 CTP 直接制版系统技术跨度很大。所以，在选型方面需要考虑方案的完整性，避免在实施中因缺漏出现问题，甚至产生纠纷造成国际不良影响。因此，在方案配置中除 CTP 系统外，根据生产需求情况配套了数字化工作流程系统、服务器、工作站、UPS、测量工具、网络环境、打样设备及各种配套耗材产品。

由于项目涉及古巴 3 个印刷厂的印前系统改造，且技术升级跨度较大，根据国内大、中型报社印刷厂的实际实施经验，需在方案中提供充分的安装实施、技术培训方案，并且提供充足的常用零备件产品，以确保方案实施顺利、稳定。

②业务类型

古巴 3 个印刷厂均以报纸印刷为主，同时也有部分书刊等印刷业务，因此推荐报业 CTP 产品，同时 CTP 设备 150 lpi 的分辨率也能一定程度上满足半商业印刷生产的应用，再配合数字化工作流程中的混合网点技术，将会有更好的效果。针对报纸生产时效性高，对设备运行稳定性要求也很高，项目选用了全球报业领先的爱克发紫激光平台式设备与方正畅流数字化工作流程的配套方案。该方案在国内报纸印刷行业有超过100台套的实际应用，经过大量实践检验，其先进性和稳定性已得到充分验证。

③产能要求

考虑到报纸生产的时效性和安全性，在充分满足报纸制版要求的基础上，项目已考虑设备产能的冗余和备份，按照哈瓦那3台、圣克拉拉2台、奥尔金2台方案进行配置。每个印刷厂都至少保证2台CTP设备，且所配报业CTP设备的配套畅流软件能够实现每小时80张版的生产速度，即使有1台设备出现故障或是要进行维护保养，整体方案仍然能够满足生产的需求。同时，针对哈瓦那印厂印量高、业务多等特点，按照3台CTP进行配置，以充分满足产能的要求。

④技术先进性

本项目对古巴报纸印刷厂印前系统进行了大规模的技术改造，由于投资相对较大，需要充分考虑方案的技术先进性，使投资能够得到充分的利用，保持后续发展空间，所提供方案具有以下两点优势：

a. 采用先进的紫激光平台式报业CTP系统。

b. 配套先进方正畅流数字化工作流程系统。

（2）设备选择

本项目CTP制版、彩色报纸轮转印刷机、邮发与发行系统、平张纸多色胶印机和书刊装订生产线等高精印刷生产设备拟选择中国北大方正、中国北人集团、德国罗兰公司等厂家设备。

本项目主要设备选型基本合适，印前、印刷、印后、邮发等设备技术领先，可以保障印刷生产的正常运行，满足产能和产品类型需要，符合彩色印刷、提高质量、减少浪费等需求，建议下阶段积极配合设备供应商，顺利完成设备安装、调试和人员培训，尽快掌握设备使用，实现印刷产品的正常生产。

3. 原辅材料来源

本项目生产所需的主要原辅材料为纸张、油墨、印版及其他辅助耗材，具体为彩报印刷用新闻纸，书刊印刷用铜版纸、卡纸，胶印单色、四色油墨，热敏CTP印版，胶印橡皮布、润版液、清洗剂等，此外还包括数字印刷色粉、热熔胶、收缩膜、铁丝等装订耗材。上述原辅材料在生产运营初期将主要从中国进口。根据各年度拟定的生产规模，报告计算了每年度主要原辅材料的消耗量、单价和总价。

本项目测算的原辅材料需求量及单价基本合适，来源基本可靠。此外，本项目生产还需少量打样相纸、打包带、润滑油等，但总体用量不大，可以通过供应商提供或当地采购等方式解决，不会对项目运营产生制约。

（五）环境保护

古巴印刷工业尚不发达，企业印刷生产的工业和生活排放总量较少，对于古巴环境影响总体较小。

位于哈瓦那、圣克拉拉和奥尔金的 3 家报纸印刷企业已经营几十年，由于原有生产技术水平落后，相对会产生较高的能源消耗、设备维修、耗材浪费和污染排放等；本次技术改造后，3 家印刷厂采用最新的印刷技术和生产设备，采用分区域的独立空调系统，平张纸印刷机和印后设备采用分散供气，卷筒纸轮转印刷机及邮发系统采用集中供气，更有利于节省能源消耗，达到节能的目标，预期节能可达 23%；节能的同时，可实现印刷生产减排降耗，生产仅有少量固废产生，3 家企业均与本地政府签有环保协议，针对固废（如裁切废纸）有再生和回收协议，废气采用专用管道回收。

由于胶印生产工艺技术仍然会产生一定数量的废物、废气和废水，本次生产技术改造虽然已采用了具有环保特点的印刷油墨及耗材，仍然存在印版显影液直接排入下水管道、废气直排等影响环境的因素，但排放数量十分有限，不至于造成严重的环境污染。

综上所述，虽然本项目仍存在一定的环保风险，但在采用相应的环保措施，并在古巴政府的积极支持和引导下，项目环评及相关的批复工作不会成为项目推进的颠覆性因素。

（六）项目建设相关方的能力分析

本项目初步确定德国曼罗兰公司为报业印刷主设备供应商，北人集团为商业印刷主设备供应商，北大方正公司为编辑系统（印前设备）设备供应商，中山机械有限责任公司为印后设备（辅助设备）供应商。

（1）北人集团公司

该公司始建于 1952 年，是我国最大的印刷机械制造企业，也是中国机械行业较早上市的企业之一，是中国 500 强企业中前 300 强的企业之一，在 1996 年就通过了 ISO 9001 质量体系认证，是我国机械制造行业较早通过质量体系认证的企业，后又通过英国国家质量保证有限公司的认证。该公司具有雄厚的质量保证能力，能够确保投放市场的产品质量稳定可靠，经得住用户的考验。

该公司具有 50 多年开发设计生产制造印刷机的历史，“北人”牌印刷机遍布我国东南西北及各大、中、小印刷厂，是我国印刷机的名牌产品，在国际也有相当的知名度，其产品在国内市场的占有率达65%以上，并出口到东南亚、非洲、欧洲、美洲等国家。

该公司拥有单张纸胶印机、卷筒纸胶印机、凹版印刷机、数码印刷机等多个研发制造基地，能够满足书刊印刷、报纸印刷、纸包装印刷、塑料包装印刷、商业票据标签印刷和数码印刷的全面需求，已成为中国印刷机械行业一流的设备和服务供应商。

（2）北京北大方正电子有限公司

北京北大方正电子有限公司（以下简称方正电子）是方正集团下属的核心成员企业，是跨媒体信息传播领域技术、产品和服务的领先提供商，面向全球报业、出版、印刷、广播、电视、互联网、政府办公等行业和领域提供先进的信息处理技术、软件产品、综合解决方案和增值服务。

方正电子的核心业务是向世界范围的用户提供新闻出版、商业印刷和互联网等领域的数字化产品及解决方案。在新闻出版领域，方正电子的出版系统是国内外著名的电子出版系统，占据中文出版市场份额的90%以上。

（3）珠海翔宇机械科技有限公司

珠海翔宇机械科技有限公司是中山机械公司的一个独立销售公司，树立中国印刷机配套设备生产制造第一品牌是中山机械的不懈追求。中山机械有限责任公司（原泊头人民机器厂）始建于1983年。1996年在新闻出版署技术发展司和中国报协大力支持下，成为首家专为报社印刷厂技术改造提供服务的民营公司。

1994年，公司生产的第一条自动卷筒纸输送线在人民日报社开始使用。公司所生产的卷筒纸输送线是国家引进大型配套设备的主要设备之一，且填补了国家在本行业的空白。经过多年的实践检验结合客户实际情况和具体要求，目前公司进一步完善了卷筒纸输送线，使其成为国际先进的大型配套设备。

（4）德国曼罗兰轮转印刷系统有限公司

德国曼罗兰轮转印刷系统有限公司（以下简称曼罗兰公司）从事印刷机设计制造的历史可追溯到1845年，德国曼罗兰公司是全球最大的卷筒纸印刷机供应商、全球第二大平张纸印刷机制造商。历经漫长的发展历史后，曼罗兰品牌在世界印刷行业中奠定了坚实的基础，名列世界500强企业，曼罗兰公司年净销售额不低于20亿欧元，“世界每3份报纸中就有一份出自曼罗兰印刷机”。目前在全球的轮转印刷机市场上的份额超过50%，在中国的市场份额超过60%。生产工厂位于德国巴伐利亚州距离慕尼黑 60 公里的德国古老的城市奥格斯堡，主要产品为高端彩色报纸轮转印刷机和商业轮转印刷机，以及数码印后书芯制造系统，拥有员工 1200 人，2016 年在中国北京成立了曼罗兰轮转印刷设备（北京）有限公司。

综上所述，上述厂家的资质和相关工程经验基本满足整套设备的供应与集成要求。

（七）投资风险分析

1. 政策风险

鉴于古巴实行计划经济体制，项目建设、运营、生产计划、原料采购和市场销售等均受政府控制，因此，项目成败更多地取决于政府的政策导向。如古巴未来经济发展良好，政府财政收入持续增长，政府也给予项目充分的政策支持，则项目的风险较小。

2. 市场风险

项目市场风险主要体现如下几点。

（1）项目印刷业务主要来自政府，而非竞争市场，受政府政策导向变化的影响较大；

（2）项目还贷周期相对较长，其间可能会受到新媒体的冲击而导致市场缩减；

（3）古巴方希望开发海外印刷市场具有较大的不确定性。

3. 还款风险

项目还款风险主要体现在如下几点。

（1）设备投入生产后，印刷产能将得到迅速提升，但受政府任务逐步扩大和市场需求量缓步提升的影响，项目实际产量不一定如预期的一样快速增长；

（2）主要印刷生产原料、设备零配件均需依靠进口，生产运行成本受外部影响较大；

（3）以党报印刷和政府配给的教材练习册等为主要印刷品，市场化的商业印刷品很少，竞争赢利能力不足。

4. 履约风险

项目履约风险主要体现在如下几点。

（1）项目执行周期较长，可能会受到汇率变化带来的影响；

（2）项目牵涉面较广，需要多方合作完成，制造商 - 设备供应商 / 代理商 -

土建分包商－集成商－项目业主－最终用户，其中任何一方出现问题均可能造成履约风险；

（3）整个印刷生产线由多种不同设备联线组成，不同设备的采购是否按计划分期进行，交货、安装、调试、验收的时间各自不同，如果时间衔接不好，必然造成互相牵涉，影响整个生产线的正常运转。

5. 运营风险

项目运营风险主要体现在如下几点。

（1）三个印刷厂均为整体生产技术设备改造，多种全新设备集成，使生产线面临相互匹配和衔接的问题，存在单机良好，生产线联调联试失败的风险；

（2）目前印刷厂生产人员年龄偏于老化，高级技术工人不足，对新技术、新设备、新工艺的掌握尚存风险；

（3）短期内主要原材料完全依赖进口，正常生产可能会受到制约；

（4）整条生产线完全由海外供货，生产设备一旦出现故障，将面临维护维修的停机风险（本项目生产能力相对富裕，弱化了该项风险）；

（5）在较长的还贷时间内，企业生产仍可能存在环保问题，如噪声、排废等，一旦国家或地区提高环保标准，将可能面临需要追加投资进行环保治理，影响企业的正常生产。

面对上述政策、市场、还款、履约及运营等风险，均需项目业主争取国家一贯的市场、财政及税收等方面政策支持。在此基础上，古巴应尽快完善印刷行业的产业链建设，减少印刷材料几乎完全依靠进口的现状，为项目未来有关货币结算创造更好的条件；建议项目业主根据市场销售情况及受众人群需求，提前考虑市场推广政策；建议加强技术及管理知识培训，提升当地员工的设备操作及企业管理能力，加深对新工艺、新设备的了解；加强运营公司的环保意识，对出现不符当地环保要求的各项问题及时整治处理。

（八）结论与建议

1. 结论

项目建设有助于古巴共产党加强政治宣传和稳固国民意识形态，可满足古巴印刷产业技术改造升级的需要；同时，项目建设也可带动中资企业相关设备、原料和技术服务的出口。项目的建设是必要的。

项目建设内容为哈瓦那、奥尔金和圣克拉拉 3 家印刷企业的胶印生产线技术设备改造升级，产品方案为全新引进三条彩报印刷生产线、邮发系统和发行系统，以及书刊彩色印刷平张纸胶印生产线、印后书刊装订线。项目建设内容及产品规模基本合适。

项目采用的彩报制版、印刷、邮发工艺，以及书刊制版、印刷、装订工艺技术方案合理，达到国际先进水平，满足报纸和书刊印刷关于数量、质量和时间方面的要求。

项目主要设备选型基本合适，印前、印刷、印后、邮发等设备技术领先，可以保障印刷生产的正常运行，满足产能和产品类型需要；项目测算的原辅材料需求量及单价基本合适，来源基本可靠。

项目厂房使用功能未变，其使用荷载总体没有变化，建筑物的结构承载力应能满足使用要求；且各工厂目前均在正常运转使用，未发现结构体异常，总体可以满足改造后的使用要求。现场收集资料显示，城市供电可以满足本项目 3 个工厂技术改造阶段的用电量需求。

项目虽然存在一定的环保风险，但在采用相应的环保措施，并在古巴政府的积极支持和引导下，项目环评及相关的批复工作不会成为项目推进的颠覆性因素。

项目商务合同费用构成及费用水平基本合适。项目清偿能力及财务生存能力良好；根据敏感性分析结果，本项目销售收入为影响项目收益的最敏感因素。本项目财务效益各项指标良好，其原因则更多地得益于古巴双货币的流通体系。实际上，项目的超额盈利来自政府的补助。

2. 建议

（1）项目业主需争取国家一贯的市场、财政及税收等方面政策支持。在此基础上，古巴应尽快完善印刷行业的产业链建设，减少印刷材料几乎完全依靠进口的现状，为项目未来有关货币结算创造更好的条件。

（2）本次改造在工艺技术层面跨越幅度较大，生产人员需要花费时间来掌握设备的有关操作和运行管理，而原有企业生产人员年龄老化，建议延长和加强生产技术人员的培训时间，使当地技术和管理人员能够尽快掌握彩色印刷品生产工艺技术，掌握彩色印刷生产管理流程，以充分发挥新建印刷生产线的产能和提高印品质量。

（3）项目业主应根据市场销售情况及受众人群需求，提前考虑市场推广政策。

（4）加强运营公司的环保意识，对出现不符当地环保要求的各项问题应及时整治处理。

二、印刷设备制造企业技术改造项目研究

（一）单幅高端卷筒纸胶印机产业化项目研究

1. 项目概况

卷筒纸胶印机是报纸、书刊和商业印刷的主要机型，主要分为新闻卷筒纸胶印机、书刊卷筒纸胶印机和商业卷筒纸胶印机。目前国内具备卷筒纸胶印机生产能力的厂家很少，高端新闻卷筒纸胶印机主要依靠进口，而书刊卷筒纸胶印机速度和质量较低。

高斯图文印刷系统（中国）有限公司是中国最主要的3家卷筒纸胶印机的制造厂家，特别是在2010年上海电气收购美国高斯国际以后，成为国内目前最大的轮转胶印机制造企业之一。

本项目主要关于U75高速精密单幅双倍径卷筒纸胶印机和WS-D1000高速精密书刊胶印机的产业化项目。U75为原法国高斯的环球75（U75）产品，生产速度为75000印/时，本项目将在完成引进试制的全部工作后，优化结构，提升印刷机速度到80000张/时。WS-D1000高速精密书刊胶印机是高斯（中国）在原有书刊机基础上进行升级换代，成功开发的高速精密书刊胶印机。

本项目预计达产后年产58个单元的U75和25个单元的WS-D1000。

2. 承担单位能力评价

高斯图文印刷系统（中国）有限公司前身是上海罗克韦尔图文系统有限公司，1993年12月8日经上海市外资委、工商局批准由上海电气集团印刷包装机械有限公司下属上海人民机器厂与美国罗克韦尔图文有限公司合资成立的中外合资企业（中方占40%，外方占60%）。1997年5月上海罗克韦尔图文系统有限公司经工商行政管理局核准正式更名为上海高斯印刷设备有限公司，2010年，上海电气集团整体收购高斯（中国）的合资方美国高斯国际，企业更名为“高斯图文印刷系统（中国）有限公司”。2012年11月，高斯国际将60%的股份转让给上海电气所属的上海机电股份有限公司，由此高斯（中国）正式成为内资企业。

对该项目进行综合评估认为，高斯（中国）属国有控股公司，在其发展过程中经历了国营体制生产、合资、收购国外企业，成为中国大型印刷机械制造企业，注册资金为132680115元人民币。美国高斯国际（Goss International）是一家生产精密印刷机械设备的供应商，在海外9个国家开展业务，上海高斯曾是其中合作企业之一，上海电气集团收购美国高斯国际后，得到了其所有的技术和产品，

并利用美国高斯国际的先进技术，在原有产品基础上，进行新产品的开发及技术引进，不仅提高了印刷速度，同时提升了产品功能和质量的能级，其中就包括本项目涉及的 75000 张 / 时高速精密单幅双倍径卷筒纸胶印机（大滚筒）的引进机型 U75 和自主开发了 45000 张 / 时的 WS-D1000 高速精密书刊胶印机。

该公司依托较强的研发力量、多年的产品设计经验和处于国际领先的引进技术，具备将拥有国际高端技术的 U75 新闻轮转胶印机和自主开发的具有较高端技术的 WS-D1000 高速精密书刊胶印机进行产业化推广的实力和能力。企业经营状况较好，项目产品符合企业主营业务方向，基本具备承担项目建设的能力。

3. 产品技术和市场分析

项目产品是为印刷市场提供新闻和书刊卷筒纸胶印机，以满足国内报纸和书刊印刷的需求提升国产高端胶印机的研发、制造水平，逐渐替代设备进口，并能够更大幅度地占领国际市场。

报纸印刷是我国重要的新闻出版业务，要求速度快、质量高。自 1988 年开始，我国大量引进国外的新闻轮转印刷机，特别是 2003 年以来，彩报的需求大量增加，报纸的种类和数量节节攀升，国外以高斯、曼罗兰和高宝为代表的卷筒纸胶印机制造商，大举进军中国高端报业市场。高斯中国收购高斯国际后，继承了高斯国际的技术和产品，其 U75 产品原为高斯国际的主要报纸印刷轮转胶印机，经过技术改造和升级，该产品具有高达 12 纸路印刷，80000 印 / 时生产速度，整体浇铸墙板、无轴传动系统、走滚枕印刷装置、四级张力控制系统、遥控墨区墨量控制、自动穿纸、气动防扩张装置等多项印刷机先进制造技术，技术水平处于国际领先地位。2013 年已有 9 个塔安装在重庆日报和解放集团。同时，作为美国高斯国际的收购企业，延续前任的制造和销售，高斯中国在其 U75 产品上存在较好的国际市场前景。

书刊印刷是我国重要的出版印刷业务，特别是中小学课本、各类考试的相关资料均为保留书刊印刷提供了基础。由于卷筒纸胶印制造有较多的技术难点，国内书刊印刷设备制造企业也是凤毛麟角。高斯中国提供的 WS-D1000 高速精密书刊胶印机配备进口高速折页机，生产速度达 45000 张 / 时。该设备采用无轴传动技术、走滚枕直线排列印刷滚筒、高斯分段墨刀技术、闭环张力控制系统等多项印刷机械先进设计和制造技术，产品生产效率高、质量稳定性好，技术处于领先地位。该产品是该公司新推出单品，已销售 2 条生产线（合计 8 个单元），具备良好的销售前景。

综上所述，该项目符合国家产业政策和专项重点支持方向，项目产品已经完成引进、吸收、转化过程，已经完成小批量试验性生产，解决了众多制造工艺技术问题和材料替代等问题。产品技术达到国际领先和国内领先水平，并具有多项自主知识产权，可满足市场对报纸和书刊印刷的需求，可替代进口和销往国外，具有较好的市场应用前景。

4. 项目建设方案

项目产品为达到年产 58 个单元的 U75、25 个单元的 WS-D1000。

（1）建设内容

根据项目产品的制造特点，新增数控外圆磨床、车铣复合中心、加工中心、数控内外圆磨床、数控磨床（刃磨）等多台进口设备，台式三坐标测量仪、工夹刀附具等多台（套）各类主要设备。

（2）建设意见

根据项目产品 2013 年销售情况，目前项目产品销售量还不大。消化、改造后的 U75 在产品性能和质量上有较好的基础，但在市场上不仅应把握国内市场，还应瞄准国际市场（受互联网的影响，近年报纸印刷设备市场有一定的萎缩）。WS-D1000 属新产品，还应在印刷速度和精度，特别是产品的稳定性上尽快得到市场认可。

5. 结论与建议

我国的出版印刷产业正在持续稳步发展，正处于从世界印刷大国向印刷强国转变的关键时期。用于出版印刷的新闻轮转胶印机和书刊轮转胶印机是发展新闻出版印刷的利器和基础，多年来新闻出版高端设备市场主要被国外印刷企业占领，国内仅有 3 家主要的设备供应商，仅能占领中低端市场。

美国高斯国际（Goss International）是一家生产精密印刷机械设备的供应商，有 170 年历史，其主要产品新闻卷筒纸胶印机和商业卷筒纸胶印机强力占领中国市场。2010 年，上海电气集团收购高斯国际，称为高斯中国，接管了高斯国际的全部技术和产品。U75 就是高斯中国引进、消化、改造了的产品，主要用于新闻印刷，设备采用多项国际流行的先进印刷设备制造技术，是能够完成 80000 张 / 时生产高速，12 纸路同时印刷的高端新闻卷筒纸胶印机。该产品在技术上处于国内领先，能够替代进口，并有望返销国外，具有良好的市场前景。WS-D1000 高速精密书刊胶印机是国内为数不多的高端书刊印刷设备，在技术上借鉴了高斯等国外先进技术，生产速度和印刷精度均处于国内先进水平，该产品的产业化，能够为我国书刊印刷设备市场提供高端产品，并替代进口。

由此可见，高斯中国消化吸收的引进机型单幅双倍径Universal75（U75）卷筒纸胶印机和自主开发的WS-D1000高速精密书刊胶印机已在市场经过检验，其技术水平处于国际/国内领先，并在制造成本、技术服务费用及备品备件、配套件价格等方面与进口产品相比具有较大优势，企业经营状况较好。综上所述，该项目符合国家产业政策和专项支持方向，有利于促进企业产品结构调整及技术升级，促进印刷行业技术进步和产品质量提升，加快印刷企业转型和提升市场竞争能力。

（二）高速超大幅面多色胶印机建设项目研究

1. 项目概况

浙江通得数字印刷设备制造有限公司（以下简称浙江通得）拟在现有通得公司已征用的50亩土地上，新建粗加工车间、精加工车间、装配车间、材料库、研发中心等建筑物约27533平方米，引进具有国际先进水平的日本东芝五面体加工中心，内外圆断面磨等设备，配套多面体加工中心、龙门加工中心、历史加工中心、激光切割机、三坐标测量仪以及精密计量器具等国产设备，形成年产35台套高速超大幅面多色胶印机的生产能力。

2. 承担单位能力评价

浙江通得数字印刷设备制造有限公司成立于2011年6月，注册资金2000万元，由浙江通业印刷机械有限公司的主要股东，即诸暨市精工机械厂有限公司和自然人孙行共同出资建设。

对该项目进行综合评估认为，浙江通得是依托浙江通业公司的人员、技术、研发等资源出资成立，是实际上的家族共同体企业。浙江通业印刷机械有限公司是我国印刷包装机械行业内研发、制造和销售单张纸输纸机产品的专业化企业，其前身是1980年成立的诸暨市精工机械厂，1986年生产出第一台输纸机，1992年组建浙江通业公司，专业研发、制造单张纸印刷机的给纸机。2002年该公司主持起草了给纸机行业标准，2008年主持起草了给纸机国家标准，是国产给纸机制造企业的龙头企业，具有良好的研发、设计、制造和销售能力。一台印刷机主要由给纸机、印刷装置和收纸装置组成，给纸机是印刷机的关键部件，成本约占一台单色胶印机的30%。浙江通得已于2011年生产出5XL1480全张纸五色胶印机，并已逐步推向市场。该公司依托浙江通业印刷机械有限公司和其生产的高速输纸机，组建了大幅面多色胶印机的研发团队和加工制造力量，形成了一定的生产能力，具备一定的技术力量，企业经营状况较好，项目产品符合企业主营业务方向，基本具备承担项目建设的能力。

3. 产品技术和市场分析

项目产品为年产高速超大幅面多色胶印机35台套。

该项目产品是为印刷市场提供大幅面多色胶印设备，目的是满足国内包装、出版和商业印刷领域对大幅面多色胶印机不断增长的需求，提升国产高端胶印机的研发、制造水平，逐渐替代设备进口。企业在借鉴国外技术的基础上，通过自主研发，已开发出具备高速、高精度、大幅面、多色、自动化、智能化特征的高端胶印机。该设备采用了多项新型设计方案，如共轭凸轮下摆前轨和下摆递纸机构设计，自动上版、自动设定，柱塞室气流分配阀、回转式气阀等，符合当前一流印刷机的设计理念。项目产品已通过技术鉴定，技术水平处于国内领先。

在目前的印刷市场中，胶印占到全球印刷市场的45%，2010年产值达2464亿欧元。我国是一个胶印市场培育良好的国家，印刷市场的占有量达60%以上，胶印机是目前印刷市场的主流机型，主要承担出版印刷、商业印刷和包装印刷。按照印刷幅面大小划分，全张及以上幅面的胶印机称为大幅面印刷机，是商业印刷（如广告、招贴等）、包装印刷所青睐的机型。但由于印刷幅面大，胶印机很难保证高速运转下的印刷精度，因此，大幅面胶印机的制造难度和成本较大，大量印刷机械制造企业不具备相应的生产能力。目前，国内印刷市场的大幅面胶印机主要来源于进口，以德国高宝（KBA）、德国曼罗兰、德国海德堡、日本三菱为主要供应商。国内目前的生产企业主要有北人、江苏昌昇和河南新机3家印刷机制造企业，这些企业主要通过产品改型（北人、河南新机）或仿制国外设备（江苏昌升）的方法进行进一步研发、制造，产品质量难以与国外产品媲美。

胶印机按照印刷色数可分为单色、双色、四色及多色（四色以上）。随着我国文化产业的发展和人民生活水平的提高，彩色印刷（主要由四色及以上多色胶印机完成）已成为市场的主要需求。由于国内设计、制造水平的限制，我国的多色印刷机主要依靠进口。据海关总署统计，2011年来自德国海德堡、高宝、曼罗兰和日本小森、三菱等胶印机制造商的多色胶印机进口数量达1372台，占到所有印刷设备进口数量的41.62%。

近年来，我国印刷市场呈现对大幅面胶印机的增量需求，主要原因是商业印刷对广告、海报、宣传画、地图等印刷品的需求，包装印刷中针对农产品、电器等产品包装的高端包装盒装潢印刷新兴需求、出版印刷中为提高生产效率对大幅面胶印机的需求。浙江通得研发的1480mm大幅面多色胶印机符合大幅面、多色、高精度、数字化的国家重点支持研发方向，也是符合当今及今后印刷市场需求的。

综上所述，该项目符合国家产业政策和 2013 专项重点支持方向，产品技术达到国内领先水平，多项技术具有自主知识产权，产品可满足市场对大幅面胶印机不断增长的需求，部分替代进口，具有一定市场应用前景。

4. 项目建设方案

（1）建设内容

新建粗加工车间、精加工车间、装配车间、材料库、研发中心等建筑物近 3 万平方米，引进具有国际先进水平的日本东芝五面体加工中心，内外圆端面磨等设备，配套多面体加工中心、龙门加工中心、立式加工中心、激光切割机、三坐标测量仪以及精密计量器具等国产设备。

（2）建设意见

关于产品纲领。根据项目产品 2011 年销售情况和合同情况，目前项目产品在单张纸多色胶印机所占的市场份额非常有限。此外，项目产品的质量还需得到进一步的评估。大幅面多色胶印机属胶印机中的高端产品，其印刷速度和精度，特别是设备的稳定性是胶印机质量评估的关键，也是目前国内印刷设备普遍存在的问题。

关于建筑工程。该项目新建粗加工车间、精加工车间、装配车间、材料库、研发中心等建筑物近 3 万平方米，建设内容和投资建议基本合理。

关于设备配置。引进具有国际先进水平的日本东芝五面体加工中心，内外圆端面磨等设备，配套多面体加工中心、龙门加工中心、立式加工中心、激光切割机、三坐标测量仪以及精密计量器具等国产设备。这些加工设备主要解决印刷机生产中主件的加工，印刷机底座、墙板等需要高精度的加工装备，如加工中心、数控机床等；印刷滚筒、传动齿轮、凸轮等均需要高精密的加工设备。建设项目所需投入设备的选型基本合理，能够满足大幅面多色胶印机的加工、装配和检测要求。

5. 结论与建议

目前，我国的出版印刷产业正在持续稳步发展，面临从世界印刷大国向印刷强国转变的关键时期。但广泛用于包装出版印刷的高端胶印设备，特别是大幅面高速多色胶印设备还普遍依赖进口。尽管国内印刷设备制造企业已达几百家，但能够生产大幅面多色胶印机的制造企业却只有几家。

浙江通得在借鉴国内外高速多色胶印机特点的基础上，依托其投资公司浙江通业印刷机械有限公司在单张纸给纸机领域的多年研发基础，将其在印刷设备开发领域已有的较强研发和制造能力整合，已开发出能够用于出版、商业和包装印刷领域、印刷幅宽为1480mm的大幅面多色胶印机。目前，企业自主研发的高速超大幅面多色胶印机已通过技术鉴定，技术水平处于国内领先，性能指标接近同类进口设备，并在制造成本、技术服务费用及备品备件、配套件价格等方面与进口产品相比具有较大优势，企业经营状况较好。综上所述，该项目符合国家产业政策和专项支持方向，有利于促进企业产品结构调整及技术升级，促进印刷行业技术进步和产品质量提升，加快印刷企业转型和提升市场竞争能力。

胶印设备是一种机构、结构多样复杂的高速高精密机械，国内目前在大幅面高速多色胶印机制造方面的经验不足，对国外先进设计、制造的理念和技术消化吸收尚不充分，对印刷机高速运转下的设备稳定性研究不够。项目产品属于新开发产品，目前也仅有一台设备为客户服务，走向印刷市场时间较短。建议企业加强与使用客户的联系，加强现有产品动力学方面的测试、分析与研究，在制造过程中不断进行印刷机械设计理论的研究和结构优化，不仅能够制造出符合高性能指标要求的胶印机，而且能够提供质量稳定、精度高的高端胶印设备。经评估，建议国家重点支持的建设内容涉及投资20822万元。

项目的建设用地已得到落实，环境影响评价意见和建设资金也已落实，节能措施和招投标方案基本合理。

三、印刷企业技改升级技术

（一）胶印滚筒自动清洗装置

1. 功能与作用

利用清洗液和清洗刷或清洗布或清洗刮刀与印刷滚筒（印版滚筒、橡皮滚筒、压印滚筒）、印刷墨辊之间的轻微摩擦或刮擦，以预设程序不断将滚筒或墨辊表面的污物溶解和移除的清洗装置。

2. 必要性

胶印工艺中的长墨路输墨和橡皮布间接印刷结构，使得胶印的黏稠油墨只能部分转移，干结在墨辊和滚筒表面上的油墨将会越来越多，直接影响到油墨转移；短版印刷的增多，使印刷单元需要频繁清除先前印刷残留在墨路和滚筒表面上的油墨，实现印活的快速转换；当出现纸张掉粉、掉毛故障导致滚筒表面油墨干结时，必须及时清洗印刷滚筒，减少印刷故障；当出现水墨传输故障而导致墨路下墨不畅时，也必须及时清洗墨辊，保证顺利下墨。采用人工清洗方法，必须在印刷机停机状态下由操作者手工清洗，不仅占用宝贵的胶印机生产时间，严重影响正常生产，还易增加印刷材料和辅助材料的浪费，造成环境的污染，引发人身安全事故。

3. 分类与组成

输墨与印刷系统的自动清洗装置主要有两类：墨路自动清洗装置和滚筒表面自动清洗装置。前者通常为喷刮方式，主要由清洗液喷洒装置、供液装置、清洗刮刀装置、离合机构、排污装置和控制装置组成。后者通常为喷刷方式，主要由清洗液喷洒装置、供液装置、清洗装置（清洗布或清洗毛刷）、离合机构、排污集存装置和控制装置组成。

4. 工作原理

（1）墨路自动清洗装置

胶印机墨路自动清洗装置工作原理如图 4-1 所示。控制装置启动自动清洗程序后，供液装置加压传输清洗液到喷洒装置，由高雾化喷嘴往墨辊上喷洒清洗剂，溶解干结油墨与杂物，然后离合机构将清洗刮刀合压靠向墨辊，刮刀将墨辊上的余墨和杂物刮入排污装置，再由清水清洗后刮刀离压。

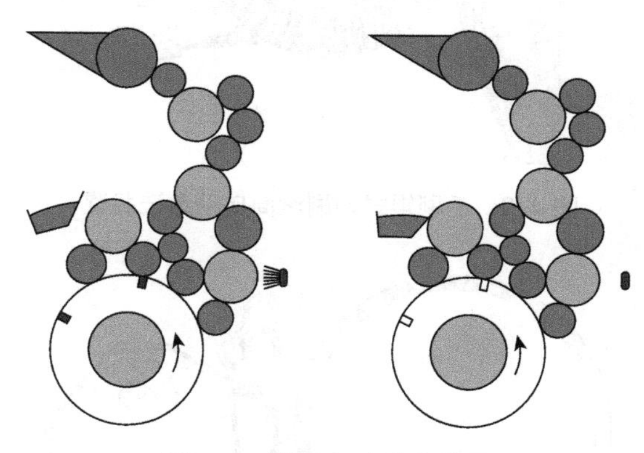

图 4-1　墨路自动清洗装置

（2）滚筒表面自动清洗装置

胶印机滚筒表面自动清洗装置主要采用喷刷方式，有两种主要类型。类型一：使用毛刷辊式清洗方式，是一种通过喷洒清洗剂，配合旋转毛刷辊的洗刷完成滚筒表面清洗的方式；类型二：使用清洗布式清洗方式，是一种通过喷洒清洗剂，通过清洗布和滚筒表面的紧密加压接触，依靠两者之间的相对线速度差摩擦力进行滚筒表面擦洗的方式。

毛刷辊式印刷滚筒自动清洗装置工作原理如图 4-2 所示。当控制装置启动自动清洗程序后，供液装置加压传输清洗液到喷洒装置，由高雾化喷嘴向毛刷辊上喷洒清洗剂，然后离合机构合压将清洗毛刷辊靠向印刷滚筒，毛刷辊与印刷滚筒做相向转动，在清洗剂的溶解作用下将印刷滚筒上的余墨和杂物刮入排污集存装置，再由另一喷嘴喷洒清水最后清洗，废液集存在存储罐中回收，清洗结束后毛刷辊离压。

清洗布式印刷滚筒自动清洗装置工作原理如图 4-3 所示。当控制装置启动自动清洗程序后，供液装置加压传输清洗液到喷洒装置，由高雾化喷嘴向印刷滚筒上喷洒清洗剂，随后气动离合机构用压缩空气控制隔板按压清洗布靠向印刷滚筒表面，清洗布放卷机构不间断输出干净清洗布，收卷机构连续回收带有余墨、杂

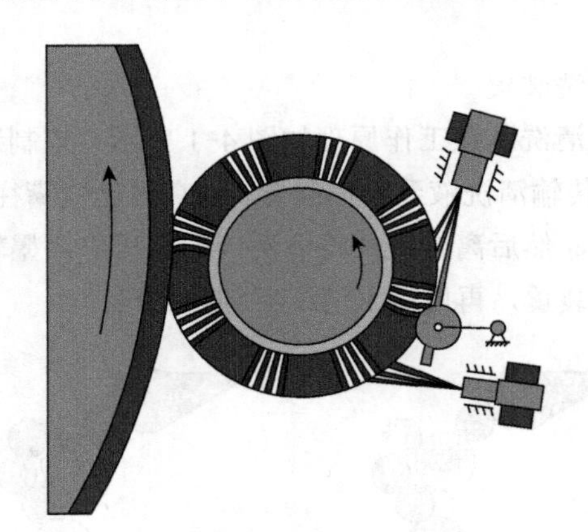

图 4-2　毛刷辊式印刷滚筒自动清洗装置

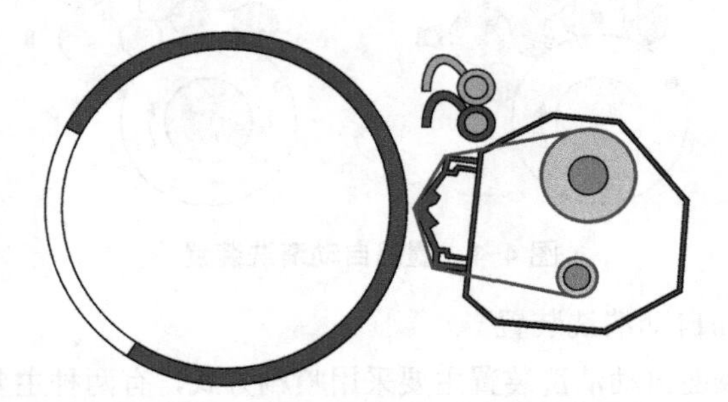

图 4-3　清洗布式印刷滚筒自动清洗装置

物和清洗液的清洗布，清洗布以线速度大于印刷滚筒表面速度的方式与印刷滚筒做同向运动，对印刷滚筒表面进行洗擦，再由另一喷嘴喷洒清水（最好清洗），清洗结束后，离压装置使清洗布与印刷滚筒离压，脏污清洗布收回到清洗布卷。这一系统无须废液排污集存装置，但清洗布耗用量大，成本较高。

5. 自动清洗程序

印刷机控制系统内设置了不同的自动清洗程序，操作人员可以根据印刷机的实际情况以及清洗要求选择相应的清洗程序，如设定清洗时间的长短和清洗剂的用量等。

自动清洗程序主要有中间式清洗、降速式清洗和最终式清洗三套清洗程序。

（1）中间式清洗程序适用于印刷机速度在 1 万～ 2 万转 / 时生产速度下使用。如果转速低于 1 万转 / 时，此清洗方式将不能被启动。如果转速超过 2 万转 / 时，也可启动清洗，但程序启动后印刷机速度会自动降至 2 万转 / 时以下后再进行清洗。该程序的优点是只需要在控制台选中要清洗的橡皮滚筒，即可在印刷机高速运行状态下清洗，耗时短，无须印刷机停机，清洗完毕后会自动恢复到正常印刷速度继续生产。

（2）降速式清洗是一种在印刷机降速阶段自动启动的清洗方式。选择降速式清洗方式，印刷机会在按下降速停机钮后即刻启动清洗程序，待印刷机速度降至 4000 转 / 时，清洗工作自动开始。此方式方便、快捷，在机器停机降速期间同时完成清洗任务，使印刷过程更加紧凑一体化。

（3）最终式清洗是一种适合独立印刷单元或一组印刷单元的清洗程序，适用于在更换油墨或更换印活前采用。此方式需由操作人员在控制台选中清洗程序，并在各印刷单元操作面板上选择自动清洗功能后才可以启动。由于每天印刷任务结束后，操作人员需要将印刷滚筒系统彻底清洗，所以最终式清洗程序是为保养机器专门设置的程序。

6. 自动清洗装置的优点

配备自动清洗装置不仅可以降低操作工人的劳动强度，最为重要的是可以大大缩短清洗输墨和印刷系统的时间，提高生产效率，对短版印活更为重要。另外，自动回收的清洗液经环保处理后还可循环使用，有助于节约成本。

（二）胶印集中供墨装置

1. 功能与作用

胶印集中供墨装置也称中央供墨系统。是指使用相同颜色和类型油墨的胶印机印刷单元墨斗中的油墨是由同一供墨源（油墨桶）通过供墨管线供给油墨。

由于卷筒纸胶印机印刷速度快，对油墨的需求量大，且油墨黏度较低，很早就开始使用集中供墨方式。单张纸胶印机转速相对较低，印刷单元油墨消耗量较小，且所用油墨黏度较大，一直采用小墨桶人工向每一输墨单元单独供墨方式。

2. 分类与工作原理

集中供墨系统分为自动集中供墨系统、半自动集中供墨系统和手动集中供墨系统，每种供墨方式均为三部分组成，即泵站系统、管道系统和加墨系统。泵站系统为油墨输送提供驱动力，通常采用气动泵或电动泵；管道系统负责油墨的输送，主要由无缝普通碳钢管，或不锈钢管组成输墨管线，还可以配置管道过滤器进行油墨过滤；加墨系统向墨斗中定量地添加油墨，以满足连续印刷的需求，可用自动或手动方式向墨斗中添加油墨。每一种输墨方式的泵站系统和管道系统基本相同，主要区别在加墨系统。自动加墨系统由电脑控制，定期检测印刷机墨斗里面的油墨液位，如果油墨液位低于检测开关，自动向墨斗里面添加油墨，每次加注量可以调节，操作者可以设置检测时间间隔，也可以设置每次加墨时间间隔。半自动加墨系统由人工控制开关加墨，加墨时间间隔由操作者决定。手动加墨系统在墨斗附近安装高压阀门，由人工控制阀门决定每次的加墨时间和加墨量。

3. 特点

集中供墨系统减少了墨桶中油墨量的残留，降低了油墨损耗；降低了员工的工作强度，提高了生产效率，减少了员工数量；用 200kg 的大油墨桶代替 1kg 的小油墨桶，大大减少了印刷企业的固体危废，既节约了成本又保护了环境；通过监测墨斗中的油墨量并实现自动供给，保证在最佳印刷效果的前提下墨斗中的墨量最少，既解决了墨斗中油墨过多出现的油墨氧化结皮故障，也杜绝了墨斗中油墨过少甚至断墨对印刷品质量的影响；油墨在管道输送中与车间温度保持一致，确保了油墨良好稳定的流动性；合理且优化的输墨管线设计，改善了车间的整体环境。

（三）胶印自动上版装置

1. 功能与作用

在印刷机机组上，通过控制台上的控制按钮或者触摸屏操作，完成印刷机自动卸版、装版的印刷机辅助装置，见图 4-4。

2. 优势

采用印刷机自动上版方式，不仅能够实现单机组的快速装、卸印版，还能多个机组同时装、卸印版，提高印刷机的自动化水平和生产效率，提高装版的位置精度，节省印刷机调节时间，减少印刷废品率，提高印刷机生产率和企业经济效益。

图4-4　自动上版装置

3. 分类

按照装版的自动化程度，自动上版装置分为半自动上版和全自动上版。半自动上版需要操作人员通过机器上的操作按钮来控制版夹的位置及开闭，并由人工卸除或安装印版，上版过程不需要其他操作工具。全自动上版则是操作人员预先将印版放入自动装版架（也称版盒）内，并在操作台上通过遥控操作，控制机器自动卸下旧版和安装新版，上版过程不需要人为机上干预，无须印版弯版。按照各机组上版的时间是否相同，自动上版装置可以分为顺序自动上版和同步自动上版。顺序自动上版是各机组的印版滚筒相位不同，必须依次顺序上版。同步自动上版是各机组的印版滚筒相位相同，可同时上版。同步自动上版因其整体上版时间短，是目前主要的自动上版方式，可采用同相位印刷滚筒设计、印版滚筒独立驱动或同相位控制技术来保证印版安装的准确度。

4. 系统组成与工作原理

自动上版装置主要由装版盒、输送导轨、导向辊及版夹开闭机构组成，见图4-5。自动上版之前，将新印版预先放入装版盒中。自动上版程序开始时，印版滚筒转至装版位置，版夹遥控打开，印版进入版头版夹内并夹紧。在数字式电位计检测控制的情况下进行印版位置的校正，同时导向辊和导轨转动并移动到靠紧版夹位置，印版滚筒转动，印版在滚筒压力和导向辊压力下紧紧包在印版滚筒上，当托梢转至版尾版夹位置时，由导轨将其压入版夹，随后遥控版夹夹紧并张紧印版。印版装完后，装版盒、导向辊和导轨均恢复到垂直位置，为下一次自动卸版做好准备。自动上版在滚筒合压状态下进行，印版在紧包滚筒体表面的状态下进行自动装版。

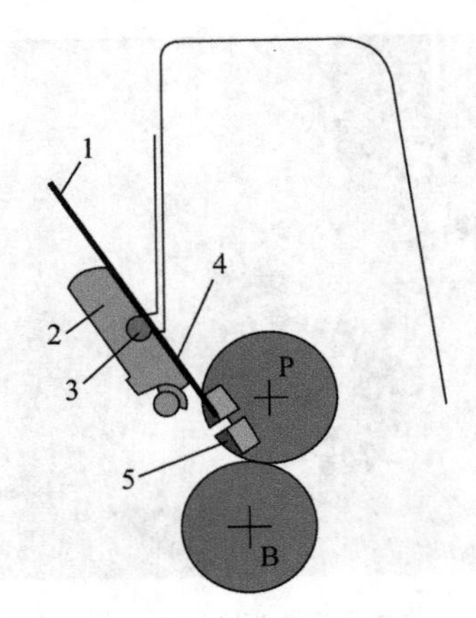

1- 印版；2- 装版盒；3- 导向辊；4- 输送导轨；5- 版夹开闭机构；
P- 印版滚筒；B- 橡皮滚筒

图 4-5 自动上版装置主要组成

（四）印刷品质量在线检测装置

1. 功能与作用

在印刷过程中，借助于联机的检测仪器对印刷品进行在线实时检测，将检测结果反馈回印刷机中央控制台，实时控制印刷机调节装置调整印刷工艺参数，实现印刷品质量的在线实时检测系统。

印刷机自动控制主要表现在印刷品质量检测和印刷机调节控制两个环节，目前，印刷机自动控制已经基本实现了控制台的遥控调节，而印刷品质量检测通常还处于人工脱机检测水平，大大影响到印刷质量检测与调节的闭环自动控制。

2. 工作原理

印刷机印刷质量在线检测技术是通过安装在最后一个印刷机组或收纸装置之前的摄像装置和照明装置，对印张质量测控条或图像进行扫描，从而进行印品质量实时检测。具体而言，就是在全速印刷生产过程中，摄像头逐行或分区扫描印张，检测出印刷品的印刷质量缺陷，发现如环状白斑、划痕、墨杠、双影等印刷瑕疵，或检测出印张的可视套准偏差和可视色差等。被检测出存在印刷质量问题的印张，可在收纸台上插入标签做出标记，并在随后检查时被剔除，或直接通过第二收纸台自动排出。

印刷质量在线实时检测技术的实现是在高速摄像 CCD 系统和图像处理软件技术基础上的技术突破，其工作路径是根据用户设计的校验印张图像，将用户设计的图像关键参数载入控制台中；以灰梯尺定义印张不同区域的不同图像敏感度，在操作台中载入图像掩蔽数据；印刷开始后自动摄像摄取校验印张，对图像不同区域的检查敏感度使得印刷图像中的疵点可被立即捕获，形成检测图像文档；同时将检测信息传送到分拣装置，用标签自动标记有质量问题的印张，在印刷生产后可以很容易从纸堆内找出有质量问题的印张，或控制收纸链条开牙的位置直接进行剔除。

3. 系统组成

印刷质量在线检测系统主要包括图像获取、定位、检测和结果输出四个部分组成，图像采集获取由CCD、镜头、光源、视频图像采集卡和计算机组成；定位主要通过软件编程完成图像的噪声去除、几何变换和定位确定；图像检测系统主要是通过二值化图像对印刷品进行自动对比检测；结果输出主要是将数据转换部分计算得到的数据输出，并进行印刷特征量的显示，如墨量大小显示。

一旦建立起印刷品全画面印刷质量在线检测系统，通过CCD摄像机对印刷品进行连续拍照，将拍摄到的每一帧图像传输给现场计算机，通过图像处理软件，对图像信息进行分析处理，找出有质量问题的图像，给出该图像所对应的印刷品的质量问题，然后将信息反馈给操作人员或直接反馈给印刷机质量控制系统进行调整。

4. 分类

目前主要有开环和闭环印刷质量在线检测控制系统。开环系统一般只对印品套印和墨色进行检测，将检测结果显示或将检测结果与允许的最大误差的差值显示出来，由人工进行调整。闭环系统不仅对套印和墨色进行在线检测，并自动将检测结果与允许的最大误差差值和相关调整部位的调整量都计算出来，而且相关调整部位会根据系统的调整指令自动调整。闭环控制系统一般可以把测量值、标准值、容差值、偏差值显示在显示屏上并且可以记录。

在印刷品质量在线检测技术中，目前常用的质量缺陷检测方法有逐像素检测法、抽取样点分层检测法、基于金字塔分层的缺陷检测法和模板匹配检测法等。

5. 特点

印刷质量在线检测技术的优点十分突出，它可以根据用户的设计自动校验实时印刷的印张，对每一份印张进行检查，而不再是抽样检查。检测装置通过在线分拣装置可以自动标注出有缺陷的印张，无须手工分拣，从而获得最高等级的交货质量。同时，减少了印刷生产的废张数量。

印刷质量在线检测技术不仅可以通过对印张的在线实时检测和分拣提高印

刷质量，更重要的是能够通过对整个作业的印刷过程形成工作文档，对整个印刷作业进行质量评估，大大提高印刷成品率和印刷生产效率。

四、印刷企业技改升级方案

（一）热敏免冲洗CTP制版系统更新方案

1. 方案介绍

CTP 制版是指数字图文信息通过计算机控制的激光器在印版上直接扫描成像的制版方式。CTP 制版是一种综合性的、多学科的产品，集光学技术、电子技术、彩色数字图像技术、计算机软硬件、精密仪器及版材技术、自动化技术、网络技术于一体的印前技术。

CTP 制版从版材类型区分主要分为光敏 CTP 和热敏 CTP。光敏 CTP 延用了类似胶片曝光的传统成像原理，版材表面涂布感光材料，药膜感受数据控制的光能产生影像。一般采用内鼓式曝光成像方式。可见光 CTP 系统的敏感性使得它的成像稳定性与照排系统相比没有很大改进，甚至更难控制。热敏 CTP 则是通过热能技术使版材成像，在临界温度之下，版材不会生成图像。当达到临界温度时，版材生成影像。一般采用外鼓式成像方式。热敏技术的二进制曝光模式，使得网点异常锐利，分辨率高，无网点增大。

采用热敏成像 CTP 技术替代原有紫激光 CTP 制版技术，发挥了热敏成像技术的优势，其成像原理使印版图文质量更高，明室操作提高了制版效率，大幅面满足高效生产的要求，无化学药品使用可实现免冲洗使环保成本低。

2. 技术可行性分析

免处理热敏 CTP 技术，通过热激光束将印刷信息传输到印版，不需显影处理即可上机印刷。而且这种热敏免冲洗版材的感光材料中都没有银盐成分，从根本上消除了版材造价昂贵的问题，整体价格与广泛使用的传统 PS 版价格接近。

热敏版的曝光光源是热激光，在正常的保存条件下，热敏版的感光层不会发生质量变化，所以易于保存。而且，热敏版材的操作可以在明室中进行，显著改善工作生产环境。表 4-2 为两种技术的对比数据。

目前热敏免处理 CTP 版已有爱克发、柯达等多家生产，制版设备及印版技术都已较为成熟。

表 4-2　传统 CTP 制版与热敏 CTP 制版技术对比

设备名称	型号	产能	单机功率	日常耗材	版材费用（元/张）	其他
传统 CTP（紫激光）	南极星 VXXP85	120 张 / 时	5kW	（显影定影液）20 桶 / 年	30	日常保养
红外激光 CTP	TJ2368	150 张 / 时	1.8kW	无	26.4	日常保养

3. 环境可行性分析

该设施利用红外激光技术制版，不再使用护版胶等辅助材料，减少了由这些化学品或溶剂带来的环境保护方面的压力，按以往年度核定，年减少废护版胶危废处理可达 480kg。

4. 经济可行性分析

表 4-3 为两款柯达热敏 CTP 系统价格。按照企业每年使用 15 万张印版计算，每年可节省护版胶 9000kg，每吨价格 1.4 万元，年节省资金达 12.6 万元；节约版材费用 54 万元（15 万张 ×3.6 元 / 张）；同时还可提高生产效率 25%，相当于节省人工 1 个，如果人工费按 8 万元 / 人计，可节约 8 万元。新型制版机每天平均工作时间约为 10h，年工作时间为 3650h，新型制版机的投入使用，可直接节约电量 3650h×（5kW−1.8kW）=11680kWh，减少能源消耗 11680kWh×0.1229 tce/MWh×10^{-3}=1.44tce。节约电费 11680kWh ×1.05 元 / kWh×10^{-4}=1.23 万元。

表 4-3　柯达热敏 CTP 系统

序号	设备名称	规格型号	数量	单价
1	柯达快速直接制版机（红外）	Generation news	1	180 万元
2	柯达直接制版机（红外）	Trendsetter	1	80 万元
设备总投资合计				260 万元

方案经济分析如表 4-4 所示。方案评估：

（1）经过以上分析，可以得出该技改方案投资偿还期为 4.1 年，小于 5 年，净现值 174.99 万元＞ 0，内部收益率 20.64% ＞ 7.5%。

表 4-4　方案经济分析

指　标	计算式	单位	数值
总投资费用（I）	/	万元	260
年新增利润（P）	/	万元	75.83
贴现率	3～5年银行贷款利率5.0%，风险溢价取2.5%，综上基准贴现率取值7.5%	%	7.5
折旧期	10	年	10
年折旧费（D）	I/10	万元	26
应税利润（T）	P-D	万元	49.83
所得税率	25%	%	25
净利润（E）	T-0.25×（P-D）	万元	37.37
年净现金流量（F）	（P-D）×0.75+D	万元	63.37
投资偿还期（N）	I/F	年	4.1
净现值（NPV）	$\sum_{j=1}^{n}\frac{F}{(1+i)^j}-I$	万元	174.99
内部收益率（IRR）	$i_1+\frac{NPV_1(i_2-i_1)}{NPV_1+\lvert NPV_2\rvert}$	%	20.64

（2）该方案实施后，企业每年除可以减少护版胶9000kg，减少了由这些化学品或溶剂带来的环境保护方面的压力，同时还可提高生产效率25%，相当于节省人工1个，按当年价格折算，企业可相对减少费用投入75.83万元，项目投资回收期相对较短。因此，公司可以实施该方案。

（二）CTP制版冲版水循环利用方案

1. 方案介绍

大部分CTP制版机主要包括版材曝光装置、冲版装置、自动上版装置、连线过桥装置、收版装置等硬件装置及软件系统。一般的版材都需要显影清洗处理后才能使用，因此，CTP制版机需要连接水源，印版清洗后会排出带有感光废物的废液。

CTP冲版水循环装置是与CTP制版机配套的装置，可用CTP使用的冲版水进行处理、净化并循环使用，从而可以减少新鲜水的使用量，并将含有废物的浓水进行浓缩，有效减少危废产生量。

2. 技术可行性分析

冲版水净化循环装置可将冲过版的水先经过化学药剂进行中和、脱色处理，再经过多级精细过滤后，使其达到可再次冲版要求，实现冲版用水的回收循环使用，能够节约 85% 以上的冲版水量，并减少相应的污水排放量，见图 4-6。

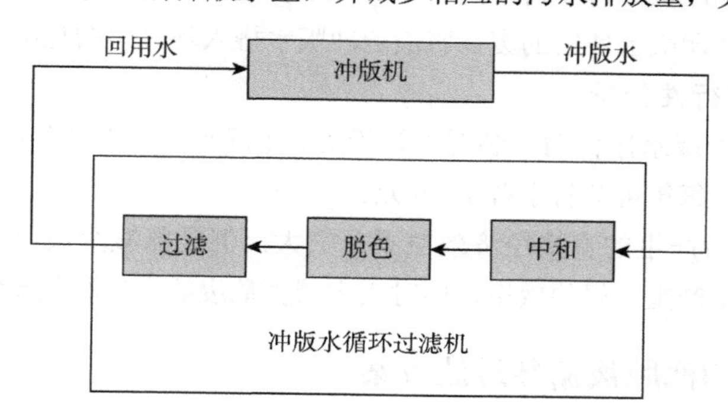

图 4-6　冲版水循环过滤机工艺流程

冲版用水的净化处理采用化学方法与离子分离技术和高精度的净化工艺处理，能够有效调整冲版水的酸碱度及电导率，起到保护印版版面的作用。冲版水净化循环装置自带有储水箱，可以避免因意外停水带来的停机损失，提高生产效率。

目前已有多家生产冲版水净化循环装置的厂家，大量印刷企业通过配备该装置减少净水的使用和废水的产生，技术、设备均较为成熟。

3. 工艺优势

（1）冲版废水可以实时处理

冲版后的废水实时收集，可减少冲版用水量的 85% 以上。其最终排出废水的各项指标均达到环保排放标准，符合国家提倡绿色印刷节能减排方面的规定。

（2）冲版废液实时浓缩去渣

高精度的过滤程序通过滤芯滤除，同时通过离子浓缩技术，将过滤的废液再次浓缩成渣，最大程度地减少冲版废液的产生。

（3）减少故障版，提高工作效率和降低故障停机费用

采用先进的深度净化工艺，减少因冲版液里的杂质导致的版面处理不平、划伤、耐印量降低等制版故障；避免了在显影机胶辊、毛刷上产生固废结晶，同时也减少了因故障造成的原材料、人工、停机等损失。

（4）减少沉淀、结晶

冲版水的净化，延长了冲版机的使用寿命，防止了冲版机管道的堵塞，提高了冲版机的生产能力。

4. 环境可行性分析

原冲版系统每张版用水 18 ～ 22L，使用该净化循环装置后，每冲 30 ～ 60 张印版后自动换水，每张版大约用水 3.4L，按每张版平均节约 16L 水计算，如果每年制版 19700 张，每年可节约用水约 300 多吨。相当于减少废水排放 250 吨以上，还避免了印版上残留的废显影液随冲版水排入环境中的危险。

5. 经济可行性分析

购买一台冲版水净化循环装置共计投资 5.2 万元。每年可节水 315 吨，按 1 吨水 6 元计算，每年可节省水费 1890 元。

尽管方案所产生的直接经济效益不是很大，但是能减少废水及污染物的排放，对周围环境产生良好的效果，同时大大减少危废的产生和危废治理费用。

（三）胶印润版液循环过滤方案

1. 方案介绍

平版胶印使用润版液使印版非图文部分排斥油墨，但由于水辊与印版接触，会将印版上的油墨和纸毛纸粉等杂质带进润版液中，影响润版液的性能，导致润版废液的产生。废液中含有的油墨、润版液添加剂等物质，对环境会造成严重污染。

润版液循环过滤装置可通过过滤技术将润版液中的油墨、纸毛纸粉等杂质过滤，使润版液循环使用。既可有效保持润版液质量稳定，提高印刷质量，降低印刷成本，又能够减少废液的排放，保护环境。

2. 技术可行性分析

润版液过滤循环系统通过管线与润版液水箱连接，见图 4-7。过滤循环系统共设置两级过滤，第一级为自然循环过滤方式，用于过滤油墨、纸粉等大粒杂质；第二级为压力过滤方式，用于过滤 1.0μm 大小的水中微粒杂质。通过两级过滤，润版液能够保持清澈透明，不含影响印刷质量的杂质，而润版液的成分依旧保留在水中。

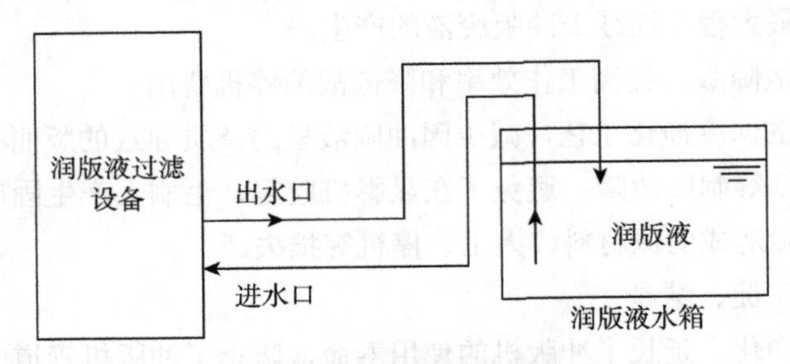

图 4-7 润版液过滤循环装置安装示意

润版液使用一段时间之后，里面的纸粉、油墨等杂质就会增多，泡沫产生量增大，进而影响印刷产品质量，必须整箱更换润版液。

润版液过滤循环装置能够去除混入润版液中的油墨、纸粉等杂质，保持水质清洁，而溶解在润版液中的化学物质，也就是润版化学成分不会被清除掉，不改变润版液的化学性质。水质的持续稳定，可保持印刷过程中理想的水墨平衡状态，确保高质量的印刷。目前，该润版液过滤循环装置已在北京多家印刷企业成功使用，技术可行。

3. 环境可行性分析

清洁的润版液不仅可减少印刷过程中的许多麻烦，还可避免因油墨黏附造成的管道堵塞，降低印刷机的维护成本。同时，经过过滤后再循环使用的润版液质量可有效地保证产品质量，避免出现因润版液电导性变化而引起的质量问题。

4. 经济可行性分析

安装一台润版液过滤循环装置需要投资 3.3 万元，方案实施后，可有效保证产品质量，经济效益不可估计。

（四）印刷滚筒自动清洗方案

1. 方案介绍

胶印机橡皮滚筒在与印版和压印滚筒上的纸张接触中，将印版图文上的油墨转移到承印材料上，但在印活转换需要清洁橡皮滚筒上油墨或需要去除橡皮滚筒上堆砌的纸毛纸粉等杂质时，需要借助洗车水（油墨清洗剂）进行橡皮布的清洗。传统工作方式是人工使用蘸取洗车水的擦机布进行擦拭。人工清洗不仅费时费力，更重要的是会在开放的环境下较多使用含有大量 VOCs 的洗车水，并在完成清洗任务后产生大量含有废油墨和残存洗车水的作为危废的擦机布。

印刷滚筒自动清洗装置是将清洗装置安装在印刷机上，当需要进行印刷滚筒，如橡皮滚筒清洗时，清洗装置会与被清洗滚筒接触，在较为封闭的环境下完成自动清洗。既可节省人力，又能够减少清洗剂和擦机布的使用量。

2. 技术可行性分析

印刷滚筒自动清洗装置固定安装在印刷机的两侧，通过插销机构（汽缸）固定在固定位置。清洗程序启动，装置靠上滚筒并锁定后，供水系统和清洗器连接。该清洗装置采用特殊清洗耗材，可获得更加好的清洗效果。清洗布（特种布）的底材面料由 50% 木浆 +50% 涤纶组成，清洗溶剂渗入清洗布材中。清洗布表面光滑平整，厚度均匀，确保在清洗时，只把滚筒表面的油墨和纸粉带走，清洗装置原理如图 4-8 所示。

自动清洗方式不仅对环保有益，能够大大减少危废的产生和 VOCs 的排放；同时能够有效和快速地清洁滚筒上的废油墨和杂质，有助于提高印刷质量和印刷效率；自动化的清洗方式还能大大降低人力成本，确保清洗质量的一致性。这种自动清洗装置在技术上已很成熟，已在北京市及全国许多地区的印刷机上成功使用。

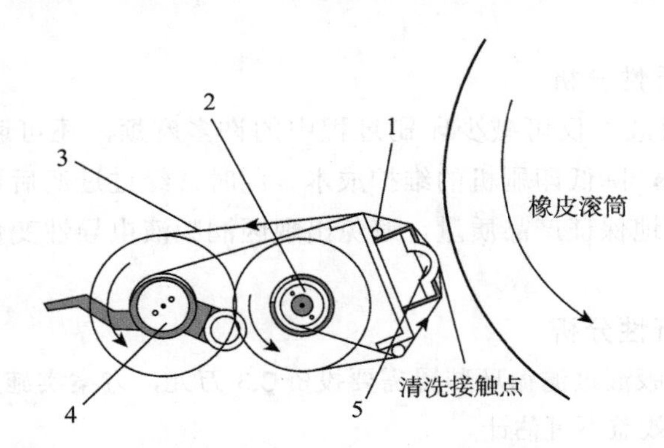

1- 喷水管；2- 清洗布供给轴；3- 清洗布；4- 污布回收卷轴；5- 橡胶垫

图 4-8　清洗装置原理

3. 环境可行性分析

自动清洗与人工清洗方式相比，可大大减少原有清洗剂的使用量，减少抹布使用量 90% 左右。因此，项目实施后可大大降低车间 VOCs 产生和排放量，降低公司危废的产生量，有利于环境保护。

4. 经济可行性分析

以企业安装 3 台自动清洗装置为例，每台投入 16 万元，共计投入 48 万元。项目实施后，预计每年可节约清洗剂 2 万升，节约抹布 500kg，节约人工 2 人。项目实施后预计节约费用见表 4-5 所示。

表 4-5　节约费用情况

序号	项目	数量	价格	节约金额 / 万元
1	清洗剂	2 万升	每升按 10 元计算	20
2	抹布	500kg	每千克按 5 元计算	0.25
3	人工	2 人	每月每人按 5000 元计算	12
合计 / 万元		32.25		

项目实施过程，共计需要投入 48 万元，年节约费用 32.25 万元。经济效益分析如表 4-6 所示。

表 4-6　方案经济分析

指标	费用	单位
总投资费用（I）	48	万元
年运行费总节省金额（P）	32.25	万元
贴现率	5	%
折旧期	10	年
所得税率	17	%
年折旧费（D）= 总投资 / 折旧期	4.8	万元
应税利润（T）= P–D	27.45	万元
净利润（E）= T（1–25%）	22.78	万元
年增现金流量（F）= D+E	27.58	万元
偿还期 = I/F	1.74	年
净现值（NPV）$=\sum_{j=1}^{n}\frac{F}{(1+i)^j}-I$	164.99	万元
内部收益率（IRR）$=i_1+\frac{NPV_1(i_2-i_1)}{NPV_1+\lvert NPV_2\rvert}$	56.83	%

通过经济核算可知，本项目投资偿还期为 1.74 年，小于 5 年；净现值为 164.99 万元，大于 0；内部收益率 56.83%，大于银行贷款利率。

（五）商业卷筒纸胶印机烘干技术改造方案

1. 方案介绍

商业卷筒纸胶印使用热固型油墨，因此需要烘干装置。传统商业卷筒纸胶印的烘干方式有电加热烘干、热风烘干、燃气烘干、UV 干燥等方式，耗能较高，废气、废热处理成本较高。

将商业卷筒纸胶印机各机组使用的油墨改变为 LED UV 油墨，印刷完成后利用 LED UV 光源进行能力固化。具有无须预热，瞬间点亮，光输出稳定，烘干迅速等优势。

2. 技术可行性分析

常见的固化能量烘干方式有汞灯烘干、弧灯烘干、UV 干燥和 LED UV 烘干。

汞灯照射烘干方式的设备价格昂贵、维护成本较高；UV干燥的光照强度衰减快，被照射印刷品的表面温升高、设备体积大、耗材贵、污染大；弧灯烘干方式需要较长的预热时间和待机时间，对于短单生产和需要频繁开停机的印刷烘干，造成较大的能量消耗和时间延误。

采用LED UV固化的原理在于，通过LED光源产生的窄幅紫外线光，照射印刷油墨或者光油表面，使油墨内部的光诱发剂发生快速的光化学反应，在诱发剂的作用下，形成自由基，引发液态材料的聚合、交联和接枝反应，使树脂在数秒内由液态转化为固态。它与汞灯烘干、弧灯烘干、UV干燥等烘干方式是通过光通量来使油墨或光油中的液态成分光化学反应烘干的原理是一样的，但是由于光源的不同，其干燥效果和经济性大为不同。LED UV光源能够发出高纯度单波长紫外光，点亮瞬间即刻达到100%功率紫外输出，能量高。光输出稳定，光斑均匀，干燥质量好。使用寿命不受开关次数影响，是传统UV固化机的10倍以上。不产生臭氧，绿色，环保。

LED UV烘干技术成熟可靠，市场应用较为广泛，除印刷、包装领域的油墨固化外，还广泛应用在显示屏、电子医疗、仪表等行业的UV胶黏剂固化，建材、家具、家电、汽车等行业的UV涂料固化上。实施难度不大，技术上可行。

3. 环境可行性分析

传统商轮印刷设备中配置的UV油墨干燥装置，在使用过程中会产生较大臭氧，生成的热量对承印物有不利影响，大量的光源能量被浪费，使用中的灯管寿命短，造成成本较高。LED UV干燥技术具有不产生臭氧和热量的优点，大大减少臭氧的排放，实现污染排放的源头削减。

LED二极管的使用寿命比传统UV灯管长，在干燥的全生命周期方面，降低了对外环境的影响。LED UV烘干技术产生的废灯管极少，大大减少了危险废物的产生，也实现污染的源头削减。

4. 经济可行性分析

商业卷筒纸胶印机进行LED UV技术改造需投资100万元，方案实施后单台印刷机用电功率可由130kWh降到80kWh，减少用电量50kWh，技术改造一台印刷机，可以节约试机时间20h，共计节约电能1000kWh，电单价以0.98元计，则节约用电成本0.098万元。方案实施后，单台印刷机可提高售卖单价20万元，共计年产生经济效益20.098万元。客户每天正常使用6h，每年使用100天，则每年每台可为客户节约电能6h×50kWh×100d=30000kWh，折算可节约2.94万元。商轮机印刷机组烘干技术改造方案经济分析如表4-7所示。

表 4-7　印刷机组烘干技术改造方案经济分析表

序号	指标	计算式	单位	数值
1	总投资（I）	—	万元	100
2	经济效益（P）	—	万元	20.1
3	企业所得税率	—	%	25
4	贴现率	—	%	8
5	折旧年限（n）	n=10	年	10
6	年折旧费（D）	D=I/10	万元	10
7	年净现金流量（F）	F=P-（P-D）× 税率	万元	17.58
8	投资偿还期（N）	N=I/F	年	5.69
9	净现值（NPV）	$NPV=\sum_{j=1}^{n}\frac{F}{(1+i)^j}-I$	万元	17.93
10	净现值率（NPVR）	NPVR=NPV/I×100%	%	17.93
11	内部收益率（IRR）	$\sum_{j=1}^{n}\frac{F}{(1+IRR)^j}-I=0$	%	11.83

由表 4-7 可知，技改方案投资偿还期为 5.69 年，净现值 17.93 万元 >0，内部收益率 11.83%>8%。

（六）印刷品质量在线检测系统方案

1. 方案介绍

当前印刷企业对错误产品的控制仍以人工方式进行半成品质量检测为主要方式，不仅效率低下，而且错误率较高，成品率难以达到可控制的更高水平，因此造成较大的经济损失。

在折页机、胶订线、骑订联动线等设备上安装印刷品质量自动检测系统，即印刷品质量在线检测系统，能够提高印刷品质量检测的效率，减少原材料、半成品的损失，有效地提高成品率，减少原材料的损失。

2. 技术可行性分析

某企业所选用的印刷品质量自动检测系统，采用德国进口高速工业相机采样，美国进口图像分析软件版本为 V6.1 和 V8.3，以及检测系统公司定制开发的检测标准软件一套和高端工业一体机。检测速度可高达 32000 张 / 时和 18000 帖 / 时，可识别混料、白页、错页、过版纸、错序，发现不良停机报警或自动排废报警。这些技术已经应用在国内外相关设备上，技术可靠，满足使用要求。

3. 环境可行性分析

企业目前的成品率为98%，安装自动检测系统后成品率可达99.5%，印刷品质量自动检测系统提高了印刷成品率。根据企业生产情况，年产近6000千色令产品，设备安装后，可每年减少损失约3千色令产品，减少了原材料的损失，有助于环境保护。

4. 经济可行性分析

企业计划安装折页机和胶订线两部分的印刷品自动检测系统，预计共投资63.5万元，安装设备后每年减少损失约3千色令产品，节约生产成本约5.14万元，人工费用24万元，方案经济分析见表4-8。

表4-8 方案经济分析

指标	单位	数值
总投资费用（I）	万元	63.5
年新增利润（P）	万元	29.14
贴现率（i）	%	10
折旧期（n）	年	10
所得税率（Sv）	%	25
年折旧费（D）	万元	6.35
应税利润（T）	万元	22.79
净利润（E）	万元	21.86
年净现金流量（F）	万元	28.21
投资偿还期（N）	年	2.25
净现值（NPV）	万元	109.81
内部收益率（IRR）	%	35.63

综上所述，投资偿还期为2.25年，净现值为109.81万元，内部收益率为35.63%。

（七）印刷车间VOCs废气收集处理系统方案

1. 方案介绍

印刷车间在生产过程中会产生一定量的VOCs废气，具体是指在标准大气压

101.3kPa 下，沸点小于或等于 250℃，且能对视觉感官产生刺激危害的有机化合物。

VOCs 的危害性：VOCs + NOx + 阳光 （UV） = 臭氧（烟雾 PM2.5）。

一般 VOCs 以气态存在，与不易挥发的混合物相比，有毒性的 VOCs 气体更加难以处理。VOCs 会对人体健康产生不良影响，接触途径包括：接触或食用摄入含有 VOCs 的固态或液态物质、吸入 VOCs 气体等。VOCs 达到一定浓度时，会引起头痛、恶心、呕吐或乏力等症状，严重时甚至引发抽搐、昏迷，伤害肝脏、肾脏、大脑和神经系统，造成记忆力减退等严重后果。

表 4-9 为某企业印刷车间无组织排放情况。尽管从数值上看，排放量并没有超过环保要求，但随着北京市对废气治理要求越来越严格的形势，应进一步减少排放量，为大气环境的优化做出贡献。

表 4-9　企业无组织排放污染物情况统计表

污染物名称	监测值 /（mg/m³）			II 时段无组织排放限值 /（mg/m³）	备　注
	1# 下风向	2# 下风向	3# 下风向		
苯	0.010	0.011	0.003	0.1	DB 11/ 1201—2015 印刷业挥发性有机物排放标准
甲苯	0.015	0.034	0.014	0.2	
二甲苯	0.023	0.039	0.017		
非甲烷总烃	0.09	0.08	0.07	1.0	

2. 技术可行性分析

印刷车间 VOCs 废气收集处理系统方案是通过对车间产生废气的位置进行污染气体捕集，通过排气管道进行集中收集，最终排入末端处理装置。待处理（富含有机气体）废气经过沸石转轮时，气流中的 VOCs 被疏水沸石（是一种通过将晶体中的铝更换为硅的化学过程处理后，具备疏水特性的蒙脱沸石）吸附，随后处理干净的空气通过转轮排放到大气中。通过沸石转轮的不停旋转，将吸附的 VOCs 气体转到脱附区域。在脱附区内，吸附在沸石转轮上的 VOCs 被一股加热的气流脱附，之后转轮转回处理区域。浓缩的 VOCs 会被传输到氧化燃烧系统，被分解成水蒸气及二氧化碳，同时 VOCs 燃烧生成的热量进行回收再处理，而减少处理装置所需燃料。

（1）废气收集系统

空气污染物在车间的扩散机理是污染物依附于气流运动面而扩散的。对生产过程散发到车间空气中的污染物，只要控制住室内二次气流的运动，就可以控制污染物扩散和飞扬，从而达到改善车间内外空气环境质量的目的。

印刷车间的局部污染源一般设置集气罩进行污染气体的捕集，施行局部排气通风方式，将污染气流捕集汇总起来，通过排风管道排入末端处理装置。

（2）末端处理装置

根据车间产生的油墨、清洗水等扩散释放出的VOCs，选择转轮/带处理风机的热氧化燃烧系统/交通系统，能满足7×24小时连续运行，达到VOCs的集中处理，有效降低操作时间和难度。浓缩处理可以降低能量消耗，处理效率达到99%以上。附带处理风机/VFDS用于提高设备运行可靠性并控制压力。初级及次级管式热交换器提高了整个系统的燃料效率。如图4-9所示。

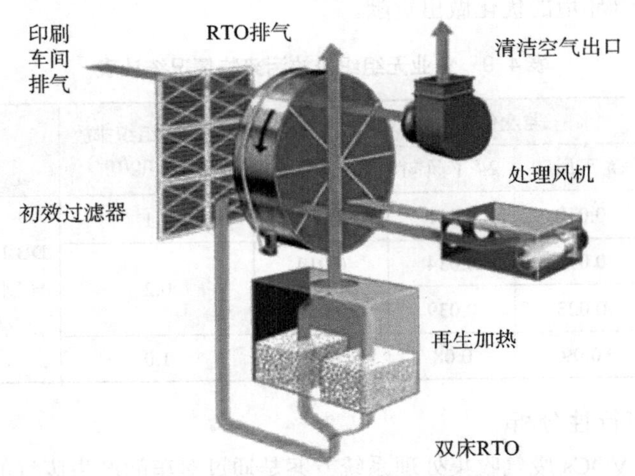

图4-9　沸石浓缩转轮系统（转轮+RTO）工作示意

3. 环境可行性分析

为彻底减少对VOCs车间及外界的环境危害，在印刷车间全部生产线机台均安装集气设施，将设备所有局部污染源收集的VOCs集中至末端处理设施处理，并规定减少门窗的开启次数、减少VOCs的无组织排放，冬季时，将部分回风送回车间可以适当调节车间温度。图4-10为方案实施后实景。

企业年VOCs产生量超过5000kg，废气处理设施气体收集效率按60%、设备的处理效率按95%计算，则年减少VOCs排放量为5159.48kg×60%×95%=2940.9kg。

4. 经济可行性分析

该方案共计投资326万元，设备设施明细如表4-10所示。

图 4-10　印刷车间配置印刷生产线加装 VOCs 废气收集处理系统实景

表 4-10　设备设施明细表

序号	设备名称	规格型号或性能指标	单位	数量
1	沸石浓缩转轮	40000m³/h，25℃	组	1
2	三槽蓄热式焚化（RTO）	2535 m³/h	组	1
3	系统风机	40000m³/h，25℃	台	1
4	RTO 风机	4535 m³/h	台	1
5	助燃风机	281 m³/h	台	1
6	PLC	S7-300 系列	台	1
7	HMI（人机界面）	TP 系列	台	1
8	VFD（变频器）	SN 系列	台	1
9	系统风车变频器	ACS800 系列	台	1
10	RTO 风车变频器	ACS800 系列	台	1
11	差压计	Dwyer2000 系列	套	1
12	防爆低压开关	B700 系列	套	1
13	温度计	BL　Type	套	1
14	防爆感温棒	K　Type	套	1
15	防爆压力 / 差压变送器	FB1151/3351 系列	套	1
16	集风管路风机、风门	—	套	1

根据运营统计，VOCs 收集治理设施年耗电量为 117120kWh，折合标煤量为 117120kWh ×0.1229tce/MWh×10^{-3}=14.39tce，天然气年消耗 59063 m^3，折合标煤量为 59063 m^3×13.3tce/m^3×10^{-4}=78.55tce，综合能耗增加 92.94tce。

（八）印刷生产集中供气方案

1. 方案介绍

目前一些印刷企业的供气方式为分散式供气。各处分散的独立气源，受电机越小，效率越低定律的影响，整体工作效率偏低。为解决供气系统的效率偏低问题和减少生产能耗，可采用集中供气的中央式供气系统来实现供气，提高供气系统效率和减轻车间噪声。

2. 技术可行性分析

集中供气方案的技术原理是采用将气源通过管路设计集中汇流到用气点的现代化供气设计，主要由气源、汇流装置、配比装置、切换装置、调压装置、终端用气点、监控及报警装置等组成。通过中央气体系统的集中供气方式，利用大型化设备的机械优势，解决机械（转子效率）、电机效率低的问题，提高供气系统的效率，具有明显的节能优势。

集中供气相较于分散式供气没有散热影响，能够减少空调系统的损耗。独立气泵由于其安装位置在生产设备附近，其产生的热量直接辐射到车间内，给有恒温恒湿要求的印刷车间，造成了中央空调系统的额外负载。而中央集中供气系统所有的设备都安装在车间外，不存在热量散失对车间的影响，同样也避免了车间内的噪声和粉尘污染。去除独立供气的多台真空泵，有效地改善了厂房内的空气质量；减少了设备维护成本，方便用气管理，相较于分散式供气减少了各种复合泵和相关空压机的使用需求，且设备寿命更长。中央集中供气系统在后期的使用过程中，不会再产生其他费用，维护成本更低。

表 4-11 为分散式供气系统与中央气体系统对比表，可以看出，中央集中供气系统较分散式供气系统在采购成本、电耗、环境成本、维护成本、维护人工、产品寿命及供气效率等方面均有明显的优势。

表 4-11　分散式供气系统与中央气体系统对比表

项目	分散式供气系统	中央气体系统
采购成本	零星采购，成本不低	交钥匙工程，质优价廉
电耗	高	低

续表

项目	分散式供气系统	中央气体系统
环境成本	在车间产生噪声、粉尘及散热	无
维护成本	高，自行更换叶片价格贵，寿命短	低，仅需更换三滤一油
维护人工	高	低
产品寿命	低（一般为 2 ～ 4 年）	高（设计寿命为 50 年）
供气效率	低	高

3. 环境可行性分析

某公司采用集中供气系统预期综合节能在 55% 以上。当不满载生产时，考虑到变频系统的调节较之前的工频系统机械运行的智能性，节能空间更大。具体效率如表 4-12 所示。

表 4-12　方案实施前后节能效益对比表

项目	现有设备		集中供气系统	
	功率 /kW	产气量 /（m³/min）	功率 /kW	产气量 /（m³/min）
	16.8	1.68	55	10.8
耗能情况	16.8kW× 3012h/a=50601.6kWh/a		空压机额定功率为 55kW，其加载功率认为是 55kW，加载率为 50%，其卸载功率为 24.75kW（卸载功率为设备额定功率的 45%），空压机的卸载过程是能量损耗的过程，节约的电量基本集中在这一块。变频空压机后可节省卸载部分电量的 90%，则节能率为 27.93%｛24.75×（1-50%）×90%÷［55×50%+24.75×（1-50%）］×100%=27.93%｝。集中供气方案耗电量为 55 kW×468.53h/a×（1-27.93%）=18597.6kWh/a	
年节约效果	50601.6 kWh/a-18597.6kWh/a=32004kWh/a			

若以开机时间为 12h/d，每年运行 251 天，则每年运行时间为 3012h/a。其中供气系统产气量为 10.8 m³/min，可认为设施的运行时间为现有设备运行时间的 1.68/10.8。因此，集中供气系统设施运行时间为 3012h/a×1.68÷10.8=468.53h/a。

4. 经济可行性分析

本方案需总投资 14.56 万元，方案实施后可节约用电量 32004kWh/a，电单价为 1.4 元 / 千瓦时，则节约电费为 4.48 万元 / 年。增加集中供气方案效益分析如表 4-13 所示。

表 4-13　增加集中供气方案效益分析表

指标	单位	数值
总投资费用	万元	14.56
年新增利润	万元	4.48
贴现率	%	8
折旧期	年	10
所得税率	%	25
年折旧费	万元	1.456
应税利润	万元	3.02
净利润	万元	2.27
年净现金流量	万元	3.72
投资偿还期	年	3.91
净现值	万元	10.43
内部收益率	%	22.11

由表 4-13 可知，该方案实施后，投资偿还期为 3.91 年，净现值为 10.43 万元 >0，内部收益率为 22.11%>8%。

（九）空压机组水冷改造为风冷方案

1. 方案介绍

某公司原有五套型号为 VP1000W- Ⅱ的空压系统，主机功率为 5×110kW，3 用 2 备模式，冷却方式是以两台 600t/h 的冷却塔为主的水冷系统来降温，冬季切换为两套模块式风冷（热泵）机组模式。

水冷系统运行了十多年，冷却塔为圆形开式逆流型，由于设备使用年限较长，故障率升高，降温效果已不能满足同样日益老化的空压机组，造成停机故障率越来越高。虽然采取加大水循环量的方式，却造成能耗及水耗增加。

方案采用新型的 GA75+PA-10 型螺杆式空压机，克服风冷式空压机对空气的依赖，同时制作导风罩，将空压机的进排风导出机房室外，对空压系统进行更新改造，彻底替代原有的老设备及配套的水冷系统（见图 4-11）。

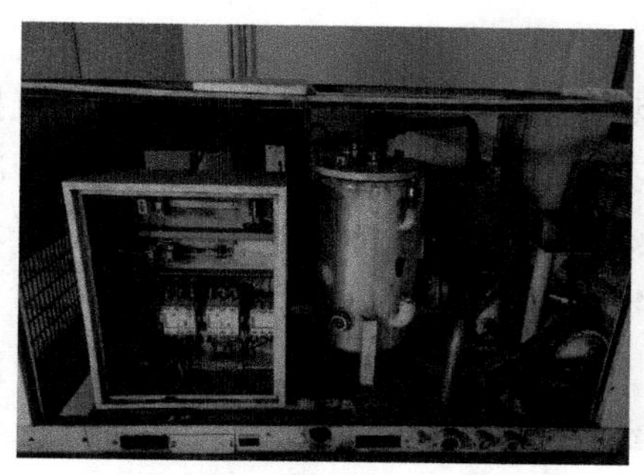

改造前空压机组水冷照片

改造后空压机组风冷照片

图 4-11　空压机组由水冷改造为风冷前后照片

2. 技术可行性分析

GA VSD 型螺杆式空压机采用先进的变转速技术，没有空载和放空的浪费，相比定转速机可节能 35% 左右。同时采用了特殊的电机，压缩机可以在全压力下起 / 停，没有卸载浪费。先进的变频技术可保证压缩机可以带背压启动，基本没有无效运行浪费。而且采用独特的节能循环控制，采用环境温度传感器采集干燥机的载荷及压缩空气的相对湿度，节省部分载荷时的能耗。选配 DD/PD 过滤器和内置冷冻干燥机，实现高效的去除水分、油分和固定颗粒物，空气品质高，3℃压力露点（在 20℃相对湿度 100%），达到 Class1.4.1 等级，与传统干燥机相比能耗降低 50%。

图 4-12 所示为 GA 90 VSD 喷油螺杆空气压缩机工作原理。

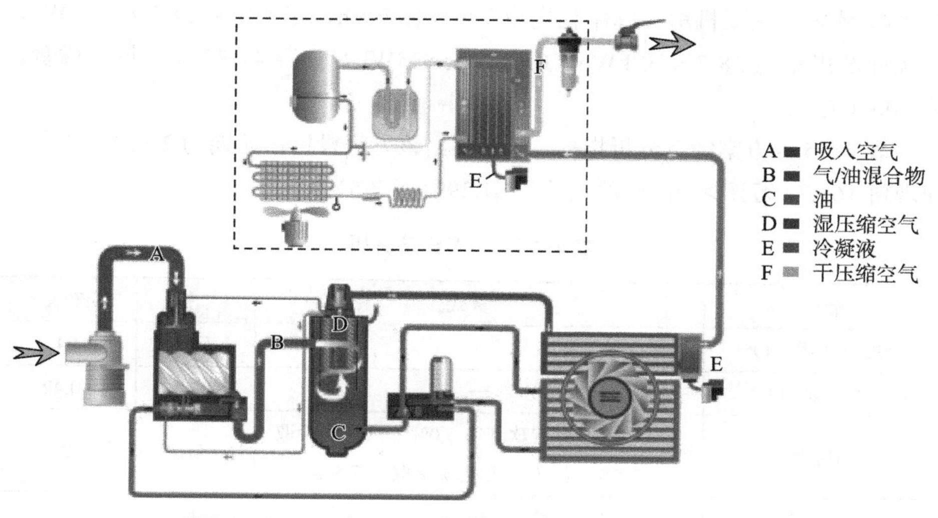

图 4-12　GA 90 VSD 喷油螺杆空气压缩机工作原理

3. 环境可行性分析

高效的 OSCi 冷凝液油处理方案，使得排放的冷凝水是无危害的，可以直接排入下水道，减少了废水处理费用，保护了水、环境和生态系统，零损失的冷凝水排放阀没有压缩空气的浪费。内置干燥机使用高能效 R410A 为制冷剂，平均减少温室气体排放 50%，实现对臭氧层的零破坏。

4. 经济可行性分析

设备预计采用 3 用 1 备运行模式，投资费用明细参见表 4-14。

表 4-14　空压机配置明细及费用表

序号	设备名称	规格型号	数量	单价 / 万元
1	螺杆式空气压缩机	GA75+PA-10	4	18.8
2	其他材料及安装费		4	4.7
设备总投资合计				94

（1）节水核定

原来的冷却水循环系统年用软水量 6750 吨，按 80% 制水率，折合原水 8437 吨，公司软水核算价为 14.5 元 / 吨，折合成费用为 9.78 万元。

（2）节电核定

空压机实际运行装机额定功率由原来的 3×110kW 变为 3×90kW，水冷系统装机 30kW 停用及新型机的节能技术采用，在其他条件不变情况下，节电总量按 30% 核定，空压机房实际年耗电量 129×10^{4}kWh，年节电量 38.7×10^{4}kWh，折合标准煤量为 $38.7\times10^{4}\text{kWh}\times0.1229\ \text{tce/MWh}\times10^{-3}=47.56\text{tce}$，折合成费用为 40.64 万元。

表 4-15 为方案经济分析指标，可以得出该方案投资偿还期为 2.34 年 <5 年，净现值 163.77 万元＞ 0，内部收益率 41.39% ＞ 7.5%。

表 4-15　方案经济分析

指标	计算式	单位	数值
总投资费用（I）	—	万元	94
年新增利润（P）	—	万元	50.42
贴现率	3 ～ 5 年银行贷款利率 5.0%，风险溢价取 2.5%，综上基准贴现率取值 7.5%	%	9
折旧期	10	年	10

续表

指标	计算式	单位	数值
年折旧费（D）	I/10	万元	9.4
应税利润（T）	P−D	万元	41.02
所得税率	25%	%	25
净利润（E）	T−0.25×（P−D）	万元	30.77
年净现金流量（F）	（P−D）×0.75+D	万元	40.17
投资偿还期（N）	I/F	年	2.34
净现值（NPV）	$\sum_{j=1}^{n}\frac{F}{(1+i)^{j}}-I$	万元	163.77
内部收益率（IRR）	$i_1+\frac{NPV_1(i_2-i_1)}{NPV_1+\|NPV_2\|}$	%	41.39

该方案实施后，企业每年可减少新鲜用水 8437 吨，年节电量 38.7×10^{4}kWh，按当年价格折算，企业可减少能源和资源费用 50.42 万元。

（十）空压机余热回收方案

1. 方案介绍

空压机是一种能耗比较大的动力设备，一般空压机输入功率除了部分转化为压缩空气的势能外，还有一部分能量以废热的形式排放到空气中，造成能量浪费。同时，为了降低空压机的油温，还需要消耗电能开动冷却风机来降低油温，以保障空压机正常运转。

在空压机上安装余热回收系统，可以有效利用这部分废热能量，提高能源的利用率，有利于节能减排，降低运营成本。

2. 技术可行性分析

空压机余热回收原理如图 4-13 所示。空压机的风扇运转温度为 85℃启动散热，安装空压机余热回收系统后，可以吸收大量废热，有效降低空压机运转温度，减少空压机风扇启动时间，还不会对空压机运转产生负面影响。另外，螺杆空压机的产气量会随着机组的运转温度的升高而降低。

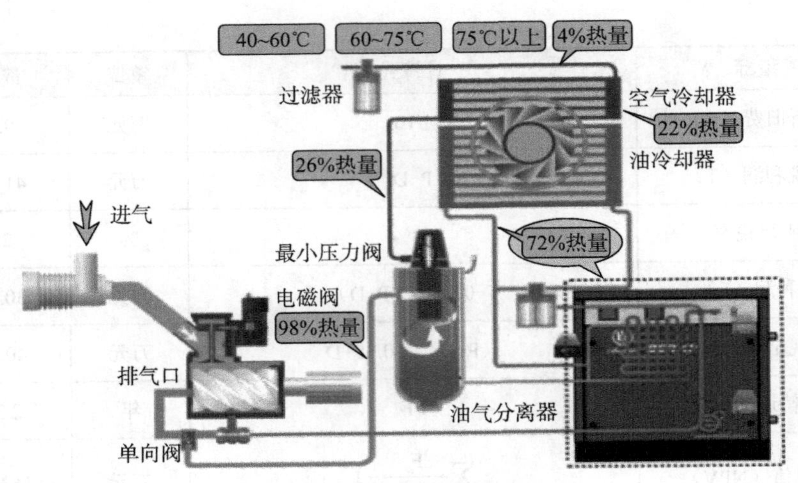

图 4-13　空压机余热回收原理

空压机的标准产气温度为 80℃，温度每上升 1℃，产气量下降 0.5%；温度升高 10℃，产气量下降 5%。一般风冷散热的空压机运转温度在 88 ～ 96℃，产气量降幅在 4% ～ 8%。加装空压机余热回收系统后，可以将空压机的运转温度控制在 80 ～ 85℃，增加 2% ～ 8% 的供气量，从而提高空压机的运转效率。

另外，空压机运转温度保持在 80 ～ 84℃，可以防止机油乳化，降低积碳现象，延长了机油、机油格和油气分离器等的更换和清洗频率，可以有效地延长设备的使用寿命。

余热回收后，空压机工作时的热量得以回收利用，可以代替企业原有的热源——电力或燃气，节省能源，降低企业成本，可以解决目前的供暖或热水问题。且企业目前的平面布置适合进行余热回收改造，不会带来过多的经济投入。

3. 环境可行性分析

加装空压机余热回收系统后，年可回收热能 = 空压机功率 × 电热换算系数 × 回收率 × 运行时间 × 转化比例 =130×860×60%×4750h×0.8=25490.4×10^4kcal= 29.64×10^4kWh，折合标准煤 36.41tce。可以有效提高能源利用率，减少能源消耗和废热产生量。

4. 经济可行性分析

安装空压机余热回收系统投资约 18 万元，年可回收热能 25490.4×10^4kcal，相当于 29.64×10^4kWh 产生的热量，按电价 1 元计算约节约电费 29.64 万元。方案经济分析见表 4-16。

表 4-16　方案经济分析

指标	单位	数值
总投资费用（I）	万元	18
年新增利润（P）	万元	29.64
贴现率（i）	%	10
折旧期（n）	年	10
所得税率（Sv）	%	25
年折旧费（D）	万元	1.8
应税利润（T）	万元	27.84
净利润（E）	万元	22.23
年净现金流量（F）	万元	24.03
投资偿还期（N）	年	0.75
净现值（NPV）	万元	129.65
内部收益率（IRR）	%	133.47

本项目投资偿还期为 0.75 年，净现值为 129.65 万元，内部收益率为 133.47%。

（十一）轮转机加装余热回收装置方案

1. 方案介绍

商业轮转机烘干系统在印刷过程中会产生大量烟气，其排放温度达到 200℃，直接排入环境中，造成能源的大量浪费。

某印刷企业有三台轮转机，年消耗天然气约 $60\times10^4m^3$。轮转机加装余热回收装置是通过在烟道尾部加装换热器，将高温烟气余热进行回收，再将热量输送到供热管网，用于公司冬季供暖。此方案可大大降低燃气锅炉天然气消耗，甚至不用启动天然气锅炉就可满足厂区供暖需要。项目实施后，高温烟气经换热器换热后，可降到 90℃以下，烟气中大部分余热可回收利用。

2. 技术可行性分析

方案所采用的技术为热管换热技术，已经在电厂的空气预热器及其他工业锅炉余热回收方面有过成功运用，技术比较成熟。

3. 环境可行性分析

方案实施后，可将大部分烟气余热进行回收利用，从而在冬季大大减少天然气的消耗量，相应减少了氮氧化物和二氧化碳的排放，有利于环境保护。

4. 经济可行性分析

该方案预期共投资 76.3 万元，具体投资如表 4-17 所示。

表 4-17 项目投资表

序号	项目	数量	单位	单价 / 元	总价 / 元
1	热管换热器	3	套	80000	240000
2	管道及弯头	3	套	35000	105000
3	阀门	12	个	20000	240000
4	电控仪表	3	套	20000	60000
5	辅料	3	套	5000	15000
6	安装费用				103000
合计					763000

企业每年冬季供暖消耗天然气约 230000m^3，轮转机每月消耗天然气约 50000m^3，其中 50% 的热量可回收利用，则供暖季可节约天然气约 50000m^3×4×50%=100000m^3。天然气按 2.6 元 / 米^{3}计算，则每年节约费用 2.6 元 / 米^3×100000 米^3=260000 元。经济效益分析如表 4-18 所示。

表 4-18 方案经济分析

指标	单位	数值
总投资费用（I）	万元	76.3
年运行费总节省金额（P）	万元	26
贴现率	%	5
折旧期	年	10
所得税率	%	17
年折旧费（D）＝总投资 / 折旧期	万元	7.63
应税利润（T）＝ P-D	万元	18.37
净利润（E）＝ T（1-25%）	万元	15.25
年增现金流量（F）＝ D+E	万元	22.88
偿还期＝ I/F	年	3.34
净现值（NPV）$=\sum_{j=1}^{n}\frac{F}{(1+i)^j}-I$	万元	131.52
内部收益率（IRR）$=i_1+\frac{NPV_1(i_2-i_1)}{NPV_1+\left\|NPV_2\right\|}$	%	27.3

本项目投资偿还期为 3.34 年，小于 5 年；净现值为 22.88 万元，大于 0；内部收益率为 27.3%，大于银行贷款利率。

（十二）供暖、制冷系统改造为地源热泵机组方案

1. 方案介绍

某企业原供暖系统是由 10 台直流式燃气锅炉提供，锅炉型号为 GB-2500/0.612MW，总容量 7MW，供暖季的供暖锅炉靠天然气提供热源，同时消耗一定的电能和纯水。燃气锅炉将水加热至 85℃左右，通过水泵将热水送至各个供暖部位，极端气温时需要运行 5 台。供冷季的供冷系统由供冷机房、冷却塔、分水器、循环泵、空调系统组成，其中冷源由三台型号为 SS-378D 的螺杆式制冷机组提供，单台制冷量 750 冷吨，制冷输入功率 509kW，可满足 10 万平方米的制冷需求。

采用地源热泵机组取代现有供暖、制冷系统，可进一步节能降耗，减少大气污染物的排放。

2. 技术可行性分析

（1）原有夏季制冷配置

3 台冷水机组，单台制冷量 750 冷吨，制冷输入功率 509kW。两用一备，可满足 10 万平方米制冷需求。原有冬季供暖配置：10 台 1 吨燃气锅炉（700kW）。极端气温时运行 5 台。改造后，冷热源全部由地源热泵承担，按 10 万平方米供冷供暖进行设计，设计总冷负荷 5000kW，设计总热负荷 5300kW，主机两用一备。

（2）系统应用热泵原理

将来自地下低品位的能量，通过压缩机做功，提升为高品位的能量。不但环保、安全，管理也简单。选用地源热泵有巨大的节能优越性，运行经济效益好，运行费用低。图 4-14 为地源热泵系统示意。

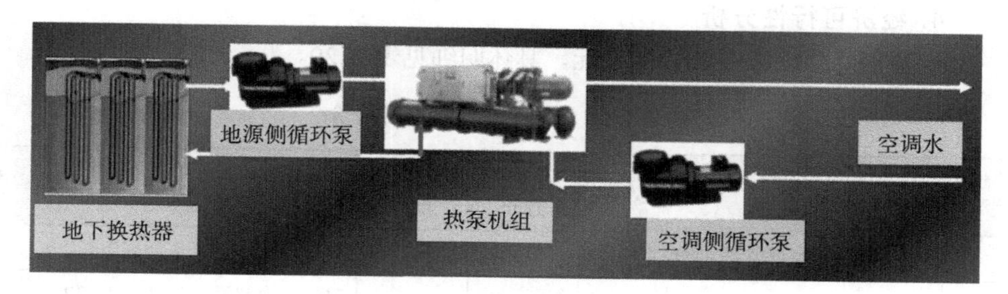

图 4-14　地源热泵系统示意

（3）室外换热孔计算

地埋管夏季换热量按 60 瓦 / 延长米计算，冬季按 43 瓦 / 延长米计算。根据所确定机组参数可知：

夏季需散热量 QⅠ=Q1×（1+1/COP1）=5030×（1+1/6.25）=5835kW；

冬季需吸热量 QⅡ=Q2×（1-1/COP2）=5326×（1-1/4.92）=4244kW；

夏季制冷工况所需地埋管数量为 QⅠ/60=5835×1000W/60=97250 延长米；

冬季制热工况所需地埋管数量为 QⅡ/40=4244×1000W/43=98698 延长米。

工程所需换热孔的延长米数为 98698 延长米；按孔深设计 130m 计算，设计 760 个换热孔（双 U，De32.SDR11.PE100 给水管），完全可以满足负荷要求。钻孔完毕、水平连接管埋于地面以下 2m，不影响地面绿化或硬化等。

3. 环境可行性分析

更换地源热泵机组后，公司现有燃气锅炉将不再使用，根据当年监测报告数据，锅炉烟气量为 1587m³/h，排放浓度为 23mg/m³，由此可计算更换地源热泵后 NOx 减排量为 23×1587×5×24×120÷106=525.61kg。

由表 4-19 可以看出，更换地源热泵机组后，天然气用量可减少 566387m³，电量增加 1188400kWh，综合能耗减少 637.24tce。

表 4-19　更换地源热泵前后能耗消耗对比情况

对比项目		天然气用量 /m³	系统耗电量 /kWh	综合能耗 /tce
改造前	供暖	566387	374000	799.26
	制冷	—	1832400	255.2
改造后	供暖	—	1947600	239.36
	制冷	—	1447200	177.86
合计	—	-566387	+1188400	-637.24

4. 经济可行性分析

设备预期总投资需 1813.3 万元，具体明细见表 4-20。

表 4-20　地源热泵空调系统报价

序号	名称	数量	单价 / 万元	合价 / 万元	备注
一	地下换热器室外管线部分				
1	室外垂直换热孔	760 套	0.78	592.8	760 个换热孔，双 U，De32.SDR11.PE100 给水管

续表

序号	名称	数量	单价 / 万元	合价 / 万元	备注
2	室外水平管联络管	1 项	350	350	含土方开挖、回填
3	室外主管路及其检查小室、分集水器	1 项	150	150	
4	地下换热器室外管线小计			1092.8	
二	地源热泵机房部分				
1	地源热泵机组	3 台	130	390	单台制冷量 2515kW，制冷输入功率 402kW；制热量 2663kW，制热输入功率 541kW
2	地源侧循环泵	4 台	9	36	单台制冷量 2515kW，制冷输入功率 402kW；制热量 2663kW，制热输入功率 541kW
3	空调侧循环泵	4 台	9	36	Q=440t/h，H=44m，N=90kW
4	地源侧定压补水装置	1 套	2	2	
5	空调侧定压补水装置	1 套	2	2	
6	软化水装置	1 套	1.5	1.5	Q=4t/h
7	水箱	1 套	1	1	1.5m×1.5m×2m
8	控制柜及其线路	1 套	150	150	
9	管线、阀门等安装费用	1 套	100	100	
10	地源热泵机房小计			720.5	
三	地源热泵系统报价合计			1813.3	

表 4-21 为方案经济分析。按现有采暖、空调面积 5 万平方米进行计算，采用地源热泵每采暖季运行费用 143.96 万元（120 天），每供冷季运行费用 105.99 万元（120 天），每年合计运行费用 249.95 万元。原燃气锅炉每采暖季运行费用约 400 万元；地源热泵夏季供冷比常规冷水机组节能 30% 以上。按节能 30% 计算，常规冷水机组供冷运行费用约 151.41 万元。现燃气锅炉和冷水机组年运行费用合计 551.41 万元。仅考虑现有 5 万平方米建筑供冷供暖，采用地源热泵系统即可年节省费用 301.46 万元。

表 4-21　方案经济分析指标

名称	计算式	单位	数值
总投资费用（I）	—	万元	1813.3
年新增利润（P）	—	万元	301.46
贴现率	3 ～ 5 年银行贷款利率 5.0%，风险溢价取 2.5%，综上基准贴现率取值 7.5%	%	7.5
折旧期	10	年	10
年折旧费（D）	I/10	万元	181.33
应税利润（T）	P-D	万元	120.13
净利润（E）	T-0.25×（P-D）	万元	90.10
年净现金流量（F）	（P-D）×0.75+D	万元	271.43
投资偿还期（N）	I/F	年	6.68
净现值（NPV）	$\sum_{j=1}^{n}\frac{F}{(1+i)^{j}}-I$	万元	49.8
内部收益率（IRR）	$i_1+\frac{NPV_1(i_2-i_1)}{NPV_1+\lvert NPV_2\rvert}$	%	8.1

该方案投资偿还期为 6.68 年＜ 10 年，净现值 49.8 万元＞ 0，内部收益率 8.1% ＞ 7.5%；方案实施后，企业可减少 NOx 排放量 525.61kg，综合能耗减少 637.24tce。

第5章

印刷教育建设与研究

印刷教育是印刷业发展壮大的基础。通过对印刷教育方方面面的系统总结，从教育是立德树人的基本理念出发，研究了专业调研、人才培养、专业特色建设、课程建设、教学团队建设、教材建设、师资建设和行业服务的方式方法，通过建设理念、科学调研、模式创新、突出特色、校企协同、名师引导、服务社会的扎实建设，取得了一流专业、特色鲜明、精品课程、精品教材、教学名师、北京印刷进步奖和毕昇印刷新人奖的众多成果，从而使印刷教育建设与研究成果成为引领印刷行业更好发展的标杆。

一、立德树人，教育大计
——育人源于职责，收获始于耕耘

唐代著名教育家韩愈在《师说》中曾有言，“师者，所以传道授业解惑也”，明确地告诉我们，教师的基本职责是传授道理、讲授学业、答疑解惑，教师的自豪感与收获则来自辛勤、付出和耕耘。多年的从教生涯，笔者在印刷学院的沃土中勤勉耕耘，迎来一批批未脱稚气的孩子，送走一个个踌躇满志的才俊。在印刷产业的海洋中努力奋斗，付出了时间和精力，得到了行业、企业的赞誉。三尺讲台播撒了希望，行业领域收获了硕果。

（一）谨记“传道”是育人之本

从大学毕业成为光荣教师的那一天开始，笔者时刻谨记大学育人是教育的根本，培养学生爱国、守法、敬业、立德不仅对学生的现在也对他们未来的人生有长远的影响。多少年过去了，老教师们的言传身教和敬业精神始终鞭策和教育着笔者，直到今天，我仍然由衷地感谢那些影响、塑造了我的老师们，是他们让我对教书育人有了最基本的认识。

从教三十多年来，我始终坚持用自己的言行影响学生。同为教师的父亲经常说的一句话是“身教重于言教”，这是他一生作为教师的座右铭，也实实在在地传授给了我。要求学生做到的，自己一定先做到。为了培养学生守时的习惯，我每次上课都会提前10分钟以上到教室，做好各种上课准备，每次上课前都在教室门口迎接和问候我的学生们，上课铃响即关门，同时提醒学生监督老师的行为，用实际行动要求学生养成守时和尊重他人的良好品格。

诚实做人、诚信为本是大学教育的重要方面，也是守法、立德的基本。为了培养学生具有诚实的品格，树立良好学风，公正评价学习效果，在作业要求中我都会写上“知识需要自己的努力才能获得，您一定要把握好学习的机会，抄袭的做法是我们双方都不愿意接受的”。并在批改作业时认真对待每一份作业。在每次考试之前我都会认真而严肃地告诫学生，考试是知识和人品的双重检验，希望他们通过自己的努力交上满意的答卷。

大学中知识的传授只是为他们未来的发展铺垫基石，而教会他们做个正直的、有责任感的、有敬业精神的人更为重要，这就是笔者理解的教书育人之传道。

（二）实践“授业”是育人之魂

教书是教师的本职任务。想教好书不等于就能教好书，不仅需要自己修好“内功”，还需要得当的教学方法，“教学相长”才是根本。

三尺讲台和 50 分钟授课，对于教师而言却是“课大于天”。研习教学方法，探索讲课技巧，钻研教材内容，扩展知识领域，每一环节的背后都伴随着多少个不眠之夜，多少汗水和泪水。当教师多年，既为了不误人子弟，也是为了对得起教师这一光荣称谓，我始终怀揣着一颗惶恐之心和对这个职业的敬畏，充分体会到给予别人一勺水需要备好一瓢水、台上一分钟台下十年功的道理。哪怕是一门上过许多遍的课程，我都会将它作为一门新课，不断收集和补充新资料，重新修改课件，琢磨教学方法。

教学不仅需要教，还需要有人学，教学不仅是老师的事，更应该是学生的事。一门课程的讲授如何让学生愿意听，让它变得生动起来，不仅需要教师渊博的知识，还需要合适的教学方法，常说的“因材施教”就是如何用最适合学生接受的教学方式传授科学知识。在专业课程的教学中，面对抽象的设备原理和对印刷设备没有任何感性认识的学生，我不断尝试理论结合实际的现场教学、以学生为主体的讨论课式教学、因材施教的分阶段考核和个性化作业等，用不断的教学改革实践着因材施教的教学理念。

（三）承担“解惑”是育人之责

随着高校扩招和高等教育的普及，教育对象和教育环境也发生了很大变化，现代学生普遍见多识广、思维敏捷、自主性强，但往往自律性和责任感不足。单方面说教的传统教育方法远远不如同龄人的传授、社会实例和师生间的互动更加能够答疑解惑，探索新形势下的新型教育方法势在必行。

每个学期，我都会将在校外培训、对外合作和社会服务中遇到的各种实例，通过课上甚至课下时间讲述给学生，用发生在往届毕业生身上的真实案例，引导他们树立正确的人生目标。讲述他们的师哥师姐们是如何在工作初期卧薪尝胆、认真磨炼，终于水到渠成的经历。告诉他们天上不会掉馅饼，只有能吃苦、肯学习才可能获得成功。用毕业生成功和失败的实例警示他们上帝只会青睐有准备的大脑，知识和能力根本上决定着你的未来。用印刷设备制造企业的兴衰提醒他们要调整好自己的发展方向，哪怕是人生得意之时，也要时刻不忘积极进取。用企业员工案例教育他们什么是敬业，什么是工作态度与职业境界。通过职场上的一个个事例，触发他们思考和认识大学学习生活的点点滴滴，奠定好今后人生发展的基础。

(四) 努力“耕耘”才有收获

俗话说“一分耕耘一分收获”，人生道路没有什么捷径可走。从走上讲台那一天起，我就坚定做一个好老师，无论付出多大的代价。为此，无论是基础课还是专业课，无论是理论课还是实践课，我都要求自己精研讲授的每一门课程，内容上力求精通，方法上不断创新，经验上不断积累，结果上逐步精进，锲而不舍地努力也收获了成果，我主讲的课程中 1 门课程荣获北京市精品课程，3 本教材荣获北京市精品教材。

人届中年，接过老教师们的大旗，承担起专业建设的重担。不断思考专业人才培养定位，组织课程体系，精心编写教材，建设教学环境，辛勤的付出取得了可喜成果。为此我也获得了北京市“高创计划”教学名师、北京市教学名师、北京印刷学院雅昌印刷教育特等奖、毕业生评选的“我最尊敬的老师”，以及北京市教学成果一等奖、北京印刷学院教学成果特等奖和一等奖等。

印刷学院背靠印刷相关行业，专业发展与行业发展息息相关，用专业知识服务社会是高校教师的职责。多年来，行业 / 企业成为我汲取知识、锻炼技能的土壤，也为我实践本领、施展才华提供了舞台。无论是成为《中国大百科全书》第三版出版学科印刷词条的主要撰写人，还是作为中国援建古巴党报印刷厂技术改造项目的特聘专家；无论是执笔撰写北京印刷业调研报告，为政府在行业转型升级、企业清洁生产、京津冀协同发展等方面提供决策依据，还是为行业培训员工、论证项目、制定标准，为企业发展助力。服务的目标也从校园扩展到更宽广的社会。为此获得了“毕昇印刷优秀新人奖”“北京印刷进步奖”“全国印刷行业职业技能大赛优秀裁判员”等称号，得到了行业的认可。

(五) 教书育人永无止境

回头望，说三十年是弹指一挥间似乎有些矫情。再回首，已从青春年少变成两鬓染霜却是不争事实。如果说我在教师岗位上取得了一点点成绩，在教风建设中收获了学生们的尊重和尊敬，那是因为我站在了几代教师艰苦创业、励精图治的基础上，是我和同事们共同努力的结果。如果说我在服务行业的领域取得了一点点业绩，在印刷行业的发展中得到了认可和名望，那是因为我得到了广大印刷同人的大力支持和帮助，是他们赋予了我不断努力进取的信心和勇气。

教书育人是我终身的奋斗目标。时代在发展，教育在变革，教书育人已不仅仅局限于做好教师教好学生的层面，更需要与时俱进、不断进取，与教育同人们一起努力，我对未来充满期望，对前途充满信心。

服务行业是我毕生的努力方向。印刷行业正在经历着技术升级、产业转型、人才更迭、环保突进的巨变时期，我愿与产业精英们共同建设和发展中国印刷业，将智力服务扩大到全产业，助推印刷行业的专业教育更上一层台阶。

二、专业建设，突出特色
——印刷机械特色实践教学平台建设

（一）建设意义

从 2000 年开始，为了满足印刷机械专业方向实践教学的需求，考虑实习内容和要求具有鲜明的专业特色，且没有现成的建设模式可以借鉴，也没有成熟的实习方案可供选择，因此，启动了“印刷机械特色实践教学平台”的建设。

多年来，在以“印刷机械特色实践教学平台”建设团队为核心，以实训中心为依托，在学校的支持下，印刷机械实习基地从无到有，从小到大，实习内容不断丰富，实习组织更加规范，软、硬件和环境建设不断加强。经过几年的运行尝试，获得了明显的成效。

团队设计和开发了教学模块 30 多个，获得了多项实用新型专利，不仅建成了广受学生、老师和业内专家好评的实践教学平台，而且锻炼了队伍、提高了教师的科研和教学水平。

教学平台不仅为二级学院的理论、实践教学和科研服务，而且也为学校其他专业的理论教学及大学生科技活动服务，具有非常好的应用性。其研究成果也能成为其他专业实践教学改革的借鉴资料。

（二）建设成果

印刷机械特色实践教学平台是一个符合印刷机械工程训练需求、软硬件兼备，能够为教学、科研和行业培训服务的实践教学环境。

历经十多年的建设，实践教学平台从无到有，在充分分析、研究培养方案，不断总结教学经验的基础上，打造了机械与印刷相结合、软件与硬件同步建设，

在同类院校中形成独树一帜、特色鲜明的实践教学基地。

实践教学平台硬件建设中，通过创新设计、装置改造和定制加工的方法，构建了借助工作整机→重要部件→关键机构等硬件组成的教学模块，使学生通过机器操作→部件拆装→机构调节等实践过程，达到学习印刷机械原理→结构原理→设计原理的目的。为此设计和开发了整机模块 3 个，部件模块 11 个，功能模块 20 个，并获得实用新型专利 4 项。

实践教学平台软件建设中，按照“理论讲解→装拆实践→调节练习→个性化考核”独特的教学设计，不仅编写了完善的教学大纲、实习教案、实习过程规范、实习轮次表等系列教学文件，并且出版了《印刷机结构实习指导书》和《印刷设备综合训练》两本实习教材，完成了 3 项教改项目，发表了 17 篇教改论文。

教学平台每年为机电工程、印刷工程、包装工程、自动化等本科专业和高职相关专业、机电工程硕士研究生超过 500 名学生的实习、现场教学、毕业设计、大学生科技活动提供服务，已为超过十届学生（含春季班）提供实践教学服务。

（三）建设创新点

创造性地开发建设出国内独有的印刷机械特色实践教学平台，为本科、专科学生实习，研究生教学和企业技术人员培训提供了极具印刷机械特色的校内实践教学环境。

按照认识—实践—提高的实践教学规律，通过宏观印刷机整机到微观印刷机机构的实习路线，构建了机械原理、部件拆卸、安装调试、机构设计多模块组成的循序渐进教学链。

在教改项目支撑下，集合团队教学经验与智慧，完善实践教学管理文件，出版了实习教材，从而形成了教学平台建设的软件与硬件结合、建设与应用互动的良性发展模式。

在专利技术基础上，将印刷机械复杂、精细和多功能的机构装置进行简化和创新，自主开发出满足印刷机械结构原理和适合实践教学需求的特色实习装置。

（四）应用效果

（1）为机械工程及自动化专业印刷机装配实习的本科生教学、机电工程、印刷工程、包装工程、自动化专业“印刷设备概论”课程现场教学的本科生教学提供实践教学平台，为机械工程及自动化专业学生“印刷机机构原理”课程设计、毕业设计、大学生科技活动提供研究基地。

（2）为印刷设备操作与维护、印刷设备与技术专业印机结构原理实习、印刷设备操作与维护、印刷设备与技术专业“印机结构原理”课程现场教学的专科生教学提供实践教学平台。

（3）为机电工程方向“印刷机械设计方法”课程现场教学的研究生教学提供实践教学平台，为机电工程方向学生研究课题提供研究基地。

（4）为企业技术人员提供技术培训。

三、人才培养，模式创新
——机械工程应用型人才培养模式创新

（一）人才培养新模式

机械工程专业是一个通用专业，我校的机械工程专业源于印刷机械系，是学校重点发展的印刷包装方向的重要支撑，具有社会公认的行业背景。然而，近年来的招生难、就业难和转专业多等问题，反映出我们人才培养定位的偏差和培养模式的滞后。

针对社会对工程人才的需求和学生发展需求的变化，我们以培养应用型人才为目标，强调贴近行业、加强实践和特色创新，通过理念更新、结构优化、内容凝练、方法创新、师资整合、环境衔接等方面的改革创新，建立起了创新的机械工程人才培养模式。

通过人才培养方案的创新设计，确定了以人为本、因材施教、内外结合、分类培养的应用型人才培养教学理念。

通过模块化课程、多课堂教学、讨论式教学、跨课程实践，优化了课程结构，凝练了教学内容，创新了教学方法。

通过校企结合的教学团队建设，实现了跨学历、跨职称、跨内外、跨年龄的校内教师与校外工程师结合的“双师型”教学团队整合。

通过渐进式理论教学平台建设，阶梯式实践教学平台建设，构建了理论与实践教学结合、校内外结合与两个平台交叉支撑的学习环境衔接。

在机械工程应用型人才培养模式创新下，学生在学习成绩、学科竞赛、科技项目、实习效果、就业分配等方面取得了显著成效。

（二）研究创新点

（1）通过培养方案的研究与设计，确定以人为本、因材施教、内外结合、培养应用型人才的教学理念。

机械工程的专业属性和北京印刷学院机械工程专业的发展背景，确定了本专业人才培养的目标必须定位在应用型人才的培养上。尽管多年来对精英教育还是大众化教育、培养研究性人才还是培养工程技术人才的争论从未停止过，但近年来，教育部提出的“以社会需求为导向，以实际工程为背景，以工程技术为主线，着力提高学生的工程意识、工程素质和工程实践能力”的卓越工程师培养目标，已经为培养目标的争论画上了一个句号。

如何在机械工程专业长期面临招生难、就业难和转专业多等问题下进行工程技术人才的培养？唯一的出路就是提高思想认识，更新教育理念，在实事求是的前提下，确定以人为本、因材施教、内外结合的应用型人才培养方案。

面对近年来生源水平上下差距拉大的现实，确定以人为本、因材施教的育才策略尤为重要。通过分层教学和分类培养，满足不同层次和能力的学生的专业发展诉求，实现人尽其才。为此，在新制定的培养方案中，根据学生不同需求和社会不同需求确定了多个专业方向，确定了多种创新课程的设置。

面对本专业基础雄厚、面向广泛的特点，着力打造内外结合应用型人才的培养模式。机械工程专业面向海量的制造型企业，企业拥有雄厚的技术力量，学校却缺乏具有实践经验的教师，教学力量与社会力量的错配导致应用型人才培养成为空谈。因此，校企对接，校企联手联合培养人才不仅是学校的希望，也是企业的需要。为此，在新版培养方案中，我们增加了满足当前科学技术变化和未来机械工程行业发展需要的基础理论课程、特色专业课程和实践环节训练，并通过与企业在学生实践能力方面的联合培养，共同创新符合未来社会和行业发展需要、具有竞争力的应用型人才培养方案。

（2）通过模块化的校企结合课程、多课堂的讨论式教学、跨课程的企业实践，实践了教学内容和教学方法的创新。

为了打造内功深厚、结合产业需求的应用型人才，近年来，我们通过课程改革与创新，在教学内容和方法上进行了诸多的尝试，取得了良好的教学和育人效果。

模块化教学，是指校企联合开设的小学时（16学时）课程。课程名称体现当前的技术发展和专题特色，课程内容与生产实际密切结合，课程规划由校企共同设计，课程讲授由校内教师和企业工程师/技师共同完成，课程形式以课堂与生产现场结合。这些课程都由课堂讲授和现场讲解两个环节组成，课堂讲授主要由学校教师与企业工程师担任，讲授内容多以技术发展历史、工作原理和技术特点为主；生产现场讲解主要由企业技师承担和教师辅助方式，讲授内容主要集中于实际应用技术和生产管理运行等内容，使学生在学习到专业技术原理的同时，也学习到企业正在应用的先进技术，不仅实现了理论与实际的结合，更兼具经典理论与现实技术的统一，集合和发挥了校内外教学资源的优势。

多课堂的讨论式教学方法，是指利用校内课堂、教学基地和企业生产现场不同教学情景开展的讨论式教学。讨论式教学一直是本专业核心课程锐意创新的教学模式，课程以专题式教学为主，针对专题设定多个知识点相同、训练目的一致，但研究方向有所差异的教学项目。为了突出教学效果，讨论式教学以一定人数组成的学生研究团队作为基本教学单元，每一团队领取不同的研究项目。教学过程经过内容调研、数据/信息采集、分析计算、现场讨论、撰写报告和课堂答辩等环节完成。多课堂教学体现在生产现场的讨论和课堂上的答辩，既利用了现场（教学基地/企业生产现场）生产设备的直观性，又利用了课堂多媒体的展示性。讨论式教学实现了学生团队在某个专题上的深入研究，并通过汇报让全体同学得以参与、讨论和学习，达到共同思考、分享成果的目的。这种教学形式创新不仅使学生结合实际生产设备学习到专业知识，还通过团队研究方式锻炼了自主学习和团队合作的能力。

跨课程的企业实践，是指精心设计安排学生不同工序配合不同课程教学内容的针对性实践教学创新。例如学生安排在北人四厂实习，在机加工模块学习的是机械零件的加工方法，主要与工程图学、机械制造基础、工程材料等课程内容匹配；在部件装配模块主要学习机构设计原理与结构设计方法，与机械原理、机械设计、机械制造技术等相关课程内容匹配；在电器模块，主要学习电器元件的功能、电器回路的应用，与电气控制技术课程匹配；在总装模块主要学习机器的装配、调试方法，与印刷设备、印刷工艺和印刷机械设计等相关课程匹配。企业实习中，通过小组工序轮换安排，使学生通过实习将课堂所学知识融会贯通，获得理论与实践知识的全面提升。

正是通过教学课程的创新、教学方式的创新和教学安排的创新，学生学习到更加全面、新颖的教学内容，激发了更强的学习动力，锻炼了自主学习、团队合作等能力，实现了知识和能力的同步提升。

（3）通过校企结合的教学团队，实现跨学历、跨职称、跨年龄、跨内外的校内教师与校外工程师结合的“双师型”教学队伍创新。

高校教学团队是承担立德树人、教学任务、从事教学研究、创新教学方法、实施教学改革的具体实施者，由学校教师组成的教学团队成员大多教学阅历深厚、课堂教学经验丰富、教学责任心强、教学效果良好的特点。但身处学院内的教师特别是青年教师往往学历很高，但缺乏行业或企业的工作经历，对实践教学缺乏经验；他们通常具备最新的前沿技术知识，却缺乏对行业现实技术的了解；他们通常有高度的工作热情，但动手能力却可能是短板。

企业工程师 / 技师是企业的高技术群体，是企业能够持续发展的重要基础。他们中既有技术研发专家，也有生产领域的技术骨干，虽然不一定具备高学历和高职称，却都是企业改革创新的精英；他们未必能够胜任在学校课堂上组织一门完整的课程内容，却往往具备丰富的实践经验和良好的动手能力；他们可能没有前沿技术发展的国际视野，但却非常了解行业与技术的最新发展。

机械工程应用型人才培养的定位，不仅需要明确学生的培养规格，更需要设计过程实现的保障。针对应用型人才培养过程中的学校师资与行业资源的错配，我们经过多年努力，建立起了一支跨学历、跨职称、跨年龄、跨内外的校内教师与校外工程师结合的“双师型”教学队伍。校内团队是课堂教学的主力，负责规划符合培养方案和课程要求的教学计划。通过与企业的沟通，共同制定校企联合授课的教学方案。校外教学团队是实践教学的支撑，负责提供实习场地和符合工程师培养的实践教学模块。校内外团队通过讲座和座谈多种形式，及时传递行业技术发展信息和企业需求，为教师的科学研究提出了明确目标，为企业的技术进步找到了依靠的力量。校内外教学团队的融合，不仅解决了学校实践教学基地难觅、教学指导虚空、学生实践动手能力培养困难的难题，校内外教学团队的互通，也为企业解决了人员培训、知识更新等难题。通过校内外教学师资资源的互补，通过共同研讨、齐心谋划、取长补短、分工明确的校内外教学团队建设模式创新，应用型人才培养目标基本得到保证。

（4）通过课件、教材、资源库、学习平台构成了渐进式的理论教学平台，实验室、实习中心、教学基地、行业 / 企业搭建了阶梯式的实践教学平台。理论课程平台与实践教学平台共同构建起理论与实践结合、课内与课外结合的学习环境创新。

人才培养离不开理论教学平台与实践教学平台的共同支撑。为了使培养方法符合教育教学规律，培养路径符合不同类别人才培养需求，我们的理论和实践教学平台均创设了多层级、渐进式、自主性的学习环境和制定软硬件保证。

理论教学是培养学生基础知识和基本素养的重要环节，我们构筑了课件、教材、资源库、学习平台共同构成的理论教学平台。课件是教师教学思想的凝结和课堂讲授的魔棒，有助于讲解的生动和理解的便捷，能够为学生开启某一领域的知识大门，指引学生探索的方向。我们通过精心制作的教学课件创新教师的教学思想、教学设计和教学方法的体现。课程教材是教学课件的内容依托，是教与学的臂膀。教材不仅为教师教学提供了依据，也为学生学习内容的理解提供了帮助，是学生学习的助手。我们创新性编著的理论到实践课程的完整系列教材，为学生提供了坚实的基础。创新建立的专业教学资源库的教学资源丰富，是教学课件和教材内容的补充和延展。教学资源库不仅丰富了学生的学习内容，更拓展课堂以外的知识信息，成为课堂知识传授的补充。依据课程开发的学习平台，不仅提供知识和信息的查询，更是引导学生由被动学习到主动学习的升华和自主学习习惯的养成。

实践教学平台是学生创新能力培养的必备保障条件，多年的努力开拓，建立起了实验室、实习中心、教学基地、行业企业共同搭建的阶梯式实践教学平台，更重要的是创新建设了平台中阶梯式教学的有机连接和契合。实验室是为课程实验提供的教学平台，通过验证和综合知识的实验，学生按照给定的实验方法或简单的综合设计，学习基本的实验手段、方法和设计，在验证知识正确性的同时，获得基本的动手能力训练。实习中心借助教学设备和生产设备相结合，使学生能够根据项目内容，通过动手实践完成项目要求，并通过此过程中的反复训练，得到动手能力和工程能力的提升。教学基地的建设更多地结合创新实践活动，通常不仅设计学生的实践教学内容，还努力营造工程实践的环境。通过在工程实践环境中进行更接近未来专业训练的实践项目训练，为学生衔接严苛的职场环境提供了缓冲地带和准备时间。在社会行业企业的生产实习环节，让学生真正接触生产实际，体验企业生产要求，达到对接社会的要求。在经过一系列从易到难，从简单到复杂，从单一到综合的阶梯式训练环节，学生在动手能力不断提高的同时，平滑度过心理准备的适应期，在步入行业 / 企业进行实际训练时，已为职场技能的学习做好了准备。我们的创新特色在于克服了学校育人、社会用人之间落差，应用良好衔接的阶梯式实践教学平台，将学生一步一步从理论知识学习引导向实践应用、从学校课堂引导向社会企业。

理论教学与实践教学平台的建立，都是基于人才培养的基本规律，两条主线的交叉和递进，使学生获得理论知识与实践能力的良好结合，为创新思维的培育和创新能力的提高提供了保障。

（三）应用效果

（1）通过教学研讨、教学改革论文、专著、新培养方案，展示了应用型人才培养的新教学理念。

（2）通过更新教学内容的教学大纲、更新教学内容的新编教材、多课堂的讨论式教学、模块化的校企结合课程、跨课程的企业实践，建设了新模式下的教学内容与方法。

（3）通过重组教师教学团队（校内优秀教学团队）、积累校内教学团队工作业绩、组建工程师教学团队（校外教学团队）、汇集校外教学团队工作业绩，形成了新模式下的“双师”教学团队。

（4）通过搭建渐进式学习平台、实践阶梯式实践平台，构建了新模式下的教学平台。

（5）通过众多大学生研究项目、学科竞赛成果、学生取得专利和其他成果，培育出人才培养成果。

（6）通过教师个人取得成果、教师教学研究成果、教师科学研究成果、教师服务社会成果，扎实了人才培养基础。

四、课程建设，重在精品
——“印刷设备概论”精品课程建设

（一）研究成果

“‘印刷设备概论’精品课程建设及教学方法、模式改革与实践”针对印刷行业技术变革和产业多样化发展对印刷人才需求的变化、学生学习期望和个体能力的差异、印刷课程对知识与能力结合要求高的特点，以教改项目研究成果为引导，依据“以人为本”的教育教学理念和“以学生为主体”的教学思想进行课程建设和教学方法、模式的改革与实践。

成果进行了课程建设中关键的教学内容更新与设计，将知识体系、课程结构和专业信息结合在教材、网站、资源库的课程体系建设中，取得了诸多课程建设成果；在多年的课程教学中不断改革和实践现场教学、讨论式教学、个性化作业、分阶段考核、模块化教学、协作式教学等课程教学方法，取得显著教学效果；自主创新建设校内特色印刷设备实习基地，提供实践创新育人保障；结合课程教学

特点，建立起“理论与实践相结合、课内与课外相结合、知识学习与能力锻炼相结合、教学方法与教学效果相结合、校内与校外相结合、普及与创新相结合”的六结合课程教学模式。

成果解决了课程教学内容陈旧落后，课程以知识传授为主；课程结构以理论为重，轻视实践教学内容；教学要求僵化单一，忽略创新能力培养；教学手段单调贫乏，教学主体地位错位等一些教学问题。

（二）研究内容

（1）多种途径完善课程体系建设

把握印刷专业核心课程的定位和特点，借鉴其他课程建设与教改经验，通过教学名师、团队与行业专家联合，共同进行教学内容的更新与设计；通过精品教材、课程网站和特色资源库建设的结合，扩展课程知识内容与专业信息，通过实习模块、实习教材与指导队伍的一体化建设，强化实践教学针对性。

（2）形式多样的教学方法改革与实践

针对课程特点与要求，不断探索和改革教学方法，通过现场教学方法，将直观认识与理论理解有机契合；通过讨论式教学方法，调动起学生的学习积极性和主观能动性，实现“以学生为主体”教学观念的转变；通过个性化作业方法，激发学生的自主创新意识建立；通过分阶段考核方法，改变学习效果评价方式和学生正确学习方法养成；实践教学通过模块化教学方法，满足多样化、个性化人才培养的需求；通过协作式教学方法，培养学生团队合作意识和创新精神。

（3）自主创新建设专业特色实践教学基地

针对课程实践性要求高的特点，通过三级多模块的校内印刷设备实践教学基地创新建设方法，构建了自主创新的专业特色实践教学基地，形成实践教学育人和学生科研创新的支撑平台，凸显课程的专业实践特色。

（4）教改成果形成六结合课程教学模式

通过课程一系列教学改革成果积累，建立起“理论与实践相结合、课内与课外相结合、知识学习与能力锻炼相结合、教学方法与教学效果相结合、校内与校外相结合、普及与创新相结合”的六结合课程教学模式，提高了课程教学质量。

（三）研究创新点

（1）形成专业特色的课程教学体系

紧密结合行业技术发展，不断更新课程教学内容，精心设计课程教学体系，将印刷设备新理论、新技术、新方法等研究成果融入课程教学，建设了由名师、精品课程、精品教材、网站、特色资源库和特色实习基地构成的专业特色课程教学体系。

（2）改革创新形式多样的专业课程教学方法

以教学研究为引导，坚持以人为本理念，遵循因材施教规律，改革和创新形式多样的专业课程教学方法，大大丰富课程教学手段，激发起学生的学习兴趣，课程教学效果不断提高。

（3）自主开发模块化专业实践教学平台

自主开发建设了专业特色印刷设备实习基地，设计开发的专业实习装置和实习教材完善了软硬件结合的模块化专业实践教学平台，学生实践能力得到提高，创新能力得到加强。

（4）课程改革与实践形成六结合的课程教学模式

几年来的持续课程改革和实践，积累形成了六结合的课程教学模式，课程教学面貌焕然一新，学生的教学主体地位得到加强，人才培养质量得到提高。

（四）研究应用效果

本项成果在北京印刷学院、全国开设印刷工程专业的二十多所高等学校、几十所开设印刷课程的高等职业技术学校和印刷行业得到推广应用，收到显著效果。

（1）推动北京印刷学院专业课程教学改革的深化，得到广泛认可

近五年来，通过专业课程的立体化教学体系建设，课程的教学内容、教学队伍、教材、网站、资源库和实习基地建设得到极大增强，课程教学质量得到显著提高。2008 年，《现代印刷机械原理与设计》获得北京市精品教材称号，2010 年，“印刷设备概论”课程获得北京市精品课程，课程教学团队获得北京印刷学院优秀教学团队称号，课程负责人获得新闻出版总署颁发的“第二届全国印刷行业职业技能大赛优秀裁判员奖”，2011 年，《印刷设备概论》教材获得北京市精品教材称号，“印刷设备实习基地”获得北京印刷学院特色实践创新基地称号，2012 年，课程负责人获得北京市教学名师称号，课程教学改革与实践成果获得北京印刷学院教学成果一等奖两项。课程教学团队完成教改项目 9 项，发表教改论文 16 篇，承担科研项目 24 项，发表科研论文 63 篇，获得 18 个教学或教师奖项，取得专利 17 项，聘请 5 位行业专家兼职授课，青年教师参加专业培训达到 52 人次。活跃的教学和科学研究，完善的课程教学体系，强大的校内校外教学团队和特色实践创新平台，推动了专业课程教学改革的深化。

课程教学体系建设的“以人为本”理念和立体化建设思路在北京印刷学院 20 多个专业的上百门优质课程、精品课程建设中得到推广应用。例如在“印刷机械设计”“机电控制基础”“机械设备控制技术”“机电一体化系统设计”“包装机械概论”“印刷设备管理与维护”等一系列专业课程中推广，取得良好的教学效果。

课程的改革与实践激活了课程教学活力，教师授课更加精神饱满，学生上课更加认真，课堂氛围更加活跃，教学效果更加凸显。学生对课程和教师的评教分数持续上升，主观评价丰富多彩。近五年，所有主讲教师的学生评教成绩均在 90 分以上。多名教师相继获得“我最尊敬的老师”“雅昌教育教学奖”“优秀毕业设计指导教师”和“实践教学突出贡献奖”等荣誉。

（2）推动了北京印刷学院专业课程教学方法改革与实践和教学质量的提高

形式多样的课程教学方法改革与实践，改变了专业课程的教学定式，强化了“以学生为主体”教学思想和“因材施教”教学规律的实践。“现场教学”“讨论课教学”“个性化作业”和“分阶段考试”等多项教学方法改革成果应用于印刷工程、包装工程、机械制造及自动化、自动化、数字印刷和工业设计本科专业的“印刷设备概论”必修课程教学中，年均达到 20 个班 570 多人，课程应用学生面总计达到约 2800 多人；“模块化教学”和“协作式教学”等实践教学方法改革成果应用于印刷工程、包装工程、机械制造及自动化和自动化本科专业，以及印刷设备操作与维护和印刷设备与技术专科专业的“印刷设备概论”实习课程教学中，年均达到 21 个班 560 多人，课程应用学生面总计达到约 2800 多人。较大学生面的不同教学环节的针对性教学方法改革与实践，推动了专业课程教学方法的探索与改革，在全校几十门专业课程教学中得到不同程度的推广应用，如印刷工程专业的“印后加工技术”课程和包装工程专业的“包装印刷技术”课程教学中。

课程教学方法的改革与实践调动了学生们的学习兴趣，激发了学生们的学习潜力，培养了学生们的学习主体意识，建立起学生们的探索创新意识，提高了学生们的实践创新能力。近年来，学生参与课程教师的科研项目 16 项，学生参与市级和校级大学生科研计划项目达上百项；学生科研活动发表学术论文 9 篇，EI 论文检索 1 篇；参与专业竞赛获奖 10 项，分别取得国家级和市级奖励；学生取得国家实用新型专利技术 4 项。

（3）推动了专业课程实践创新平台建设和学生创新能力培养

自主开发建立的独具特色的“印刷设备实习基地”，不仅丰富了课程教学体系的立体化，满足了专业课程的教学需要，为课程的现场教学、模块化教学、协作式教学环节提供了支撑平台，而且为专业实习、课程设计、毕业设计等教学环节提供了教学支撑，更为大学生科技活动、国家创新创业计划、大学生专业竞赛计划和二课堂活动等学生创新活动计划提供了应用平台。基地承担本科“印刷设备概论”“印刷机械设计”“印后加工设备”“印刷设备管理与维护”等课程的现场教学、专题讨论、主题授课和开放式教学，应用学生达年均约700人次，承担专科印刷设备操作与维护、印刷设备与技术专业的“印刷机结构原理”课程的现场教学应用学生达年均约90人次，承担本科印刷工程、包装工程、机械工程及自动化专业、自动化专业的“印刷设备实习”实践课程，惠及学生达年均约500人次，承担本科、专科“印刷机结构实习”实践教学课程的学生达年均约180人次，承担本科“印刷机械设计”课程的课程设计学生年均约120人次，承担毕业设计、大学生科技活动、大学生专业竞赛计划和大学生实践创新等实践活动的学生年均约200人次，全年约有1800人次学生应用该实践创新平台。

学生的实践动手能力得到加强，科研和创新精神得到养成，专业创新能力得到锻炼，参与教师科研项目和大学生科研计划的学生和项目逐年增加，参加校级、市级和国家级专业竞赛的本专科学生人数快速增长，2010年的第二届和2012年的第三届全国印刷行业职业技能大赛，多人在经过基地培训后分别取得国家级大奖和市级奖项。学生科研活动发表学术论文9篇，EI论文检索1篇，学生取得国家实用新型专利技术4项。

（4）推动了兄弟高校专业课程改革与印刷行业技术进步，得到盛赞

作为课程改革成果的市级精品教材《印刷设备概论》在其他兄弟院校得到应用，如西安理工大学、上海理工大学、曲阜师范大学、大连理工大学等印刷工程专业开设的印刷设备课程均选用《印刷设备概论》精品教材教学或作为教学参考书，并对教材的内容与体系的先进性、科学性和专业性给予高度评价，并派人来校学习取经六结合的课程教学模式。

已出版两版的《平版印刷工》培训教材在印刷行业得到广泛应用，被指定作为全国印刷行业职业技能大赛的指定教材。本校继续教育学院举办的印刷技术和印刷管理培训班一直选用《印刷设备概论》精品教材作为培训教材，全国众多印刷企业的职工培训均选用《印刷设备概论》精品教材作为职工的技术培训教材，如中国钞票印制总公司、中国日报社、中直机关印刷企业等。印刷行业的上百家企业管理人员、生产技术人员和设备管理人员选用《印刷设备概论》教材作为专业参考书籍。

本成果的精品课程网站、特色资源库等课程教改成果上网公开开放展示，不

仅为学生们的课外自学提供了方便的平台，还为学生们的就业和继续教育提供了产业链资信参考，备受学生们的关注。同时，也为印刷行业提供了丰富的专业资讯，为社会印刷设备知识普及提供了资源，得到行业技术人员的夸奖，开放以来的点击率或下载率达到近万次。

五、课程建设，校企协同
——校企协同突出特色的课程体系重构与实践

基于机械工程通用专业面临的发展问题和所在院校的行业背景，提出知识与能力培养相结合、校内外优质资源相结合、课内外教育教学相结合、规范与特色发展相结合的课程体系建设理念，重构了特色课程优化，教学资源共享，教学方法创新，凸显校企协同的特色课程体系，并在教学实践中取得很好效果。“四结合”理念下的特色课程体系的重构与实践，使学生的综合素质与专业能力显著提高，得到社会的广泛认可。

（一）机械工程专业发展历史与现状

机械工程专业既是北京印刷学院的传统专业，也是极具行业特点的特色专业，具有悠久的发展历史和良好的文化传承。自 1977 年开始招收印刷机械专业本科生以来，经历若干次专业名称、培养方案的调整和变化，培养了以雅昌集团董事长万捷为首的大量支撑和引领行业、企业发展的专门人才，多年来活跃在印刷机械及相关领域，成为单位的技术或管理骨干，成为学校人才培养的标杆和本专业人才培养的范例。

近年来，以卓越工程师为培养目标的机械工程专业建设，参照了许多国外高校和国内著名高校的机械工程专业的人才培养方案，对支撑培养方案的课程体系进行了调整，解决了核心课程与课程群的设置与比例，课程体系的系统化和规范化被加强，但缺乏特色所带来的千校一面，同质化严重问题却日益凸显。

具备行业背景院校的通用专业如何生存与发展，怎样在专业规范化与特色发展之间寻求平衡，如何在专业上水平与产业契合之间把握分寸，正是专业的特色建设问题。

（二）专业发展存在的主要问题

我校二本院校属性及通用专业特色不突出的现实，导致招生生源层次降低，大批调剂专业学生入学，学习目标性不明确，学生转专业的压力较大。毕业学生则面临着所学知识陈旧，实践能力不强，得不到行业和社会的认可的局面，学生就业面临很大危机。课程体系特色的淡化更使许多学生对专业的热爱程度下降，对机械工程传统专业的发展信心不足。

印刷行业技术高速发展，对人才需求日趋提高，既要求底子厚、有发展潜力，更要求有面向、上岗快。而以往的课程体系始终未能建立起与产业紧密结合的课程，专业的产业面向模糊。少数面向产业的课程也是散而乱，内容技术落后，脱离产业技术的进步，未能形成领先于产业技术的特色课程体系。

课程体系是课程设置、课程设计、课程内容、课程师资、教学方法和考核方式的综合，以上问题的表现反映出课程体系建设的落后，需要以问题为导向，重构具有行业特色的课程体系。

（三）特色课程体系重构是人才培养的关键

人才培养目标的实现构筑在专业课程体系建设的基础上，而特色课程体系的建设是重构整个课程体系的重点。特色课程体系的建设必须结合专业发展与行业就业面向，以产业最新发展技术为导向，所需知识为内容，需求能力为目标，将课程与产业建立直接联系，使学生能够顺利进入就业市场。特色课程应该贯穿四年的教学过程，从最初入门的概论课程，进入专业课程、应用技术课程，直到最后的专业实践课程。

特色课程体系的实现需要行业和企业的协同。仍然沿用原有的教学方案、教师资源、实习基地、教学内容和教学方法，已被证明难以达到课程体系的重构要求。实施校企协同设计课程、校企联合讲授课程、校企共建实习基地、教学内容紧追产业前沿技术、采用因材施教的多元化教学方法，才能实现产业发展与人才培养的契合。实践证明，校企协同全面开展特色课程的建设才是解决应用型人才培养的根本出路。

在所秉持的“知识与能力培养相结合、校内外优质资源相结合、课内外教育教学相结合、规范与特色发展相结合”“四结合”建设理念下，通过重构和实践教学资源共享、教学方法创新、凸显校企协同特色的课程体系，得到了学生和行业的广泛认可。

（四）特色课程体系重构实践

特色课程体系设计了学生四年不断线的特色课程架构。经过进校后的“机械工程导论”“印刷概论”等概论课程，到“印刷设备”“印刷机械设计”等专业课程，“CTP 技术”“数字印刷技术”等应用技术课程，直到“印刷设备实习”“专业实习”等专业实践课程，由浅入深、由表及里、由理论到应用、由校内到企业的学习进阶，完成了特色课程的体系化重构。

特色课程体系开创性地设计了小学时应用技术课程。由于专业发展趋势是减少教学课时，因此培养方案设计中留给专业方向的选修课时十分有限，仍然按照原有 32 学时 2 学分一门课的课程设置，难以重构系统化的特色课程体系。小学时课程（16 学时 1 学分一门课）的应用技术课程设计，既摆脱了原有重知识轻应用的课程模式，也解决了产业 / 企业工程师无法集中较长时间开展教学工作的难处，门数的扩充开阔了学生的专业视野，使得学校与企业找到了特色课程开设并能够持续发展的契合点。小学时应用技术课程由校企领军人才联合设计，课程结构由校企双方主讲人员扬长避短、有机整合，课程名称体现当前的最新技术发展和行业特色，课程内容紧追前沿技术并与生产实际紧密结合，课程讲授由校企教师联合授课，教学方法以专题或案例分析呈现，教学形式以课堂讲授与生产现场讲授相结合，课程效果注重知识与能力的提高。小学时课程完全依托校企协同，并将“四结合”的教学理念完全融入课程体系的重构中。

专业课程是特色课程的重要支撑。重构的专业课程教学内容借助校企共同编写的特色教材，紧追行业先进技术发展和应用，将历史、原理、应用、前景通过具体产品、生产线、工艺应用、质量检测等生产环节进行展现。教学形式以课堂教学辅助现场教学、讨论课等方式，课堂教学及讨论课由校内教师负责，现场教学由企业工程师讲解，教师辅导。专业课程的与众不同之处在于课程内容和形式的重构凸显校企协同，突出了技术原理、发展和应用的课程特色。

专业实践课程以专业课程实习及专业实习为重点，实习方法改革了曾经采用的集中实习，老师现场指导和学生分散实习，自主负责等形式。通过遴选确定与企业共建的实习基地，校企共同研讨，签订实习合同，制定书面实习方案，建立联合教学团队，聘书聘请指导教师等一系列保障措施，重构了以企业生产一线为基地，企业导师主导，学校老师辅助的指导团队，校企共商实习内容、实习方案和考评体系的校企协同实践教学课程，使应用型人才培养落到了实处。

（五）特色课程保障体系重构实践

多年的特色课程建设实践已经证明，特色课程必须建立在校企协同平台上，依靠校企优质资源的支撑才能得到可持续发展。教学资源的保障关键在于课程教学团队、教学环境、教学内容的保障。

学校教师组成的教学团队成员虽然大多教学阅历深厚、理论功底强、课堂教学经验丰富，但往往缺乏行业或企业的工作经历，动手能力和知识应用是短板。企业工程师和生产技术骨干是企业改革创新的精英，具备丰富的实践经验和良好的动手能力，熟知行业生产与技术的最新发展，却难以胜任系统性的课程教学。针对特色课程教学的需求，建立起了一支跨学历、跨职称、跨年龄、跨内外的校内教师与校外工程师结合的“双师型”教学队伍。将校内教学团队与行业领军人物、企业工程师和企业技术骨干组成了“1+3”联合教学团队，行业领军人物参与课程设计，开设技术讲座，企业工程师与校内教师开展联合授课，企业技术骨干主导专业实践课程指导，校企协同，优势互补，既丰富了特色课程内容，也提升了特色课程的教学水平。校企联合教学团队成为重构特色课程体系的人员保障。

为了保证实践特色课程的重构，在充分考察、协商的基础上，与天津长荣印刷设备股份有限公司、上海德拉根印刷机械有限公司、深圳市精密达机械有限公司、杭州科雷机电工业有限公司等20多家行业领军企业共建了实践教学基地。针对每个实习基地的产品特点，由专业逐一与企业商讨实习方案，确定指导教师，确保专业所有学生按照课程要求的时间和内容进行实习。通过实习中研究企业技术问题，聘请企业工程师指导学生毕业设计等双赢协作策略，保障了实践基地的稳定和持久。校企协同建设的实践教学基地为特色课程体系建设提供了实践教学环境的保证。

教材是教学内容的主要支撑。以往专业教材通常由任课教师独立编写，但囿于教师自身专业能力、对企业生产现状的了解和对行业新技术的把握差异，往往使专业教材理论内容较多，与生产实际结合不紧密，针对行业应用技术涉及的更少。企业工程师虽然了解企业生产技术和所用设备原理，但独立编写教材却受到内容把握、撰写经验等方面的限制。校企联合编写特色课程教材弥补了学校教师与企业工程师各自的不足，特色教材有了更实际的内容和更准确的技术描述。《印刷设备综合训练》《印后加工技术》《数控机床加工与编程实训教程》等特色教材成为校企协同特色课程体系的内容保障。

（六）特色课程教学方法创新实践

新教学理念孕育出的特色课程，只有通过创新教学方法，才能够凸显课程的特色与效果，为此，设计了“多元化”的教学方法满足特色课程的需要。

开放式教学方法利用校内课堂、教学基地和企业生产现场等不同教学情景开展跨界教学。课程教学不再拘泥于学校的课堂，也不再严格划分教室与实习基地，而是利用所有合适的校内外环境，根据课程教学内容、讲授方法和教学效果来设计最合适的课堂。这种教学方法广泛应用在“印刷设备概论”“印刷设备管理与维护”等专业课程的教学中，将教学环境、内容、方法和效果形成最佳组合。

专题化教学以小学时应用技术课程为主。针对某一专业技术，如“印刷ERP 系统”“防伪印刷技术”等，在课堂由老师讲解理论基础，在企业由行业专家讲解技术要点，在生产现场由企业工程师讲解技术应用，最终通过教师组织学生讨论和撰写专题论文完成课程考核。这种教学方法充分利用校企团队教师的各自优势，借助企业生产一线，将理论与实践高度结合。

模块化教学是精心设计不同难度、不同要求、可以组合的针对实践能力锻炼的教学创新方法。针对企业生产有差异、学生能力有高低、实践教学有难易的特点，设计不同层次要求的模块化组合实践教学方案。在“印刷机装配实习”课程中，针对“印刷装置设计”组合模块、“印刷设备技改、维修”组合模块和“印刷设备维护、保养”组合模块，不同需求、不同能力的学生能够根据未来发展进行选择，达到个性化培养的目的。这种教学方法实践了因材施教的教育理念。

多角度考核是对不同特色课程采取不同的考核模式，以期通过考核方式的创新改变对于课程学习效果的评价。这种考核方式有按照教学进程的分阶段考核（如“印刷设备概论”等），按照教学内容的分类型考核（如“印刷机械设计”等），按照课程性质的个性化考核（如“印刷设备与维护”等）等。根据特色课程特点，采取对知识、能力掌握程度最适合的评价手段，全面综合评价学生的学习质量是提升教学效果的重要方法。

（七）特色课程建设成果

（1）建立起“四结合”课程体系重构理念

通过构建特色突出的课程体系，将机械工程学科规范与专业特色有机结合；通过组建联合教学团队和联合授课，有效对接校内外优质资源；通过建立模块化课程，将课程知识传授与能力锻炼相融合；通过校内外教学基地和特色资源库建设，将课堂教学延伸到课外；创立了“四结合”的特色课程体系重构理念，并得到实践检验。

（2）重构了“行业特色”的课程教学体系

通过开设小学时特色课程，形成专业规范课程与特色课程结合的课程体系；通过校企共建特色课程和联合教学团队的双导师授课，将技术基础与现代前沿技术紧密衔接；通过重构特色课程教学内容和创新教学方法，将系统教学与专题化授课深度融合；通过四年不断线的特色课程教学和共建教学基地，将课堂教学延伸到课堂外；“行业特色”的课程教学体系重构落实到了实处。

（3）健全了“资源共享”的课程保障体系

通过组合学校行业企业联合教学团队，创建了“1+3”的多层次教学力量，奠定校企协同联合开设特色课程的人员保障；通过共建校外实践教学基地，为专业课程和专业实践课程提供了教学环境保障；通过联合编写特色教材，为专业课程和专业实践课程提供了知识更新、技术先进、理论联系实际的教学内容保障。资源共享、校企协同、优势互补形成了特色课程体系重构的有力保障。

（4）实施了“多元化”的课程教学方法

针对不同特色课程的要求、特点、导师和效果评价，采用课内外结合的开放式教学、校企协作的专题化教学、个性化选择的模块化教学，多角度的课程学习质量综合评价的“多元化”创新教学方法，使以人为本、因材施教的教学理念在特色课程的教学中收到良好的效果。

六、团队建设，重中之重——“机械工程专业教学团队”建设

（一）建设成果

机械工程专业教学团队由 9 名专业教师组成，其中教授 2 人、副教授 4 人、讲师 2 人、助理实验员 1 人。教学团队以中青年教师为主，讲授课程涉及机械工程专业开设的主要学科基础课程、专业课程、全校工科通识教育的专业平台课程和承担面向行业的对外培训工作。课程团队主持和主要参加本专业 7 门核心课程和大量专业课程及实践教学工作，是机械工程专业理论课程、实践课程、大学生科技活动等专业教学和学生实践创新能力培养工作的主要承担者。

多年来，教学团队努力贯彻先进教育思想，创新教育理念和教学模式，推进课程建设和教学改革，提升教学质量，促进教师合作，凝聚教学队伍，建设了一支掌握现代机械设计与制造基本理论和基础知识，了解现代印刷机械技术、市场和发展前景，具备较高课程教学水平和科研实践能力，致力于以培养学生理论联系实际、实践创新能力为己任，具有严谨、求实、敬业、奉献精神的教学团队。

近三年，教学团队转变教育思想，实践教学理念，加强教学研究，致力教学改革，努力探索新型人才培养的模式。

教学团队在人才队伍建设上本着培养教师基本素养、提升教师教学能力、促进业务水平提高的宗旨，特别加强对青年教师的培养，先后组织赴天津科技大学、杭州电子科技大学等兄弟院校交流学习，赴北人集团、天津日报等著名企业参观学习，组织教师参加全国印刷信息大会、印刷展览会和专业讲座，鼓励青年教师攻读学位和下厂锻炼，为两名青年教师配备了导师。近三年，本团队获得国家级奖项“毕昇印刷优秀新人奖”1 人，北京市教学名师 1 人，北京印刷学院教学名师 2 人，雅昌教学特别奖 1 人，“我最尊敬的教师”2 人。

在课程建设方面，不断加强课程教学方法研究和教育教学改革实践，整合课程团队师资力量，加强课程教学内容更新，实践多种适合课程教学方法的改革。目前课程团队成员承担的课程中，“印刷设备概论”被北京市评为市级精品课程，“工程图学”“机械设计”“机械制造技术”“印刷机械设计”“机电传动控制”“工程力学”“数控技术基础”等 7 门专业核心课程被授予校级精品课程称号，“印刷过程自动化”“机械制造基础”等课程被评为校级优秀课程。近三年，本团队获得北京市精品课程 1 门，北京印刷学院精品课程 2 门，优秀课程 2 门。

在教材建设中，教学团队根据课程内容改革的需要，积极规划，团结合作，编写完成理论教材和实践教学教材，并积极编写满足行业需要的出版社规划教材。三年来，教学团队获得北京市精品教材 2 本，北京印刷学院精品教材 3 本，出版了北京印刷学院特色教材 1 本，获准编写校级特色教材 1 本。

在教学方法改革中，教学团队以不断实践创新教学方法，提高教学水平为己任，在理论教学中实践讨论式教学、现场教学、专题教学、个性化作业、分阶段考试等教改新方法，在实践教学中，实践了分层次教学、模块化教学、协作式教学等新型教学方法，并通过精品课程网站、特色教学资源库等形式，拓展学生的知识视野，为学生自主学习提供丰富的资源。三年来，教学团队收获了丰硕的教学改革成果，团队成员学生评教成绩均在本专业名列前茅，并取得了 2 项北京市教学成果 1 等奖，3 项北京印刷学院教学成果 1 等奖。

在学生培养方面，教学团队始终重视培养学生的实践创新能力，在教学中采用多种方法激发学生自主学习和提高实践能力，并积极指导学生参加大学生研究计划和学科专业竞赛。三年来，教学团队成员 1 人获得学校颁发的实践教学突出贡献奖，1 人获得实践教学优秀指导教师，6 人获得优秀毕业设计指导教师，指导学生获得首都高校第六届机械创新设计大赛二等奖 2 项，三维数字化创新设计大赛特等奖 1 项、一等奖 2 项，指导学生参加印刷学院第一届大学生机械创新设计大赛一等奖 1 项。

（二）建设方法

在教学团队建设中，将继续秉承严谨、求实、敬业、奉献的团队建设宗旨，加强团队成员的合作，努力提高教师教育教学水平。

1. 人才培养计划

（1）充实新老结合、学缘合理、内外结合的教学队伍，积极外聘行业、企业的专家、学者 1 ～ 2 名担任团队顾问，3 ～ 5 名担任校外实践教学兼职教师，三年内力争申报北京市优秀教学团队。

（2）加强教学研究，积极开展教学改革和实践，组织校内外教学改革与教育教学方法研讨会 2 ～ 3 次 / 年，组织日常教学研究 5 ～ 6 次 / 年，形成有组织、有目的的教学研究计划，每学期组织 2 次学术讲座或学术报告会，提高团队教师的教学水平。

（3）加强团队成员的学习、培训和对外交流，组织团队成员与知名大学、兄弟院校和印刷行业开展广泛交流，每学年有计划地组织开展或参与国际学术交流与合作活动，促进团队成员业务知识能力水平和核心凝聚力的提高。

（4）积极鼓励团队成员参加学业和专业进修、学术活动、下厂学习和校外学习培训，每年选派 2 ～ 3 名教师进行不少于 2 个月的进修和各类培训，逐步提高团队学历职称和专业水平。

（5）加强青年教师的培养，在教学、科研等方面安排教授和老专家做青年教师的导师，进行专业指导，提高青年教师的教学业务水平；以课程群或专业建设为纽带，为每一位团队成员制定发展的方向。

（6）鼓励团队成员合作，共同承担市级、校级教改课题，申报校级教育教学改革一般项目 2 ～ 3 项，重点项目 1 ～ 2 项，发表教改研究论文 15 篇，其中核心期刊 6 篇，CSSCI 论文 2 篇或 EI、SCI 检索 2 篇。获得校级优秀教学成果 1 ～ 2 项。

2. 理论课程建设计划

（1）建立合理、科学的专业教学课程体系，配合专业完成新版培养方案，完成全部专业课程教学大纲的编写和修订，完善教学文件，规范教学程序。

（2）加强课程建设，对专业重点课程逐步推行课程集体研讨，统一课程知识点、统一试卷、统一判卷，确保课程教学质量；优化课程体系，跟踪发展前沿，更新课程内容，改革实验教学形式和内容，完成5～8门课程的完善与重建。

（3）加强教学研究，积极进行适合专业课程特点的教学改革和实践，在专业教学中推广现场教学法，在重点课程中推行讨论式教学法，通过教学法改革推进教学效果。

（4）积极推进现代教学方法和手段的改革，提高课堂教学质量，全部专业课程的学生评教分数达优良以上，激励教师争取师德先进、雅昌奖和先进教师奖。

（5）进行教学质量意识教育，团队成员互帮互助，杜绝教学事故；为课程或课程群制订授课计划，保证每门课程有不少于2名主讲教师。

（6）继续开展精品优质课程建设，将机械工程专业课程建成3～6门校级优秀课程、2～3门校级精品课程，按照市级以上标准建成精品课程1～2门。

3. 实践课程建设计划

（1）加强实习教学，重新规划所有专业课程实验，完善所有课程实验大纲和实验指导书。

（2）定期开展实践教学内容、方法和效果的研讨，制定学生创新实践的方案。

（3）在实践教学中推行模块化教学法、分层次教学法，通过因材施教的个性化教学方案，改善实践教学的效果，提高实践教学质量。

（4）开展实验教学改革与创新，每年新增综合性、设计性实验1～2个，力争三年建设期内专业课程的综合性、设计性实验占到课程实验项目的50%。

（5）继续加强校内实践教学创新基地建设，重新规划和恢复校内实践教学创新基地，深化教学基地环境和软、硬件建设，力争申报北京市校内实践创新基地。

（6）加强校外实习基地的建设，建立4～5个稳定的校外学生实习基地，积极申报北京市校外人才培养基地，为实践教学质量提高提供保障。

（7）通过修改大纲和常态教学检查，加强课程设计和毕业设计质量的监管，通过多种途径提高课程设计和毕业设计教学质量，提高就业质量和水平。

4. 教材建设计划

（1）加强教材建设，组织团队教师联合行业专家，编写专业理论课程教材、实践课程教材、实验教学指导书、课程综合设计指导书和实习教学指导书，完善专业课程教材体系。

（2）积极申报北京市精品建设教材和学校特色建设教材，自编或修订校级特色教材及实验指导书 3 ～ 5 部；建成校级精品教材 1 ～ 2 部；按照市级以上标准建成精品教材 1 ～ 2 部，力争取得标志性成果。

5. 学生创新能力培养计划

（1）组织学生参加申报国家和北京市大学生科学研究计划，取得 3 ～ 4 个 / 年大学生研究计划项目，提高师生教学研究水平。

（2）组织学生参加各种学科专业竞赛，每年参加学生人数不少于 10 人，力争获得各种专业竞赛奖项 2 ～ 3 个 / 年，激励学生的学习热情和参与科研创新精神。选派教师参加各类校级及以上教学比赛或指导学生参加学科竞赛、发表学术论文。

（3）三年内指导并获得优秀毕业设计论文 2 ～ 3 篇，提高毕业设计论文的水平。

七、教材建设，领先发展 ——《现代印刷机械原理与设计》教材建设

（一）建设内容

《现代印刷机械原理与设计》是北京印刷学院“印刷设备概论”和“印刷机设计”两门前后序专业课程的指定教材。“印刷设备概论”课程主要讲授印刷机械类型、组成、结构特点和使用方法，“印刷机设计”课程主要讲述印刷机械的结构原理和设计方法。全书共有 10 章 46 节，文字资料 36.5 万字，各种汇总、对比表格 32 个，插图数量近 500 幅，100 多个课后思考练习题。

《现代印刷机械原理与设计》教材内容主要包括：现代印刷机械的类型、组成、结构原理与特点、使用调节与方法、设计原则与方法等。首次考证了印刷机械发展历史，以年代为序介绍了印刷机械演变过程；以印刷机械的基本装置为章节单元，将目前印刷设备的最新技术发展、结构原理、设计思想和代表机型概括其中；首次增加了反映现代印刷设备新发展的数字印刷设备的设计；将离合压设计、印刷滚筒套准调节设计、高速印刷机前规定位装置设计、高速印刷机飞达设计等相关最新研究成果（论文、科研课题、专利技术等）增补进教材，提高了教材的深度与水平。

针对印刷机械课程的教学内容和专业课程特点，“印刷设备概论”和“印刷机设计”课程进行了一系列切实有效的教学改革。采用课堂理论讲授与实地现场教学相结合，在印刷设备现场讲述印刷机械的结构原理，既提高了学生的学习兴趣，又达到了理论与实际相结合的目的，提高了学生分析问题和解决问题的综合能力；采用新颖的讨论课教学形式，学生以团队形式自主进行讨论课内容准备、讲演和考评，深化了学习内容，锻炼了学生的自主学习能力和团队协作精神；采用分阶段考核的教学综合评价方法，按照教学内容特点分解成多个阶段考核，分别采用闭卷、开卷、综合论文等考核评价方法，避免了单一形式考核带来的片面性，提高了课程的学习效果。

为了进一步提高教学效果，围绕课程建设开展了多项教学研究，开发了多种创新型的教学仪器和设备，申报并获得 “印刷机离合压教学装置”“新型印版滚筒套准调节教学装置”“真空输纸实验装置”等多项专利授权；加强课程实践教学建设，建立了印刷机械装配特色实习基地，完成了从硬件（典型印刷零、部件和整机装拆实习模块）、软件（自编实习教材、教案等系列教学文件）到工程训练环境（实习指导挂图、原理实物展示和装拆平台）的特色实习基地建设。

目前，“印刷设备概论”和“印刷机设计”课程均已取得北京印刷学院校级精品课程称号。

“印刷机械专业课程教学团队”取得北京印刷学院校级教学团队称号。

《现代印刷机械原理与设计》教材于 2008 年分别获得北京市精品教材和北京印刷学院精品教材称号。

《现代印刷机械原理与设计》教材第一版的印刷数量为 3000 本，主要作为北京印刷学院、西安理工大学、天津科技大学相关专业课程的教材；并被曲阜师范大学、青岛科技大学、上海理工大学作为相关专业课程的教学参考书；被选定为中国印刷与设备器材工业协会教育分会与北京印刷学院举办的多批印刷技术培训班的培训教材；已成为印刷机械研究院所、制造厂家和印刷厂技术人员的专业参考书。

（二）建设创新点

近年来，各个出版社分别出版了一些涉及印刷设备的教材，但全面和系统论述印刷机械结构原理和设计方法的教材极少，特别是在印刷设备发展迅速、技术日新月异的时期，能够包括现代国产和进口单张纸胶印机、卷筒纸胶印机、柔印机、凹印机以及当前最新型的数字印刷机，以当前印刷产业主流印刷设备为重点，介绍印刷设备各机电装置的结构特点、工作原理和设计计算方法的教材就更为稀少。

近几年国内出版的印刷机械教材主要包括：王淑华老师主编的《印刷机结构与设计》，该教材条理清晰，内容详细，但由于出版年代较早（1994 年），未能涵盖现代印刷机械的新结构和新的设计方法；张海燕老师编写的《印刷机设计》教材主要以胶印机械的设计方法为主，对其他印刷方式，如柔印机、凹印机，特别是数字印刷机的结构与设计都没有涉及；其他印刷设备教材均以介绍印刷机械原理为主，但不涉及设计内容。

在国外，囿于知识产权保护和印刷机械研究主要以印刷机械制造公司旗下研究机构为主的设计开发模式，技术人员不允许出版印刷机械设计方面的教材或专著，因此，无论是纸媒体还是电子媒体，均没有任何与印刷机械设计相关的技术资料，更不用说是教材。

《现代印刷机械原理与设计》是一本集多年教学资料和先进科研成果，涵盖常用印刷机械原理和结构设计的专业教材。其专业技术信息大大扩展，教材结构科学实用，具备较好的前瞻性，在内容的深广度、先进性和科学性等方面，符合印刷机械专业教学大纲的要求，具备如下突出特点。

1. 定位准确，符合课程教学要求

本教材在北京印刷学院应用的课程是精品课程“印刷设备概论”和“印刷机设计”两门前后序课程，也可作为相关专业开设的“印刷机结构原理”“印刷设备”等课程的教材。

《现代印刷机械原理与设计》教材包含了满足“印刷设备概论”课程要求的印刷设备基本类型、组成、结构特点、使用方法等相关知识，和满足“印刷机设计”课程要求的印刷机械结构类型、设计要求、设计原则、设计原理和设计方法等相关内容，符合相关专业学生了解印刷设备的类型、特点和应用，熟悉印刷机械结构特点、工作原理和设计方法，掌握印刷工艺要求与印刷机械设计及使用的关系，具有正确评价、选择、使用及设计印刷机械能力的应用型人才培养目标。教材在章节排列上，层次分明，脉络清晰，不同层次要求学生既可以系统了解印刷设备的全貌，也可以深入学习印刷机械的设计知识，从而成为印刷机械课程群的最主要教材。

2. 内容完整，知识点覆盖全面

《现代印刷机械原理与设计》教材涵盖了印刷设备领域中最常用的传统印刷设备（平印、柔印和凹印）和最新的数字印刷设备内容，省略了技术落后、已遭淘汰的陈旧印刷设备内容，增补技术先进，作为生产主力的现代印刷设备内容，使整个教材的内容更加完整和富有现代气息；教材首创对各种印刷设备的演变历程的严谨考证，以年代为序，跟踪印刷设备发明和技术变迁的大事件，详细叙述了各种印刷设备的技术发展和演变历史，从而使学生们对印刷设备发展全貌有了清晰的了解；教材围绕印刷机械的核心装置［印刷装置、给墨（水）装置］，按照纸张走纸过程（单张纸输纸装置、定位传递装置、收纸装置；卷筒纸输纸装置、印后加工装置）的纸路划分，按照使用（工艺）要求→设备基本组成→主要功能作用→不同结构特点→机构工作原理→机械设计方法→设备实际应用的基本思路，从不同角度详细叙述了各主要装置的完整内容，覆盖了相关专业要求的全部知识点；按照教育教学规律，设计了每一章节的概述内容，精练概述各章节的基本内容和重点、难点，每一章后还设计了针对性的练习题，便于学生课后复习和自主学习，形成了完整的教材体系。

3. 深度适中，引入最新教学科研成果

《现代印刷机械原理与设计》教材不仅包含有全面的印刷机械原理与设计的相关信息，而且具有合理的知识深度和最新技术发展信息。教材中不仅吸纳了大量已公布的国内外相关领域的科技研究成果，而且加入了多年来专业课程教学团队成员积累的大量教学和科研成果结晶，如印刷机离合压装置的设计、套准调节装置的研究、给纸、传递装置的计算等，这些教学科研成果有些已申报了国家专利，如“印刷机离合压教学装置”（ZL 200520118768.5）、“新型印版滚筒套准调节教学装置”（ZL 200620158777.1）、“真空输纸实验装置”（ZL 03266677.2）等，有些已应用于印刷设备制造企业，产生良好效益，如递纸机构研究成果已用于江苏昌升集团、江西通达印刷机有限公司生产的对开、四开印刷机上，给纸机构研究成果已用于如皋建筑机械有限公司生产的单张纸胶印机上。有些研究成果已被 EI 检索，如“*The Optimal Design of the Speed Changeable Sheet-Fed Mechanism in the High-Speed Press*”（EI：05249160692），“*The Discussion on the Design of Engage and Disengage Mechanism between the Press Cylinders*”（EI：04438414181）。将基础知识与先进技术成果结合，完善了教材体系，发掘了技术深度，更新了教学内容，提供了学生自主研究和探索印刷设备的资讯。

4. 信息更新，反映了学科及产业发展最新成果

现代印刷机械的设计已经发生了很大变化。以单张纸胶印机为例，当印刷机的速度超过 15000 张 / 时，套印精度要求达到 ±0.01mm，印刷幅面超过全张纸尺寸后，原有印刷机械的机构设计难以满足高速、高精度、大幅面下的运动和动力要求，因此，国内外著名印刷设备制造商在新型印刷机械上纷纷对印刷机构进行了较大改进，甚至是全新的设计。《现代印刷机械原理与设计》教材在保留目前仍在大量使用的经典印刷机械精华内容的同时，增补了大量全新内容，如偏心式离合压机构的设计、下摆式前规、下摆式递纸牙、输墨系统性能指标计算等设计内容，使全书内容更加具有时代信息，走在产业发展的前沿；教材以图表形式提供了大量印刷机械设计参数、相关机构原理图、结构设计图等资料，为学习者提供了更多、更系统的机构设计和使用信息，以案例形式引导印刷机械的设计思路、方法。此外，教材针对印刷机械中的新装置、新设计及新设备（如数字印刷机械）内容进行了重点介绍，以新型印刷机械的科研课题、成果和国内外印刷产业的发展成果为基础，针对我国目前使用最广泛的先进印刷机型，分析和对比印刷机械结构原理、机构特点和设计思想变化的原因、优劣与前景，从而通过新型机构设计参数、设计原理图和结构图等，指导新型印刷机械的使用和设计，使教材信息与现代印刷技术发展同步。

5. 结构清晰，符合科学的教育教学规律

印刷机械是印刷加工过程中的重要工具之一，在整个印刷工艺流程中占有重要地位。《现代印刷机械原理与设计》教材遵循设备服务于印刷工艺要求的思路，对印刷机械的机构原理和结构特点结合印刷工艺进行分析，将工艺要求和产品质量的高精度、高效率要求与印刷机械的设计和使用紧密联系，强调从印刷机械整机工作原理、特点与应用，引出主要印刷装置的设计方案、计算方法与控制原理。例如第二章第三节的“印刷机离合压装置原理与设计”，通过阐述纸张印刷过程中离合压机构服务印刷的基本要求，使学生了解离合压机构的作用与重要性；通过介绍离合压的原理与方法，使学生懂得印刷滚筒离合压的本质与实现方式；通过离合压时间的分析，使学生清楚离合压机构的工艺要求与设计原则；通过讲述离合压机构的设计方法，使学生掌握根据工艺要求进行离合压机构的参数计算；通过离合压传动形式的介绍，使学生熟悉离合压的结构类型和使用调节方法；通过课后练习思考题，使学生巩固所学知识。教材自始至终贯穿了工艺→设备→机械→设计→应用的编写思路，为学生们设计了一条清晰的学习路线，既符合教科书的教学与学习特点，又符合印刷机械选型与设计的流程。

6. 体系完整，促进学生综合能力提高

《现代印刷机械原理与设计》教材既有内容全面、信息更新、起到学习引导作用的印刷设备概述内容，又有思维缜密、推理严谨、一定难度的印刷机械设计内容；既有以讲述结构原理为主的理论知识，又有涉及设备操作调节的实际应用内容；既有以讲解设计原则、设计要求、公式推导和编程设计的理论指导，也有具体的机构分析、参数计算和程序编制的实际范例；既有适合课堂讲解的详细内容，也有适合现场教学的使用调节指导内容；既有课内传授的完整知识，也有思考题形式的课后学习指导。教材优化了的完整体系，既适合使用者通过学习提高理论水平，也能够作为实际工作中的使用指导。目前，该教材不仅在理论教学中作为课程指定教材，也作为“印刷机结构设计”课程设计实践环节的指定教材，在“印刷机结构实习”教学和毕业设计中成为学生必不可少的学习参考教材。

7. 图文并茂，形象展现教材的教学特点

《现代印刷机械原理与设计》教材使用了翔实的文字资料、精心设计的表格和大量的展示图片，更好地展示了印刷机械结构与原理。全书文字资料 36.5 万字，表格 32 个，插图数量近 500 幅，100 多个思考练习题。全书包括 10 章 46 节，教材每章内容编写顺序从印刷机械总论→印刷装置→给墨（水）装置→单张纸输纸装置→单张纸定位传递装置→单张纸印后装置→卷筒纸输纸装置→卷筒纸印后装置→印刷机自动控制装置→数字印刷机械，形成了从演变历史到具体装置、由共性机械到个性机构的编写构架；教材每节内容以每一装置的工艺要求→基本组成→功能作用→机构原理→结构特点→设计计算→常规应用→使用调节为编写主线，构成了对每一印刷装置全面的阐述和介绍。表格内容涉及主要类型比较、设计参考参数和应用举例。插图包括形象的示意图、照片、机构简图和准确的原理图、结构图、三维设计图等，用不同类型的图片配合文字内容的讲解。每章后的练习题包括名词解释、问答题、说明题、论述题、比较题、计算题等。以图文并茂的形式启发学生们的学习兴趣，全面促进和帮助学生们对知识的理解，降低了自主学习的难度，有助于提高分析问题的基本能力。

8. 使用良好，获得同行与业界较高评价

《现代印刷机械原理与设计》教材出版后，已在北京印刷学院机电专业的 2004 级、2005 级和 2006 级的“印刷机械概论”（现更名为“印刷设备概论”）和“印刷机设计”课程中作为指定教材；在印刷工程和包装工程专业 2005 级和 2006 级的“印刷设备概论”课程中使用；并作为北京印刷学院机电工程专业 2007 级、2008 级硕士生“印刷机械设计方法”课程的教材；在 2007 年 5 月、2008 年 3 月和 7 月中国印刷与设备器材工业协会教育分会与北京印刷学院继续教育学院开办的胶印技术培训中作为指定培训教材。教材既满足了学生课前预习、课中使用、课后复习的需要，也解决了以往教材内容陈旧带来的教学困难，在历年课程教学评价中获得优秀评价。此外，本教材的编写质量和实用效果，支撑“印刷机设计”和“印刷设备概论”课程分别在2007年和2008年获得北京印刷学院精品课称号；2008年《现代印刷机械原理与设计》教材分别获得北京市和北京印刷学院的精品教材称号，2009年以教材编写团队为主的“印刷机械专业课程教学团队”被北京印刷学院授予校级优秀教学团队称号。

9. 编写精细，编印质量精良

《现代印刷机械原理与设计》教材章节设计合理，文字简练清晰；符号标准规范，图文编排得当；封面设计典雅，编校专业精细，文字错误少；图文对应，图表清晰，装潢精致，印刷精美。

（三）教材应用效果

《现代印刷机械原理与设计》教材出版后受到使用者的普遍好评。

北京印刷学院认为：在该教材出版前，相关课程一直没有教材，只有指定参考书，而这些专业书籍内容和编写方法大多与教学大纲有较大出入，因此，一直是由任课教师提供的讲义和电子课件作为学生学习参考，教学效果受到很大影响。学生普遍反映课程学习难度大，迫切需要合适的教材做指导。教材出版后，在机电专业2004级、2005级和2006级开设的“印刷机械概论”“印刷机设计”课程和印刷工程专业2005级、2006级“印刷设备概论”课程中使用。使用后任课教师普遍反映教学质量有了较大幅度的提高，学生可以通过教材更加细致地学习和复习，教材编写的内容具有良较好的前沿性和指导性，不仅满足学生课程学习的要求，而且对课程设计、实习都具有非常强的指导作用。使用本教材后，“印刷机设计”和“印刷设备概论”（“印刷机械概论”已统一更名为“印刷设备概论”）课程分别获得北京印刷学院精品课程称号，《现代印刷机械原理与设计》教材也获得了北京印刷学院精品教材称号。

西安理工大学认为：现代印刷机械是一种结构复杂、制造高精度、技术难度大的机、光、电、气一体化和计算机控制技术广泛应用的机械设备。《现代印刷机械原理与设计》是一本涵盖印刷机械原理和印刷机械结构设计的教材，教材应用在印刷工程2005级开设的“印刷机结构原理与设计”课程中。教材从印刷机结构原理和使用要求出发，重点阐述了印刷机械的设计原则、设计思路、设计方法和设计步骤。以现代国产和进口单张纸和卷筒纸胶印机为重点，讲述各部件的结构、工作原理、设计计算，也涉及最新发展的数字印刷机结构原理和设计方法。该书内容结构合理，阐述条理清晰，插图规范，其深广度、先进性和科学性等均符合印刷机械专业的教学大纲要求。

中国印刷与设备器材工业协会教育分会认为：针对国内印刷行业的印刷技术培训，特别是针对超过 400 家印刷机械制造企业的技术培训，非常需要能够对印刷机械设计起到指导作用的教材。2007 年 5 月由协会主办的全国胶印技术高级培训班和 2008 年 4 月和 7 月举办的第一、第二期胶印技术培训班，主要培训对象是印刷机械制造企业的设计人员和印刷企业的设备和技术管理人员，《现代印刷机械原理与设计》教材是培训班的指定教材。该教材的主编和编委都是多年从事印刷机械原理与设计研究工作，具备丰富的理论和实践知识，教材编写汇集了多年的教学、科研成果，并查阅了大量研究资料，确保了教材内容的正确性、先进性和全面性。教材涉及大量具有参考性的参数、方法、程序等，并对印刷机关键装置的设计提供了样例，对印刷机的结构与使用的关系做出了详细的论述，为印刷机械的设计、使用和技术管理人员提供了非常好的技术资料和参考。

天津科技大学认为：《现代印刷机械原理与设计》教材，在查阅大量历史资料和科技文献的基础上，较为全面和完整地讲述了印刷机械的发展历史和发展趋势；有条理、由浅入深地介绍了现代印刷机结构、原理与设计方法，特别重视从工艺要求出发对设备机构、装置的分析，以及印刷机主要装置的使用、调节内容、步骤及检验方法。内容不仅涵盖印刷市场最为常见的平版印刷机、柔性版印刷机和凹版印刷机，也涉及最新发展的数字印刷机。在教材的编写方面具有重点突出，详略得当，图文并茂的突出特点，每一章节的习题全面反映了章节内容的重点和难点，突出了教材的现实性、科学合理性和完整性，对学生的学习十分有利。

（四）社会效益

《现代印刷机械原理与设计》教材作为北京印刷学院机电本科专业“印刷设备概论”“印刷机设计”课程教材，印刷工程本科专业“印刷设备概论”课程教材、机电工程专业研究生“印刷机械设计方法”课程教材和西安理工大学“印刷机结构原理”课程的指定教材，天津轻工学院、大连工业大学、曲阜师范大学等院校相关专业课程的教学参考书，中国印刷与设备器材工业协会教育分会与北京印刷学院继续教育学院联合举办的胶印技术高级培训班的培训教材，受到了教师、学生们的青睐和欢迎。

（五）建设意义

本教材是由我院机械制造及自动化专业陈虹教授组建的印刷机械专业课程教学团队编写的。该教材是2005年由国家新闻出版总署和印刷工程专业教学指导委员会批准的“十五”规划建设教材，经过严格的立项、论证、编写、审查，最终于2007年正式出版。

教材出版后作为机电专业的2004级、2005级和2006级的“印刷机械概论”和“印刷机设计”课程指定教材、印刷工程和包装工程专业2005级和2006级的“印刷设备概论”课程教材、机电工程专业2007级、2008级硕士生“印刷机械设计方法”课程教材；和2007年、2008年中国印刷与设备器材工业协会教育分会与北京印刷学院继续教育学院开办的胶印技术培训班培训教材，也在同类院校作为教材和教学参考书。

教材使用后在一系列课程教学评价中受到学生和专家的好评。使用该教材的“印刷机设计”和“印刷设备概论”课程分别在2007年和2008年获得北京印刷学院精品课程称号；2008年《现代印刷机械原理与设计》教材先后获得北京市和北京印刷学院两级精品教材称号；2009年以教材编写团队为主的“印刷机械专业课程教学团队”又被学校授予校级优秀教学团队称号。

八、师资建设，名师引导
——北京市“高创计划”教学名师

（一）教学成绩

近年来，不断学习和研究现代教育技术和手段，独立开发了内容丰富、图文并茂，集视频、三维动画、二维动画、图片、示意图、表格、文字等于一体的PPT教学软件和多媒体课件，在教学中不断改进和更新，应用在每年的教学授课中。并且，每年都设计加入新的内容与方法，引入新的视频和动画，年年推出新版本的教学课件，得到学生们的赞赏和喜爱。

针对所讲授的课程，设计和开发了形式多样、内容丰富、新颖别致的教学网站，包括教学最基本的教学大纲、课件、教案、教学日历、教材、习题、实习指导书等，还有涵盖印刷设备制造商信息及产品、印刷设备结构与原理、印刷设备应用、印刷设备选择、印刷供应商信息、印刷高等院校信息、印刷设备实验室、印刷设备实习基地等丰富信息的教学资源。教学网站始终面向学生，获得了较高的点击量。

教学中，充分利用学校拥有的数字校园网络资源，建立了印刷设备课程的校内网络教学平台，利用这个平台与学生进行教学交流、教学互动，网上通知、网上提问、网上交作业和批改作业，多年应用已经成为本课程教学运行常态。在印刷行业职工培训方面也发挥出巨大作用，得到印刷行业和企业的充分认可。

为了做好实践育人工作，发挥实践教学的功能与效果，主持建设了全国唯一的、具有特色的印刷设备实习教学基地，开发了二十多种教学模块，不仅应用在印刷设备实习、课程设计和毕业设计（论文）教学环节中，而且还应用在大学生科技活动、创新创业实践活动中，取得了非常好的效果。

此外，教学中还通过设计开发的印刷机械应用特色资源包（一期、二期），以及带领学生共同开发的印刷设备教学平台，不断丰富教学手段，培养学生自主学习的能力。在课程中，采用现场教学、模块化教学、专题教学的形式，通过精心的教学设计，寓教于乐，不仅培养了学生勇于思考、善于思考的良好习惯，而且培养了团队合作的意识。通过考核环节的改革，变终点定论为过程监控，不同的教学内容采用不同的教学方法，使用不同的考核手段，既符合教学规律，又适合现代学生的学习特点。

（二）教学改革

近年来，在所教授课程的教学内容上不断进行更新，始终走在印刷设备发展的前沿。追踪现代印刷技术和设备的发展，除讲述经典印刷设备外，还根据印刷产业市场的变化，增加了特种印刷设备、数字印刷设备等内容，加大了卷筒纸印刷设备的比例，拓展学生的知识领域，满足就业需求。

随着印刷技术的进步和印刷产业的迅速发展，印刷设备在近几年有着非常大的变化和突破。首先是数字印刷技术的兴起开发出数字印刷新兴市场，使传统印刷与数字印刷平分秋色；其次高质、高效和绿色环保等新型产业需求，促进印刷设备发生着革命性的变化。为了使学生能够掌握最新的技术信息和创新知识，组织了以教材改革为引导的课程内容改革，通过编写北京市、出版社和学校的规划教材，重新组织编写了印刷设备概论课程的理论授课教材、实习教材和主要参考教材。在编写过程中，重新设计教学内容的体系，特别注重内容的更新和取舍，将该领域的最新技术研究成果和印刷产业市场的最新发展收纳其中，为学生提供了内容新颖、反映先进技术、指导性强、实用的最新教材；同时，积极进行课程教学内容的改革。通过课程研讨会，科学合理地设计、规范和完善课程教学内容，解决了原有教学内容陈旧和专业信息量不足的问题，很好地解决了教学内容过多与学时较少之间的矛盾，使课程知识点的设计更为科学合理，专业信息内容大大扩展，技术含量得到提高，课程主线得到进一步优化；为了使学生获得更新、更广泛的专业信息，培养学生的自主学习意识和获取信息的手段，除提供教材、教学参考书以外，还建立了网上资源库，内容包括印刷媒体（专业期刊、专业网站）、校内印刷教育资源、国内印刷教育资源、国内印刷企业资源、国外印刷教育资源、国外印刷企业资源等更为全面的信息资源。同时建立了印刷设备特色资源包，涵盖6000余张印刷设备图片、上百个精选专业视频和十几万字的文档资料。

在实习教学内容上，针对印刷设备大多为高速、高精度的自动化机电设备，学生难以从内部清晰了解设备机构的组成、工作原理、相互关系的困难，组建了印刷设备实习基地，对一些设备进行了开天窗式设置，对一些重要的机构单独做了解剖式设置，帮助学生深入了解印刷设备；专门编写了具有特色的印刷设备综合训练教材，包括207幅插图和216个练习题，每一实习模块中包括了描述实习主旨的“实习目的”、实习应用的“装置和使用工具”、讲解理论要点和分步骤实习的“实习规划与方法”、指导学生进行操作练习的“学生操作”、重点强调的“注意事项”、明确考核项目和考核内容的“考核评定”、指导学生明确实习重点和要点的“思考题”以及针对性的相关知识“理论链接”。

在教学方法的改革上，不断探索和创新更加适合本课程的教学和学习方法。遵循以人为本和因材施教的教育教学理念，依据本课程是一门专业基础课程，是学生跨入专业的重要入门课程，考虑学生在学习本课程以前尚不具备丰富的专业知识和专业技能，对课程的知识背景、与行业的关联等均不甚了解的实际情况。针对课程的培养目标，将印刷设备概论课程分为了理论教学和实习教学两个部分。通过理论授课学习印刷设备的相关知识，通过实习实践学习获得操作能力和专业技能的提高。

在理论教学中，课堂教授引入了现场教学、讨论课教学、个性化作业、分阶段考核等新颖的教学方法。创新的现场教学方法使学生从感性认识上能够将理论讲授内容与工程实践联系起来，便于对知识和原理的加深理解；讨论课教学将学习的主动权交给学生，通过命题论文、课堂演讲、团队讨论、教师讲评、学生评分等方式，不仅锻炼了学生自主学习的能力，培养了团队协作意识，还锻炼了课题研究和问题表述的能力，这种参与式、体验式的教学方法真正实现了“以学生为主体”的教育教学模式的转变；个性化作业使得每个同学都需要在自主学习、收集信息的基础上独立完成作业，引导学生在命题范围内选择自己感兴趣的内容自主学习，同时避免了作业抄袭恶习，建立起正确的学习方法和树立起良好学风；分阶段考核方法改变了一张试卷定最终成绩的考核方式，根据不同授课内容的特点，分别设计了开卷考试、闭卷考试、命题论文等几种考核方式，将知识学习与方法掌握有机结合，不仅促使学生在每一阶段都能认真学习，而且改变应试教育学习习惯，起到了极佳的引导作用。

在实习教学中，为满足不同专业、不同要求和不同能力学生的实际情况，设计了多模块分层次教学方式。每位学生可以根据自身情况和需要，在设计的三个层次的 9 个教学模块中选择 6 个或更多教学模块的实习内容实习，兼顾到实习教学的基本要求和优秀学生的更高要求，做到了实习教学的因材施教，取得了更好的教学效果。近年来，在专业实习方面不断改革，不断加大企业实习范围，在与企业共建的过程中，校企不断交流和研究，确定了近 20 个实习内容丰富，工程环境良好，实习监管到位，实习效果突出的实习企业。在学校和企业的共同努力下，通过实习提高了学生实践创新能力、理论与实际结合的能力、团队合作的能力，为未来发展奠定了良好的基础。

（三）教学获奖

（1）2013 年“面向印刷行业高级工程技术型人才培养体系的构建与实践”北京市教学成果一等奖（排名第 4）

“面向印刷行业高级工程技术型人才培养体系的构建与实践”北京市教学成果，不仅面向于北京印刷学院的印刷与包装工程学院、机电工程学院、信息工程学院等工科学生，而且适用于同类型的，特别是与印刷行业相关的高等院校、职业技术学校。该培养体系在与西安理工大学等印刷本科院校、深圳职业技术学院等印刷专科院校的交流中，被上述学校在制定培养方案和教学改革中参考和借鉴。

（2）2012 年“绿色印刷与平版胶印机结构原理”第八届全国高校计算机课件评比一等奖（排名第 3）

“绿色印刷与平版胶印机结构原理”计算机课件已应用在我校机械工程、自动化、印刷工程和包装工程专业学生的“印刷设备概论”课程及机械工程专业学生学习的“印刷机械设计”课程中使用。以此申报的电子教材荣获第三届中国出版政府奖。

（3）2012 年“印刷机械特色实践教学平台”第四届北京印刷学院校级教学成果一等奖（排名 1）

“印刷机械特色实践教学平台”承担了 2001—2010 级机械工程及自动化专业学生印机装配实习，2000（春）—2004（春）级机械工程及自动化专业学生印机装配实习，2001—2011 级机电工程、印刷工程、包装工程、自动化专业“印刷设备概论”课程现场教学，2001—2008 级机械工程及自动化专业学生“印刷机机构原理”课程设计、毕业设计、大学生科技活动的研究基地。并承担 2007—2010 级机电工程方向学生“印刷机械设计方法”课程现场教学，2007—2009 级机电工程方向学生研究课题的研究基地，并承担多家企业技术短期培训。

（4）2012 年“‘印刷设备概论’精品课程”第四届北京印刷学院校级教学成果一等奖（排名 1）

“印刷设备概论”课程是北京印刷学院主要工科学生的必修课程和全院的公选课程，每年应用覆盖学生不少于 500 人，其课程教材《印刷设备概论》不仅是本校学生课程教材，也是外校学生（如曲阜师大、大连理工大学、西安理工大学、上海理工大学等）学习印刷机械课程的教材或参考教材。其课程网站是本校学生和外校学生学习印刷设备的有利助手。

（5）2011 年《印刷设备概论》教材获北京市精品教材奖（排名第 1）

《印刷设备概论》市级精品教材作为北京印刷学院“印刷设备概论”工科通识课程教材；研究生和全院公选课程“印刷设备概论”课程的教材；大连理工大学、曲阜师范大学等院校印刷设备类课程教材，西安理工大学、上海理工大学等印刷设备类课程教学参考书；北京印刷学院继续教育学院“胶印机使用与维护”研修班“胶印机结构原理”课程教材；北京印刷学院承担印刷企业在岗培训教材。

（6）2008 年《现代印刷机械原理与设计》教材获北京市精品教材奖（排名第 1）

《现代印刷机械原理与设计》是北京印刷学院机电专业本科生“印刷机械设计”和机电工程方向研究生“印刷机械设计方法”的课程教材；北京印刷学院继续教育学院面向印刷行业在职人员开设的胶印机高级研修班“胶印机结构原理与设计”课程教材；是西安理工大学、上海理工大学等印刷机械机构类课程教学参考书。

（四）教学改革设计

（1）进一步更新教育教学观念，研究新时期培养创新人才的模式和方法

针对本专业通用专业出身，但却有浓厚行业背景的特点，坚持走特色发展的

道路。将团队建设与专业发展密切结合，将 1+3 教学团队打造成学校与企业结合、理论与实践结合、学生培养与教师提高结合的良性发展道路。

（2）按照卓越工程师计划，加强实践育人，以培养学生实践创新能力为重点

不断摸索打造学生实践创新能力的途径，将课堂—实验室—实习中心—实习基地（校内、外）教学资源构成开放式环境，将课程—实验—课程设计—综合设计—毕业设计教学环节形成渐进阶梯，将理论讲授—现场教学—专题教学—讨论教学组合成环环相扣的链条，将闭卷考试—开卷考试—专题论文—大作业—实验考核构成完善的评价体系，为实现卓越人才的培养提供丰富的软硬件条件。

（3）进一步更新教学内容、改进教学方法，摸索进一步提高理论和实践教学质量的途径

教学内容的更新必须与时俱进，伴随着新技术、新材料、新工艺的诞生，机械行业，特别是印刷机械行业发生了巨大的变化，机器人技术、3D 打印技术已得到广泛应用。教学方法的改进永无止境，融入新的教学理念，借助新的教学手段，以学生未来发展为动力，以提高人才培养水平为目标，探索新形势下的培养方案。

（4）进一步提高所授课程的教学质量，按照国家级精品课程的水平进行建设

“印刷设备概论”和“印刷机械设计”是北京市 / 北京印刷学院的精品课程，其课程教材《印刷设备概论》《现代印刷机械设计结构原理》及实践教材《印刷设备综合训练》均为北京印刷学院 / 北京市两级精品教材。课程建设具有良好的师资、教材和教学资源条件，无论是理论讲授还是实验、课程设计、实习等实践环节，均具备良好的软硬件基础。在课程内容凝练、教学手段多样、教学资源优化、师资队伍整合等方面向国家级精品课水平努力，是下一步的主要工作。

（5）进一步加强专业教材建设，向国家级精品教材努力

尽管已主编了四本（一本为副主编） 北京市精品教材，但目前还没有一本国家级精品教材。凝练教学内容，跟上时代步伐，提高编写水平，整合校外资源，是打造国家级精品教材的主要方向。

（五）教学梯队建设

多年来，以课程教学团队为核心，建立了老、中、青结合的团队教师队伍。对青年教师在教学内容、教学方法和科研能力等方面积极进行帮助，主要体现在：

作为一名多年教学的老教师，将人民教师应有的认真执教、作风严谨、敬业奉献的精神传达给青年教师是自己的责任和义务。在工作中，能够对青年教师耐

心指导、热忱帮助。从教学备课、教学课件准备、讲课方法指导、实践教学要求和教学研究等方面知无不言、尽其所能，为青年教师热爱专业、熟练业务、建立严谨的教学作风起到了应有的作用。

此外，还以课程团队的形式，建立了青年教师导师制。针对所指导青年教师的特点，培养和发挥其在教学、教改和科研方面的能力，加速青年教师的成长。目前，讲授课程的这些青年教师均能够独立完成教学任务，成为重要的主讲教师和教学骨干。同时，在科学研究上支持和帮助青年教师成长，从最早的吸纳他们进入课题组，到支持和鼓励他们独立申报课题，安排他们在印刷企业实习，鼓励他们积极攻读专业学位，成为他们在成长道路上的有力支撑和推手。

不仅如此，面对当前机械工程专业在卓越人才在实践创新能力培养方面的更高要求，为了避免仅仅依靠校内教学团队存在的教师掌握知识难与当前行业快速发展完全同步，对先进技术的生产应用难以全面把握和准确阐述，对学生实践能力的指导缺乏优势等问题，精心设计和组建了以行业领军人物、企业技术专家和企业技术骨干三股力量组成的校外教学团队。借助行业领军人物的技术讲座、发展论坛和专题研讨，向老师和学生们介绍行业发展和传授最新的技术发展动态；借助企业技术专家与校内教师共同讲授专业技术课程，承担理论课程的现场教学；借助企业技术骨干高超的生产技能与经验，利用企业生产现场提供的实践教学平台，通过手把手、面对面的学生课程实习、专业实习和毕业设计等实践课程指导，极大地丰富了学生实践教学的内容，也提升了教师与实践结合的能力及教学水平。由此打造了由 1 支校内专业教师组成的教学团队与 3 个不同层面校外专家组成的校外教学团队，共同构成了“1+3”的校企联合教学团队（见图 5-1），成为本专业校企联合人才培养模式的组织保障。

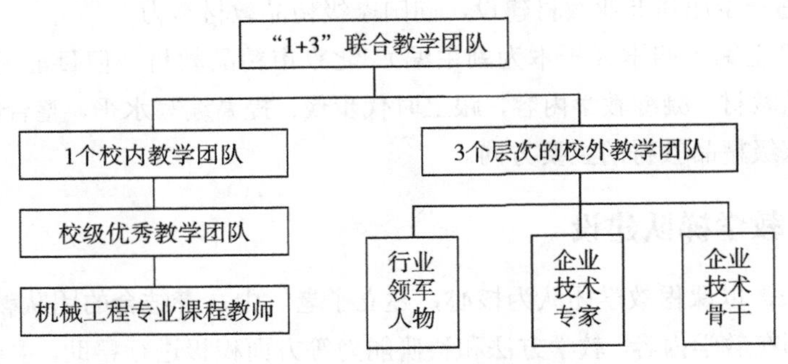

图 5-1 “1+3”的校企联合教学团队

九、服务社会，行业贡献
——第十二届毕昇印刷技术优秀新人奖

笔者自 1986 年毕业于北京印刷学院留校任教以来，一直辛勤工作在印刷高等教育和为印刷行业服务的第一线。40 多年来，本着勤勤恳恳培养印刷人才、认认真真为印刷行业服务、做好一名优秀人民教师的宗旨，为印刷行业及印刷机械行业培养出大批优秀人才，为印刷行业提供了大量的专业服务，得到了学生们和行业的欢迎和信任。

（一）热爱教育事业，坚持教书育人

1986 年的北京印刷学院，虽然是国内唯一冠名印刷的高等院校，但无论是师资力量还是实验室等基础条件都极端匮乏和薄弱。作为一名新教师，为了尽快承担起教师的职责，笔者在老教师们的帮助下，从工作量最大、教学任务最为繁重的“工程制图”课程教学开始，不断钻研业务，学习新知识，并刻苦研习教学方法，逐渐成为印刷机械专业的教学主力。在掌握基本教学方法的基础上，加强课程建设、教学研究、实验室建设和科研开发工作，逐步成长为机械工程及自动化专业的教学带头人。多年来，我主讲了“工程制图”“印刷概论”“印刷工艺”“印刷设备”“印刷机结构原理”“印刷机械设计”“印刷故障诊断与排除”“印刷专业外语”“印刷设备前沿技术”等十多门课程，并在 1994 年获得北京印刷学院机械工程系第一届青年教师教学基本功大赛一等奖，1995 年获得北京印刷学院首届青年教师教学基本功大赛一等奖，1997 年获得北京市第二届青年教师教学基本功大赛三等奖。

在长期的教学工作中，我始终坚持严守教风，专心教书育人，认真讲好每一堂课，平等对待每个学生。所负责和主讲的“印刷设备概论”课程作为学校确定的通识课程，涉及学校几乎所有的工科专业，学生人数多，课程覆盖面广。为了使学生真正学到知识，打好学科基础，提高教学质量，我一直努力改革传统的教学方法，采用现场教学、讨论式教学、案例式教学、体验式教学等多种现代教育教学方法，增强专业知识的贴近，提高学生的学习兴趣，把学生尽早引入专业学习轨道，激发学生对印刷行业的热爱。同时，利用课内课外时间与学生努力交流，指导他们明确学习目的，尽早进行职业规划，为未来人生发展打下基础。辛勤的工作收获了学生们的认可和赞誉，我在历年的学生评教中都取得名列前茅的成绩，得到学生们的赞誉，被毕业生评为“我最尊敬的教师”，并在2012年荣获第六届北京印刷学院教学名师和第八届北京市教学名师奖。

在长期的教学工作中，我始终遵循“十年树木，百年树人”的教育教学规律，坚持“以人为本”的教学理念，贯彻以身作则的教学作风。二十多年来，无论社会风向如何改变，无论教学环境怎样变化，我始终坚守在高等教育的前沿阵地，专心从事教书育人，将全部身心投入教育事业。

（二）做好良师益友，培养优秀人才

教书育人是教师的职责所在，将最前沿的专业知识和技术方法传授给学生，提高教学质量，使学生获得雄厚的知识、能力与素质，成为国家建设的有用之材，是我始终不懈的追求。为了不误人子弟，为了对得起家长，为了培养更多更好的对社会有用的人才，我坚持用满腔的热情、丰富的知识和科学的方法教好每一门课，上好每一堂课。为了教会学生一个最新的知识点，介绍一个最前沿的技术，讲清一个最新的发展动向，我常常查阅几十篇技术文献，从知识的起源、理论到延展，从技术的历史、现状到发展，将每一个知识点和技术细节传授给学生，使他们了解完整的知识，全面地掌握最新的技术，享受学习过程的乐趣，得到知识的充实和能力的提高，受到学生的普遍欢迎。

大学是学生人生成长中的重要节点，是他们获取知识、提升能力、塑造人格、培育潜质的重要时段。教师不仅需要教好书，而且还要承担培养人、塑造人的重任，成为学生们成长的良师益友。从初为教师时的团委书记、班主任，到专业导学和大学生导师，不论是在校生，还是已经毕业的学生，都将我当成他们专业学习和职业发展的引导者，愿意将他们工作生活中的困惑与为难与我一起分享。他们常常就某个专业问题来信或来电与我交流，把求职和工作中遇到的问题与我探讨，将同学、同事甚至朋友相处中的为难向我倾诉。多年来，在与学生们的交流中，我不仅得到了他们的尊敬还收获了他们的信赖，成为学生心目中我最尊敬的教师。从教二十多年来，我和同事们用真情与汗水培养出一届又一届毕业生，为行业送上了一批又一批专业人才。正是热爱事业和关爱学生的教师们，精心设计的人才培养方案，在校时的严格学习与训练，为学生的就业和工作中的成就奠定了坚实的基础，成就了北京印刷学院“印刷行业黄埔军校”的美誉，收获了学生们真诚的感谢，得到了行业的一致认可。目前，大量机械工程专业的学子学有所成，他们有的已成为政府部门、企事业单位的高级管理者，有的已成为研究院所、设计单位的行家里手，有的成为公司、企业的业务经理和学有所长的卓越工程师。

（三）坚持科学研究，提高教学水平

为了不断提高教学能力和水平，更好地服务教育教学，我坚持孜孜不倦地学习专业知识、勤勤恳恳地教书教学，在教学和科研上从不懈怠。多年来，不断努力学习专业知识，认真钻研技术理论，积极开展科学研究，在机械设计与制造理论、印刷机械设计、印刷设备应用等方面潜心钻研、积累知识、提高能力和丰富自我。

从 1999 年开始，我独立承担了学校印刷材料重点实验室滚筒式涂布仪的研究和开发，开发出能够进行光导材料表面精细涂布的高精度实验仪器设备，并投入科研开发使用多年，成为光导材料表面涂布的必备设备，并为此申报取得实用新型专利。2000 年我参加了当时学校唯一的国家级重大科研项目——国家计委“数字式印刷用有机光导体成像介质及其生产设备的研制”项目，设计开发了有机光导鼓涂布烘干设备，并获得国家发明专利。1999 年至今，分别承担了北京市教委“高速多色胶印机输纸及控制系统研究与开发”“高速胶印机纸张输送及定位机构优化设计与研究”“印刷系统数字化监控方法研究”等研究项目，重点研究印刷机械的关键机构，研究成果不仅为后续科学研究奠定了坚实基础，而且应用在了专业课程教学中。还承担了北京市委组织部的优秀人才资助项目“印刷机结构与原理教学系统研究”“印刷机关键零部件三维参数化研究与开发”，设计和开发了与教学紧密相关的印刷机教学系统，自主设计开发的专业教学装置取得了一系列实用新型专利。参加的校级科研项目“涂胶机离合压机构的优化设计及理论设计实用化探讨”“涂胶机温控系统的改进与研究”“印刷机气动系统的研究”，提升了自身的理论水平和理论实际结合的研发能力。同时，承接了社会企事业单位的“电脑信封压敏胶上胶机”“新型涂胶机的研制”“涂胶机主要装置优化设计”“小森印刷机供墨系统改造”“印刷机供墨系统的研究与优化”和“无线胶装滚式订书配页机质量监控系统的研制”等横向研究课题，为印刷企业生产解决了实际问题。

为了提高学生们的动手能力和实践水平，我主持建设了特色鲜明的校内印刷机械实践教学基地，为教师的现场教学、体验式教学和案例教学提供了支撑，为学生的实践创新活动提供了实用平台。并且与同事们群策群力，创新性地设计开发了印刷机整机教学模块、开窗式教学模块、功能型教学模块和关键机构教学模块等几十种用于教学和实践应用的教学装置，编制了完整的印刷设备实习教材。在印刷特色实践教学基地的建设过程中，独立开发出新型印版滚筒套准调节教学装置、印刷机离合压教学装置、柔性版印刷教学装置、印刷机飞达装置和胶印机串墨原理教学装置等，并获得了国家专利，取得了学校颁发的教学成果奖。

在科学研究的过程中，与内蒙古工学院、天津科技大学等联合培养了内蒙古工学院、多元集团、北人集团等多名在职研究生。并在2009年学校获得机电工程硕士研究生招生资格后，指导了一批有志于中国机械制造行业发展的研究生，他们毕业后在印刷行业、航天工程等领域成为业务技术骨干。

（四）锐意教学改革，赢得教学声誉

作为一名高校教师，我始终将提高教学质量、培养优秀人才作为教学的核心工作。多年来，我带领教学团队的教师们潜心专业教学研究，不断开展教学改革和实践，取得丰硕教改成果，赢得学校、老师和学生们的赞赏。

在理论课程教学方面，积极开展教学内容、教学方法改革和实践。以全校公共平台课程“印刷设备概论”为例，我在教学内容上大力削减落后、淘汰的课程内容，改革课程知识结构，通过新编专业教材、扩充教学网站和更新教学课件，大幅度更新和增补新的教学内容，紧跟前沿技术发展。在教学方法改革方面，我针对课程特点与要求，不断探索和改革教学方法，通过现场教学法，将直观认识与理论理解有机契合；通过讨论式教学法，调动起学生的学习积极性和主观能动性，实现“以学生为主体”的教学观念转变；通过个性化作业法，激发学生自主学习意识的建立；通过分阶段考核法，改变学习效果评价方式和学生正确学习方法的养成。并通过辅助教材、教学网站和专业资源库，为学生提供丰富的课外学习内容和专业信息。持续不懈的改革努力收获了丰硕的教学成果，笔者主编的《印刷设备概论》《现代印刷机械原理与设计》教材均获得北京市和北京印刷学院两级精品教材称号，主持建设的“印刷设备概论”课程获得北京市和北京印刷学院两级精品课程称号，主持建设的“印刷机械设计”课程获得北京印刷学院精品课程称号，主持申报的“印刷设备概论”精品课程获第四届北京印刷学院教学成果一等奖。

在实践教学方面，我积极探索有效提高学生动手能力和创新意识的教学方法，取得显著教学效果。以学生覆盖面广泛的“印刷设备实习”为例，我通过模块化教学方法，满足了多样化、个性化人才培养的需求；通过协作式教学方法，建立起学生团队合作意识和创新精神；通过“印刷机械应用”特色教育资源库建设，为学生提供了知识学习和专业探究的课外研究平台。主持建设的特色印刷机械实习基地中，开发的多层次实习模块、可拆装实习装置和流水线式实习路径等

硬件设施，以及实习教材、实习大纲、实习指导等教学软件，不仅满足了现场教学、专业实习、毕业设计等教学活动，还为学生的学科专业竞赛、科技创新活动和综合训练等提供了实践创新创业平台。辛勤的耕耘收获了可喜的成果，我主编的《印刷设备综合训练》实习教材获得北京印刷学院特色教材称号，主持开发的“印刷机械应用”特色资源库获北京市教委优秀教学资源库称号，主持申报的“印刷机械特色实践教学平台”获第四届北京印刷学院教学成果一等奖。在提高学生创新能力的工作中，我悉心指导学生参加学科专业竞赛和大学生科研项目，指导学生设计的“胶印机离合压教学系统”获北京印刷学院第二届大学生科技节科技成果一等奖，“单张纸胶印机仿真平台设计” 获北京印刷学院第四届大学生科技节科技成果二等奖，本人也由于在实践教学工作中取得的突出成绩，荣获北京印刷学院颁发的“大学生研究计划优秀指导教师”和“实践教学突出贡献奖”。

在教育教学改革中，笔者不仅自身锐意进取，身体力行，并且带领整个教学团队成员以先进的教育理念为引导，以不断的教学改革促进教学发展，形成了一个爱岗敬业、团结协作、勇于探索和实践、教学成果突出、教学业绩显著的优秀教学团体，获得北京印刷学院的优秀教学团队称号。

（五）热心行业服务，推进行业发展

北京印刷学院的发展离不开印刷行业的大力支持，印刷行业的发展也为学校的发展、教师的科研和学生的就业提供了机遇。

从1989年为亚洲开发银行理事会第二十二届年会会议进行文件印刷服务，到1992年为山东济南大众日报进行职工印刷技术培训、1993年郑州邮票厂小型张邮票包装新技术的研发、1993—1994年为北京税务局和辽宁税务局的税票招投标业务咨询和资质评审等。

1. 传播专业技术信息，服务行业技术进步

自1999年以来，我不断将国内、国际上印刷行业的新技术和新发展通过宣传媒体传达到印刷行业，并利用必胜网、科印网和专业期刊平台与读者进行交流，积极推荐印刷行业最新发展资讯、传播行业前沿技术，为印刷企业的投资、技改和发展提供了技术支持和方向引导。近十几年来，我撰写了40多篇的专业技术论文，发表了近百篇专业科技文章，成为印刷教育专家在业界赢得较高声望，被《今日印刷》《数码印刷》等专业期刊聘为编委，被《中国印刷与包装研究》《北京印刷学院学报》《北京工业大学学报》《包装工程》等核心期刊聘为审稿专家，被科印传媒、北京印刷协会聘为专家组成员，被湖南汉升、中科信工程咨询公司聘为技术顾问。

2. 积极参加协会工作，为政府提供决策依据

自被北京印刷协会聘为技术专家以来，我更加积极主动地参与协会组织的各项活动。从参与企业投资论证到解决企业生产困难，从为企业寻求技术资金支持到投资效果验收，从主动提供技术咨询到给予技改支持，与协会的专家们对企业的发展献计献策、尽心尽力，得到印刷企业的认同和赞赏。

在印刷行业面临的转型期，我配合北京市出版广电局和协会工作计划，参与行业数字印刷调研、绿色印刷调研和京津冀一体化调研，主笔起草了“2013年北京市印刷行业清洁生产状况调研报告”和“印刷产业服务北京核心功能调研报告”，为北京市印刷产业的未来发展提供了一个窗口，为国家和北京市的决策规划提供了支撑依据。

3. 长期参加招投标工作，技术服务认真负责

作为国家财政部、商务部、北京市财政局和各大招标公司的评标专家，我始终以对行业和企业负责任的态度，严格遵守招投标规则，充分发挥专业技术特长，认真严把技术关，积极主动提供技术咨询和指导，为印刷行业和企业提供了科学合理的技术服务，并且参与制定企业生产技术规范，得到行业和企业的一致认可。

4. 努力承担企业培训，提供专业技术支持

多年来，我除承担学校正常的教学工作外，还投入很大精力为行业和企业提供专业技术培训。在培训前做好充分准备，力求提供最丰富的技术资料、最贴切的讲课内容和最生动的教学课件，在满足企事业单位和员工们的培训要求的同时，更力求获得最好的培训效果。从1992年起，我被学校继续教育学院聘为兼职教授，一直承担着新闻出版局、印刷技术协会、印刷集团和印刷企业组织的各种专业技术培训，如北京市出版局、广西出版局、内蒙古出版局、温州市出版局等政府主管部门主办的印刷技术培训，以及北人、金辰西科尼、中融、青岛瑞普、山东青州、青岛黎马敦、人民日报、中国日报、石家庄日报、湖北日报、沈阳日报、曲阜师范大学、冀州胶辊厂、保定信息纸厂、保定印钞厂、保定新华厂等企业的技术培训，受到主办方和员工们的欢迎。

5. 全程承担中直培训，提供全面技术服务

作为中直机关印刷专业技师考评工作组的成员，承担了中直机关职工晋级培训及考核工作。不仅承担了职工培训教学任务和具体晋级考核工作，而且为职工晋级培训制订了完整的工作计划，从培训方案的设计，培训教师的选择，培训教材的选用，考核体系的建立，技师、高级技师的论文写作规范到具体答辩程序的全过程，为新华社培训中心出谋划策，精心设计、组织和实施，得到培训站的好评，产生了较好的影响。

6. 尽职职业技能大赛，选拔行业优秀人才

全国印刷行业职业技能大赛已经举办了多届，从第一届大赛的积极参与到第二届、第三届的职工报轮组副总裁判长，我以满腔的热忱积极参与到职业技能大赛的各项工作中，从为职工报轮组组织技术培训、编写复习题库、设计理论试卷、组织考核监考、完成成绩评定和参与实操考核，到为单张纸平版印刷学生组和参赛企业职工组进行技术培训，每一次大赛都认真负责地完成自己的工作，并向他人虚心请教，不断丰富自己的实践知识。全程参与三届全国印刷行业职业技能大赛，赢得参赛人员和参赛单位的信任，也得到了领导和组织者的认可，连续被评为第二届、第三届、第四届全国印刷行业职业技能大赛优秀裁判员。

参考文献

[1] 陈虹 . 印刷装备技术与清洁生产 [M]. 北京 : 文化发展出版社 , 2016.

[2] 赵志强 . 无苯型塑料凹印油墨的研究 [D]. 解放军信息工程大学硕士学位论文，2006.

[3] 王岩镔 . 贯彻五大理念 推动转型升级 稳步提升中国印刷业的供给质量和水平 [J]. 印刷杂志 , 2016(4)：1-5.

[4] 北京印刷协会 . 北京：以高质量发展为目标 [J]. 印刷工业 , 2020(5)：25-26.

[5] 任玉成 . 疏解整治促提升 创新调整促发展 [J]. 印刷杂志 , 2020(1)：1-8.

[6] 王强 . 中国印刷教育 40 年回顾与展望 [J]. 印刷杂志 , 2018(1)：13-16.

[7] 刘晓凯 . 抓住机遇期，赢得产业融合，发展主动权 [J]. 印刷经理人 , 2020(4)：37-40.